应用型本科（独立学院）信息技术系列课程规划教材

大学计算机 应用基础 第2版

主　编　杨　磊　周海燕
副主编　刘　丹　孙　宁　孙潘潘
编　委　吴雪峰　赵　芳　谢晓宇

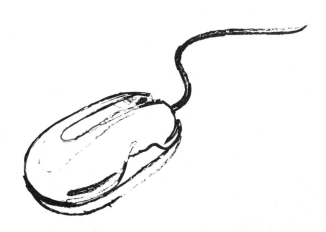

南京大学出版社

图书在版编目(CIP)数据

大学计算机应用基础 / 杨磊,周海燕主编. —— 2 版
—— 南京：南京大学出版社,2018.8(2019.7重印)
应用型本科(独立学院)信息技术系列课程规划教材
ISBN 978-7-305-20344-2

Ⅰ. ①大… Ⅱ. ①杨… ②周… Ⅲ. ①电子计算机—高等学校—教材 Ⅳ. ①TP3

中国版本图书馆 CIP 数据核字(2018)第 120726 号

出版发行	南京大学出版社
社　　址	南京市汉口路 22 号　　邮编　210093
出版人	金鑫荣
书　　名	大学计算机应用基础(第 2 版)
主　编	杨磊　周海燕
责任编辑	吕家慧　王南雁　　编辑热线　025-83597482
照　　排	南京南琳图文制作有限公司
印　　刷	常州市武进第三印刷有限公司
开　　本	787×1092 1/16　印张 20.75　字数 540 千
版　　次	2018 年 8 月第 2 版　2019 年 7 月第 2 次印刷
ISBN	978-7-305-20344-2
定　　价	47.80 元

网址：http://www.njupco.com
官方微博：http://weibo.com/njupco
微信服务号：njuyuexue
销售咨询热线：(025) 83594756

* 版权所有,侵权必究

* 凡购买南大版图书,如有印装质量问题,请与所购
　图书销售部门联系调换

前　言

为配合计算机基础教学改革，以适应新世纪教学需求，作者以独立学院应用型的教学要求为目标，以计算思维为导向，围绕计算机基础课程的教学实际需求的教学思路，并结合计算机等级考试大纲，综合其他方面的要求，组织和编写了教材的内容，力求系统全面地介绍计算机基础概念及操作。

本书以 Windows 7 操作系统为基础，以 Office 2010、计算机基础应用为主线，精选了计算机技术在日常办公、数据处理、网络应用等领域中的基本技术作为主要内容；通过列举大量的实例，突出学习的重点和考试要求，激发读者的学习兴趣，更清晰的阐明知识点。在详细介绍 Windows 7 操作系统和 Word 2010、Excel 2010、PowerPoint 2010 等软件各自的功能和使用方法的同时，考虑读者将来处理实际问题的需要，还特别强调了综合使用这些软件的一些方法，使知识点的覆盖面更广、内容的实用性更强。但限于篇幅，我们将无法将这些软件的全部功能都进行详尽的介绍，因此，本书所涉及的基本上都是这些软件的常用功能。希望读者在学习过程中，能以此为基础，培养学习和应用计算机技术的基本能力以及加深对计算机信息技术了解。

本教材具有以下特色：

1. 本书注重易学性和实用性，符合培养应用型人才的要求，注重操作技能的训练，突出学生的动手能力和自学能力。

2. 内容组织方式新颖，书中绝大多数的附图均经过仔细处理，文章内容信息量大，针对计算机专业和非计算机专业学生都有不同的要求，结构清晰。

3. 书中配合具体实例，"在学中做，在做中学"，增强学生的学习兴趣，加强教学效果。书中每章开头部分列出了本章的学习目标，每个章节相互独立，既便于教学组织，又便于学生自学。

4. 教材注重满足分级教学和分专业教学的需要。

5. 本书配有电子教案，提供素材下载，并通过嵌入二维码，和课外扩展阅读材料关联，方便教学和自学。

本书既可以作为普通高校、独立学院、大专院校等计算机专业与非计算机专业基础课的教材，还可以作为解决日常计算机应用问题的参考书。

本书由中国矿业大学徐海学院计算机基础教研室组织编写，编写工作也得到学院各级领导的关心和大力支持，以及计算机系刘昆、孙锦程、张磊、刑昆鹏等诸位同仁给予的帮助和建议，特别感谢经营系王夫冬、赵娜两位老师提出的宝贵意见，感谢在编写过程中参考的所有书籍和网络资料的作者们，在此向所有为本系列教材出版做出贡献的朋友们表示衷心感谢！

由于计算机科学技术发展迅速，计算机科学知识更新很快，加之时间仓促，书中难免有不足之处和疏漏之处，恳请广大读者批评指正，不吝赐教。

联系信箱：xuhaiyl@163.com

编　者

2018年7月

目　　录

第1章　计算机基础知识　001

1.1　计算机概述　001
- 1.1.1　早期计算机　001
- 1.1.2　现代计算机发展　001

1.2　计算机的特点　004

1.3　计算机的应用　005
- 1.3.1　科学计算（或数值计算）　005
- 1.3.2　数据处理（或信息处理）　005
- 1.3.3　辅助技术（或计算机辅助设计与制造）　005
- 1.3.4　过程控制（或实时控制）　006
- 1.3.5　人工智能（或智能模拟）　006
- 1.3.6　网络应用　006

1.4　计算机的分类　006
- 1.4.1　巨型机　007
- 1.4.2　小巨型机　007
- 1.4.3　大型机　007
- 1.4.4　小型机　007
- 1.4.5　个人计算机　008
- 1.4.6　工作站　008

1.5　现代计算机设计的先驱者　008
- 1.5.1　帕斯卡（Blaise Pascal, 1623～1662）　008
- 1.5.2　莱布尼兹（Gottfried Wilhelm Leibniz, 1646～1716）　008
- 1.5.3　巴贝奇（Charles Babbage, 1791～1871）　009
- 1.5.4　艾达·洛夫莱斯伯爵夫人（Augusta Ada Lovelance, 1815～1852）　009
- 1.5.5　图灵（Alan Mathison Turing, 1912～1954）　009
- 1.5.6　冯·诺依曼（John Von Nouma, 1903～1957）　010
- 1.5.7　比尔·盖茨（Bill Gates, 1955～　）　010

1.6　计算思维　010
- 1.6.1　什么是计算思维　010
- 1.6.2　计算思维的应用　011

第2章　信息的表示与存储　014

2.1　数据与信息　014
2.2　计算机中的数据　015
2.3　数制与编码　016
- 2.3.1　数制的基本概念　016
- 2.3.2　进制间的转换　017
- 2.3.3　二进制的算术运算　020
- 2.3.4　逻辑运算规则　021
- *2.3.5　乘法运算　021
- *2.3.6　除法运算　021
- 2.3.7　整数的表示——原码、反码和补码　021
- 2.3.8　浮点数的表示　023

2.4　字符的编码　024
- 2.4.1　西文字符的编码　024
- 2.4.2　汉字的编码　025

*2.5　计算机内的编码简介　028
- 2.5.1　计算机内数字的编码表示　028
- 2.5.2　汉字编码介绍　028

第3章　计算机硬件系统　030

3.1　微型计算机结构　031
3.2　微型计算机组成　032
3.3　中央处理器　033
- 3.3.1　指令和指令系统　034

3.3.2 CPU 的性能指标　034
3.3.3 多核 CPU 技术　036
3.4 **存储器**　036
3.4.1 按功能分类　036
3.4.2 按性质分类　039
3.4.3 存储系统的层次结构　040
3.5 **主板**　041
3.6 **输入/输出设备**　041
3.6.1 输入设备　041
3.6.2 输出设备　v43
3.7 **总线和 I/O 接口**　045
*3.7.1 总线　045
3.7.2 I/O 接口　047

第 4 章　操作系统　051

4.1 **引言**　051
4.1.1 操作系统的功能　052
4.1.2 操作系统的类型　053
4.2 **用户界面：人机接口**　054
4.2.1 字符用户界面：MS-DOS　054
4.2.2 图形用户界面操作系统：Macintosh 和 Windows　054
4.2.3 多用户操作系统：UNIX 和 LINUX　056
4.3 **Windows 7 操作系统**　057
4.3.1 体验 Windows 7　057
4.3.2 操作和设置 Windows 7　058
4.3.3 软件和硬件管理　060
4.3.4 Windows 7 网络配置与应用　061
4.3.5 系统维护与优化　062

第 5 章　计算机网络与安全基础　063

5.1 **通信的基本概念**　063
5.2 **计算机网络与 Internet 基础**　065
5.2.1 计算机网络的发展　066
5.2.2 计算机网络的基础与组成　067
5.2.3 计算机网络的功能　068
5.2.4 计算机网络的分类　069

5.2.5 网络硬件与网络软件　070
5.2.6 网络拓扑结构　073
5.2.7 Internet 概述　074
5.3 **网络信息安全基础**　081
5.3.1 网络信息安全的定义　081
5.3.2 网络信息安全的目的　081
5.3.3 网络信息安全威胁类型　082
*5.3.4 网络信息安全策略　084
*5.3.5 实现网络信息安全的基本手段　084
5.4 **计算机病毒简介**　087
5.4.1 计算机病毒的特征　087
5.4.2 计算机病毒的分类　088
5.4.3 计算机病毒的生命周期　089
5.4.4 计算机病毒的传播途径　089
5.4.5 计算机病毒发作症状及防范措施　090
5.4.6 反病毒软件　092

第 6 章　文字处理软件 Word 2010　094

6.1 **Word 2010 的基本功能**　094
6.1.1 Word 2010 的启动　094
6.1.2 Word 2010 的退出　095
6.1.3 工作窗口的组成　095
6.2 **创建并编辑文档**　099
6.2.1 文档的创建、打开　099
6.2.2 文档的保存和保护　101
6.2.3 文本输入与删除　105
6.2.4 文本选择　106
6.2.5 文本移动与复制　108
6.2.6 文本查找与替换　109
6.2.7 校对功能　111
6.2.8 多窗口编辑技术　113
6.3 **基本格式设置**　114
6.3.1 字符格式设置　114
6.3.2 段落格式设置　116
6.3.3 首字下沉　119
6.3.4 边框和底纹　120
6.3.5 分栏　121

  6.3.6 格式刷 122
  6.3.7 项目符号和编号 122
  6.3.8 制表位 124
6.4 页面设置与打印 126
  6.4.1 页面设置 126
  6.4.2 文档分页与分节 128
  6.4.3 页眉、页脚和页码 129
  6.4.4 脚注和尾注 132
  6.4.5 打印 134
6.5 插入对象 135
  6.5.1 图形 135
  6.5.2 艺术字 138
  6.5.3 SmartArt 图形 139
  6.5.4 图片 140
  6.5.5 公式 145
  6.5.6 文档封面 146
  6.5.7 使用主题 146
6.6 表格处理 146
  6.6.1 表格创建 147
  6.6.2 表格编辑 150
  6.6.3 表格格式设置 153
  6.6.4 表格数据的计算和排序 156
6.7 高级应用 157
  6.7.1 样式的定义和使用 157
  6.7.2 目录的创建 159
  6.7.3 文档内容的引用 160
  6.7.4 宏 163
  6.7.5 邮件合并 164
6.8 文档的修订和共享 170
  6.8.1 审阅与修订文档 170
  6.8.2 快速比较文档 173
  6.8.3 删除文档的个人信息 173
  6.8.4 构建和使用文档部件 174
  6.8.5 与他人共享文档 175

第 7 章 电子表格处理软件 Excel 2010 176

7.1 Excel 2010 的基础知识 176
  7.1.1 Excel 2010 的启动 176
  7.1.2 Excel 2010 的退出 177
  7.1.3 Excel 2010 工作窗口的组成及其功能 177
7.2 Excel 2010 基本操作 181
  7.2.1 工作簿的基本操作 181
  7.2.2 工作表的基本操作 186
7.3 工作表的编辑 189
  7.3.1 工作表数据的输入 189
  7.3.2 单元格的表示与选择 194
  7.3.3 单元格内容的移动、复制与删除 195
  7.3.4 单元格的插入与删除 196
  7.3.5 单元格的合并 196
  7.3.6 行、列的插入与删除 197
7.4 工作表中数据的计算 198
  7.4.1 使用公式 198
  7.4.2 使用函数 201
7.5 工作表的格式化设置 206
  7.5.1 调整行高和列宽 206
  7.5.2 单元格的格式化 207
  7.5.3 格式的复制和删除 215
7.6 图表的创建与编辑 216
  7.6.1 图表的组成 216
  7.6.2 图表的创建 217
  7.6.3 图表的编辑与格式化设置 219
7.7 数据的管理与分析 222
  7.7.1 合并计算 222
  7.7.2 数据排序 223
  7.7.3 数据筛选 224
  7.7.4 数据分类汇总 227
  7.7.5 创建数据透视表 229
  7.7.6 创建数据透视图 230

第 8 章 PowerPoint 2010 232

8.1 PowerPoint 2010 的基础知识 232
  8.1.1 PowerPoint 2010 的工作环境 232
  8.1.2 PowerPoint 2010 的视图 232

8.2 演示文稿的基本操作 234
    8.2.1 创建演示文稿 234
    8.2.2 编辑演示文稿 238
8.3 格式化演示文稿 239
8.4 统一演示文稿的外观 241
8.5 设置动画效果 244
    8.5.1 对象的动画设置 244
    8.5.2 设置幻灯片的切换效果 246
    8.5.3 设置动作按钮 247
    8.5.4 设置超链接 248
8.6 演示文稿的放映和打印 249
    8.6.1 设置放映方式 249
    8.6.2 演示文稿的打印 249
    8.6.3 演示文稿的打包 250

第9章 多媒体信息处理 252

9.1 多媒体的概念 252
    9.1.1 多媒体 252
    9.1.2 多媒体技术 252
9.2 多媒体技术的特性 253
9.3 多媒体信息的类型 253
9.4 多媒体技术的应用领域 254
9.5 多媒体计算机的组成 255
9.6 音频、图形、图像及视频信息的表达和处理 256
    9.6.1 音频信息处理 256
    9.6.2 图形、图像处理 261
    9.6.3 动画 266
    9.6.4 视频信息处理 269
    9.6.5 多媒体数据压缩标准 271
    9.6.6 常见多媒体文件格式 272

第10章 二级公共基础知识 277

10.1 程序设计基础 277
    10.1.1 计算机程序的概念 277
    10.1.2 程序设计语言分类 278
    10.1.3 语言处理程序 280
    10.1.4 计算机语言介绍 282
    10.1.5 程序设计的步骤和程序设计方法 286
10.2 算法与数据结构 292
    10.2.1 算法的基本概念 292
    10.2.2 算法的时间复杂度和空间复杂度 293
    10.2.3 算法的特征 293
    10.2.4 数据结构的基本概念 294
    10.2.5 线性表 295
    10.2.6 树 298
10.3 数据库技术 300
    10.3.1 数据库系统的基本概念 300
    10.3.2 数据模型 302
    10.3.3 关系代数 305
10.4 软件工程 308
    10.4.1 软件和软件危机 308
    10.4.2 软件生命周期 308
    10.4.3 瀑布模型与快速原型法 309
    10.4.4 需求分析 310
    10.4.5 结构化设计方法 313
    10.4.6 软件测试 316

第11章 计算机前沿技术简介 318

11.1 云计算 318
    11.1.1 基本概念 318
    11.1.2 应用场景 319
11.2 物联网 319
    11.2.1 基本概念 319
    11.2.2 应用场景 320
11.3 大数据 320
    11.3.1 基本概念 320
    11.3.2 应用场景 321
11.4 人工智能前沿 321
    11.4.1 基本概念 321
    11.4.2 应用场景 322
11.5 AR、VR 与 MR 322

参考文献 324

第1章 计算机基础知识

随着社会的进步和科学技术的发展,计算机的应用已渗透到社会生活的各个领域,并得到了极其广泛的应用。计算机的诞生与发展,给人类社会带来了巨大的变化。当今社会,计算机的广泛应用成为现代化社会的一个重要标志。计算机的应用能力也成了个人适应现代化社会的基本能力。

本章重点介绍计算机的发展历史、特点、分类和应用。

本章学习目标与要求:
1. 了解计算机发展历史
2. 了解计算机分类
3. 描述计算机特点
4. 描述计算机应用领域
5. 了解计算思维概念

1.1 计算机概述

1.1.1 早期计算机

公元前 5 世纪,中国人发明了算盘,广泛应用于商业贸易中,算盘被认为是最早的计算机,并一直使用至今。

17 世纪,计算设备有了第二次重要的进步。1642 年,法国人 Blaise Pascal(1623~1662)发明了自动进位加法器。1694 年,德国数学家 Gottfried Wilhelm Leibniz(1646~1716)改进了自动进位加法器,增加了乘法计算。后来,法国人 Charles Xavier Thomas de Colmar 发明了可以进行四则运算的计算器。

现代计算机的真正起源来自英国数学教授 Charles Babbage。Charles Babbage 发现通常的计算设备中有许多错误,于是开始设计分析机(Analytical Engine)。而这一设计理念恰恰和现代计算机基本组成有异曲同工之处。虽然该设计最终并未完成,但是它却描绘出现代通用计算机的基本功能,实现了概念上的重大突破。

1.1.2 现代计算机发展

1946 年 2 月 15 日,标志现代计算机诞生的 ENIAC(Electronic Numerical Integrator and Computer)在费城公之于世。ENIAC 是计算机发展史上的里程碑,它通过不同部件之间的重新接线编程,还拥有并行计算能力。

按照计算机所使用的器件和个数,人们把计算机的发展划分为四个阶段。

1.1.2.1 第一代——电子管计算机(1946～1957)

第一台计算机 ENIAC 共使用了 17 468 个真空电子管,耗电 160 千瓦时,占地面积 170 平方米,重达 30 吨。其运算速度为每秒 5 000 次加法或 400 次乘法。

第一代计算机的特点是操作指令是为特定任务而编制的,这是因为研制电子计算机的想法产生于第二次世界大战进行期间。其特征主要有两方面,一是使用的计算机语言主要是机器语言和汇编语言,由于每种机器都有各自不同的机器语言,因此程序的可移植性差;另一个特征是使用真空电子管(图 1-1)和磁鼓储存数据。第一台计算机 ENIAC 如图 1-2 所示。

图 1-1 电子管

图 1-2 第一台计算机 ENIAC 部分

1.1.2.2 第二代——晶体管计算机(1958～1964)

第二代电子计算机是用晶体管(如图 1-3 所示)制造的计算机。第二代电子计算机的体积大大减小,寿命延长,价格降低,电子线路的结构得到很大改观,为电子计算机的广泛应用创造了条件。

第二代电子计算机不仅保留"定点运算制",还增加了"浮点运算制",使数据的绝对值可达到 2 的几十次方至几百次方,这也是电子计算机计算能力的一次飞跃。

与此同时,出现了更高级的 COBOL 和 FORTRAN 等语言,使计算机编程更容易。新的职业(程序员、分析员和计算机系统专家)和整个软件产业由此诞生。

1.1.2.3 第三代——集成电路计算机(1965～1970)

1958 年德州仪器的工程师 Jack Kilby 发明了集成电路(IC),元件被集成到硅片或半导体芯片上,计算机变得更小,功耗更低,速度更快(如图 1-4 所示)。同时还出现了操作系统,使得计算机在中心程序的控制协调下可以同时运行多个不同的程序。

图 1-3 第二代计算机晶体管

图 1-4 集成电路芯片

1965 年,Intel 公司的创始人之一 Gordon E. Moore 通过对过去近 10 年集成电路发展情况的总结,提出了有名的摩尔定律,即当价格不变时,集成电路上可容纳的元器件的数目,约每隔 18～24 个月便会增加一倍,性能也将提升一倍。

集成电路根据所包含的晶体管、电阻、电容的数目分为：小规模集成电路(SSI)、中规模集成电路(MSI)、大规模集成电路(LSI)、超大规模集成电路(VLSI)和极大规模集成电路(ULSI)，分类如表1-1所示。

表1-1 集成电路的分类

集成电路规模	集成度(个电子元件)
小规模集成电路(SSI)	<100
中规模集成电路(MSI)	100～3 000
大规模集成电路(LSI)	3 000～10万
超大规模集成电路(VLSI)	10万～100万
极大规模集成电路(ULSI)	>100万

按所用晶体管结构、电路和工艺分为：双极型(Bipolar)集成电路、金属-氧化物-半导体(MOS)集成电路和双极-金属-氧化物-半导体集成电路(Bi-MOS)。

按电信号类型和集成电路功能分为：数字集成电路，例如逻辑电路、存储器、微处理器、微控制器、数字信号处理器等；模拟集成电路(线性电路)，例如：信号放大器、功率放大器等。

按用途分为：通用集成电路和专用集成电路(ASIC)。

1.1.2.4 第四代——大规模、超大规模集成电路计算机(1971迄今)

大规模集成电路(LSI)在芯片上可容纳几万个元件。到了80年代，超大规模集成电路(VLSI)在芯片上可容纳几十万个元件，后来的极大规模集成电路(ULSI)将数量扩充到百万级。计算机运算速度从每秒几千万次发展到每秒几百亿次，其功能和性能大大提高(如图1-5所示)。

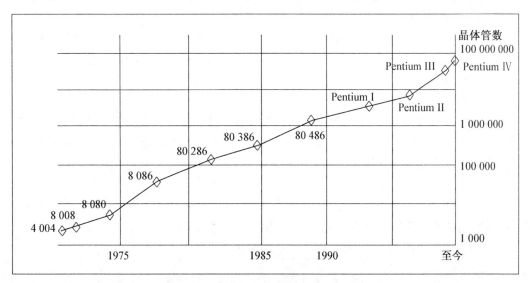

图1-5 30年来微处理器集成度的发展

70年代中期至今，计算机制造商不断地为用户提供了界面友好且易学易用的操作系统，用户可以直接用鼠标操作计算机。与此同时，互联网技术、多媒体技术也得到了空前的发展,计算机真正开始改变人们的生活(如表1-2所示)。

表1-2 计算机的分代

计算机	第一代	第二代	第三代	第四代
时间	1946~1957	1958~1964	1965~1970	1971迄今
物理器件	电子管	晶体管	小规模集成电路	大规模、超大规模集成电路
特征	体积大、耗电高、可靠性差、运算速度每秒几千次	体积缩小、可靠性增强、运算速度每秒几十万次	体积进一步缩小、运算速度每秒达几十万至几百万次	体积更小、运算速度每秒达几千万至几百万亿次
语言	机器语言、汇编语言	高级语言	操作系统、会话式语言	网络操作系统、关系数据库、第四代语言
应用范围	科学计算	科学计算、数据处理、自动控制	科学计算、自动控制、数据、文字和图形处理	增加了网络、图像识别、语音识别和多媒体应用

1.2 计算机的特点

现代电子计算机的基本工作原理是由美籍匈牙利数学家冯·诺依曼提出的"存储程序和程序控制",不仅可以存贮程序,而且还能自动连续地对各种数字化信息进行算术、逻辑运算。这样的计算机具有很多特点。概括起来,主要有以下几个显著特点:

1. 自动化程度高

计算机是由程序控制其操作过程的。一旦输入所编制好的程序,计算机就能在程序控制下自动进行,完成处理任务。存储程序是计算机工作的一个重要原则,这是计算机能自动处理的基础,同时也是它和其他计算工具最本质的区别所在。

2. 运算速度快

计算机的运算速度是指每秒钟执行多少条指令。目前最快的执行速度已达到每秒钟十万亿次以上。其高速运算能力,为完成那些计算量大、时间性要求强的工作提供了保证。例如,高阶线性代数方程的求解;弹道的分析和计算;人口普查等超大量数据的检索处理等。

3. 计算精度高

由于计算机采用二进制数字进行计算,因此可以用增加表示数字的设备和运用计算技巧等手段,使数值计算的精度越来越高,可根据需要获得千分之一到几百万分之一。如今,利用计算机可以精确地计算出到小数200万位的π值。

4. 逻辑判断能力

计算机不仅能进行算术运算,还可以进行各种逻辑运算。计算机的逻辑判断能力也是计算机智能化必备的基本条件。将计算机的计算能力、逻辑判断能力和记忆能力三者紧密结合,使得计算机的能力远超过其他工具,从而成为人类脑力延伸的得力助手。

5. 数据存储容量大

计算机能够长期储存大量数据和资料,还能随时对这些存储内容进行更新等操作。计算机的大容量存储特点为处理大数据量带来方便。现在,存储一本词典只需要一块不到 1 MB 的存储芯片就够了。

6. 可靠性高

采用大规模和超大规模集成电路制造的计算机,具有非常高的可靠性。平均无故障时间可达到数年。

7. 通用性强

由于计算机采用数字化信息来表示数值与其他各种类型的信息(如文字、图形、声音等),采用逻辑代数作为硬件设计的基本数学工具,因此,计算机既可以进行数值运算,又可以进行非数值计算。计算机具有极强的通用性,能应用于科学技术的各个领域,并渗透到社会生活的各个方面。

8. 支持人机交互

计算机利用输入输出设备,加上适当的软件,即可支持人机交互。最广泛使用的输入设备主要有鼠标和键盘。用户只需轻点手指,就可以让计算机随之完成某种操作或功能。这种交互性与声像技术结合形成多媒体技术。

正是基于上述特点,计算机能够模拟人类的运算、判断、记忆等一些思维能力,代替人类的部分脑力劳动和体力劳动,按照人的意愿自动地工作,因此计算机才有了第二个名称:电脑。但是计算机的一切活动又要受到人编写的程序控制的,所以它只是人脑的补充和延伸,起到辅助和提高人的思维能力的作用。

1.3 计算机的应用

当今社会,计算机的应用领域已扩展到社会的各个行业,正在改变和取代传统的工作、学习和生活方式,推动着科技发展和社会进步。计算机的应用领域可概括为以下几方面:

1.3.1 科学计算(或数值计算)

科学计算是指利用计算机来完成科学研究和工程技术中提出的数学问题的计算。其主要应用于高能物理、工程设计、地震预测、气象预报、航天技术等。因此出现了许多新兴学科,如计算力学、计算物理、计算化学、生物控制论等。

1.3.2 数据处理(或信息处理)

数据处理是指对各种数据进行收集、存储、整理、分类、统计、加工、利用、传播等一系列活动的统称。目前也是计算机应用最广泛的一个领域。据统计,80%以上的计算机主要用于数据处理,这类工作量大面宽,决定了计算机应用的主导方向,如办公自动化、企业管理、物资管理、报表统计、账目计算、信息情报检索等。

1.3.3 辅助技术(或计算机辅助设计与制造)

计算机辅助技术包括 CAD、CAM 和 CAI 等。

（1）计算机辅助设计（Computer Aided Design 简称 CAD）是指利用计算机来帮助设计人员进行工程设计，以提高设计工作的自动化程度，节省人力和物力，实现最佳设计效果的一种技术。目前，此技术已经在电路、机械、土木建筑、服装等设计中得到了广泛的应用。

（2）计算机辅助制造（Computer Aided Manufacturing 简称 CAM）是指利用计算机系统进行生产设备的管理、控制和操作的过程。在产品的制造过程中，用计算机控制机器的运行，处理生产过程中所需的数据，控制和处理材料的流动以及对产品进行检测等。

（3）计算机辅助教学（CAI）指利用计算机帮助教师讲授、学生学习的自动化系统，学生能够轻松自如地从中学到所需要的知识。CAI 的主要特色是交互教育、个别指导和因人施教。

（4）计算机辅助测试（CAT）是指利用计算机进行复杂而大量的测试工作。

1.3.4 过程控制（或实时控制）

过程控制是利用计算机对工业生产过程中的某些信号自动进行检测，并把检测到的数据存入计算机，再根据需要对这些数据进行处理，这样的系统称为计算机检测系统。采用计算机进行过程控制，不仅可以大大提高控制的自动化水平，而且可以提高控制的及时性和准确性，从而改善劳动条件、提高产品质量及合格率。特别是仪器仪表引进计算机技术后所构成的智能化仪器仪表，将工业自动化推向了一个更高的水平。因此，计算机过程控制已在机械、冶金、石油、化工、纺织、水电、航天等部门得到广泛的应用。

1.3.5 人工智能（或智能模拟）

人工智能（Artificial Intelligence 简称 AI）是计算机模拟人类的智能活动，譬如感知、推理、自主学习、问题求解和图像识别等。现在人工智能的研究已取得不少成果，尤其是专家系统早就进入到实用阶段。例如，疾病诊断专家系统、故障诊断专家系统、智能机器人等等。

1.3.6 网络应用

计算机网络是将计算机技术与现代通信技术结合在一起。计算机网络的建立，解决了不同地区不同距离计算机间的通讯问题，实现了资源共享，也促进了国际间的文化和技术的交流。

1.4 计算机的分类

通常，人们用"分代"来表示计算机在纵向的历史中的发展情况，而用"分类"来表示计算机在横向的地域上的发展、分布和使用情况。

根据计算机处理数据形态的不同，可分为模拟计算机和数字计算机两大类。模拟计算机是用来处理模拟信息的，目前普遍使用的是处理数字信息的数字计算机。

按用途又可分为专用计算机和通用计算机。专用计算机针对某类问题能显示出最有效、最快速和最经济的特性，但它的适应性较差，不适于其他方面的应用。例如，在导弹和火箭上使用的计算机绝大部分都是专用计算机。通用计算机适应性很强，应用面很广，但其运行效率、速度和经济性依据不同的应用对象会受到不同程度的影响。

按计算机规模、速度和功能等又可分为巨型机、大型机、中型机、小型机、微型机及单片机。目前根据美国电气和电子工程师协会(IEEE)1989 年提出的标准,计算机分成巨型机、小巨型机、大型机、小型机、个人计算机和工作站 6 类。

1.4.1 巨型机

也称为超级计算机,在所有计算机类型中其体积最大,价格最贵,功能最强,浮点运算速度可高达每秒 3.9 万亿次,只有少数国家的几家公司能够生产巨型机。目前主要应用于战略武器(如核武器和反导武器)的设计,空间技术,石油勘探等领域。巨型机的研制水平、生产能力及其应用程度,也是衡量一国科学和经济实力的重要标志之一。

目前由中国国防科大研制的天河二号超级计算机系统,以峰值计算速度每秒 5.49 亿亿次、持续计算速度每秒 3.39 亿亿次双精度浮点运算的优异性能,成为全球最快超级计算机。2010 年 11 月,天河一号曾以每秒 4 700 万亿次的峰值速度,首次将五星红旗插上超级计算领域的世界之巅。2013 年 11 月 18 日,国际 TOP500 组织公布了最新全球超级计算机 500 强排行榜榜单,中国国防科学技术大学研制的"天河二号"以

图 1-6 天河二号

比第二名—美国的"泰坦"快近一倍的速度再度登上榜首。美国专家预测,在一年时间内,"天河二号"还会是全球最快的超级计算机。目前天河二号由 16 000 个节点组成,每个节点有 2 颗基于 Ivy Bridge-E Xeon E5 2692 处理器和 3 个 Xeon Phi,累计共有 32 000 颗 Ivy Bridge 处理器和 48 000 个 Xeon Phi,总计有 312 万个计算核心,如图 1-6 所示。

1.4.2 小巨型机

小巨型机与巨型机功能相同,但使用了更加先进的大规模集成电路与制造技术,因此体积更小、成本低,甚至可以做成台式机形式,便于巨型机的推广。

1.4.3 大型机

大型计算机也称为主机,它是指运算速度快、处理能力强、存储容量大、可扩充性好、通信联网功能完善、有丰富的系统软件和应用软件的规模较大且价格较高的计算机。通常主机中的 CPU 个数为 4、8、16、32 个甚至更多。美国 IBM 公司生产的 IBM360、IBM9000 系列,就是国际上有代表性的大型机。

1.4.4 小型机

20 世纪 60 年代开始出现的一种供部门使用的计算机,以 DEC 公司的 VAX 系列和 IBM 公司的 AS/400 系列为代表。小型机结构简单、成本较低、操作方便、便于维护,因而得以广泛应用。

1.4.5 个人计算机

个人计算机又称为 PC。美国 Intel 公司于 1971 年推出世界上第一片微处理器芯片，它的出现与发展促进了微型计算机的普及。随着芯片性能的提高，PC 使用的微处理器芯片每两年集成度翻一倍。今天，PC 的应用已遍及各个领域，占全球计算机装机量的 95%。

PC 分为台式机和便携机两大类。前者适合在办公室或家庭使用；后者体积小、重量轻，便于携带外出，性能和台式机相当，但是价格却高出 1～2 倍。

1.4.6 工作站

一种介于 PC 和小型机之间的高档微机。工作站通常配有高分辨率的大屏幕显示器和大容量存储器，具有高运算速度和强大的图形处理功能。

纵观计算机的发展历史，不难看出，未来仍然向着巨型化、微型化、网络化、智能化的方向发展。

1.5 现代计算机设计的先驱者

现代计算机从诞生到被广泛使用，给人类社会带来更多的便捷，这些功劳与下面几位著名科学家所做出的历史性的贡献密不可分的。

1.5.1 帕斯卡(Blaise Pascal,1623～1662)

法国数学家，机械式计算机的发明人。1642 年，帕斯卡年仅 19 岁就发明了世界上第一台机械式计算机，用它可以做 8 位数以内的加法。帕斯卡给这台机器起名 PASCALINE。这是一台由一组 8 个互相连接的、类似于齿轮的装置组成的机器，每个齿轮代表一位数，每个齿轮上有 10 个相等的齿，分别表示 0 到 9 的数字，从右边开始依次为个位、十位、百位、千位、万位……最大可以计算到百万位数。帕斯卡说，这台机器所进行的工作非常接近人类的思维。

为了纪念帕斯卡对计算工具发展所做的杰出贡献，1968 年瑞士苏黎世联邦工业大学的沃思(N. Wirth)教授以帕斯卡的名字命名了一种新的计算机高级语言，就是程序设计语言 PASCAL。

1.5.2 莱布尼兹(Gottfried Wilhelm Leibniz,1646～1716)

1667 年，德国数学家莱布尼兹在巴黎参观博物馆时，看到了帕斯卡发明的加法机，引起了他要发明一台乘法机的浓厚兴趣。经过 6 年时间的努力，莱布尼兹改进了帕斯卡设计的机器，使得它可以做乘法运算。1672 年，他提出了不采用连续相加的方法实现机械乘法的思想，并于 1673 年在巴黎科学院展示了他设计的乘法机。莱布尼兹研制乘法机的动力来自他自己的想法："让一些杰出的人才像奴隶般把时间浪费在计算上是不值得的。"

莱布尼兹不仅是一位优秀的数学家，而且还是一位哲学家和政治家。值得关注的是，他还创立了二进制系统和符号逻辑。

1.5.3 巴贝奇(Charles Babbage,1791～1871)

英国剑桥大学的数学教授,分析机的发明人。1830 年,巴贝奇设计了一台具有资料存储、处理和控制的分析机。他提出了顺序控制的思想,就是把计算时所需要的数据以及计算步骤传送给机器,然后让机器按顺序一步一步地执行。但是,他的设计因当时客观的机械加工能力的不足而搁浅。1871 年,巴贝奇带着遗憾离开人世,却留下了宝贵的设计图纸。直到 1944 年,美国哈佛大学和 IBM 公司重新发现了巴贝奇的设计,并为之震惊。"马克一号"最终实现了巴贝奇的天才设想。巴贝奇也因此被后人称为"计算机之父"。

1.5.4 艾达·洛夫莱斯伯爵夫人(Augusta Ada Lovelance,1815～1852)

世界上第一个程序员。艾达是英国著名诗人拜伦的女儿。在她生活的那个年代,女人经常被阻挡于科学研究之外,但是艾达对数学充满着强烈的兴趣和热情,她抓住一切可能的机会向她的朋友——M·桑麦维里(狄·摩根的学生)请教数学问题,并在她 21 岁时写信给巴贝奇,请他作自己的导师。一年后她承担了一篇用法文写的论文《论巴贝奇分析机》的翻译任务。她的工作不仅是翻译,而且还撰写了比论文长三倍的注解,同时对机器做了详尽的数学解析。实际上,艾达描述了一台尚未存在的计算机。但是在注解中,她甚至为这台虚有的机器写下了用它计算贝努利数的计算机程序。

为了表彰艾达在程序设计方面的功勋,人们也用她的名字艾达(Ada)命名了一种计算机语言。

1.5.5 图灵(Alan Mathison Turing,1912～1954)

英国数学家,图灵机的发明人,现代计算机思想的创始人。1936 年,图灵发表了《什么是计算》的论文,把计算理论大大向前推进了一步。1937 年,他又发表了含有图灵机设想的论文,在这篇论文里,他首次提出了逻辑机的通用模型(即理想计算机的模型),这篇论文永远载入了计算机发展的史册,引起了学术界的广泛兴趣。1938 年,图灵获得物理学博士学位并留校任教。

在第二次世界大战期间,德军使用一部叫作 Enigma(谜)的密码机器来设置军事电报密码,自信这部机器所产生的密码无人能解。殊不知,英国年轻的数学家图灵也设计了一台特殊的机器,专门破译截获到的用 Enigma 编码的各种信息。战后,国家为了表彰他对战争获胜所做出的特殊贡献,授予他帝国荣誉勋章。

值得一提的是,1950 年在曼彻斯特大学任教时,图灵又发表了《计算机能思维吗?》的论文。在这篇论文里,他阐述了自己所设计的实验,就是著名的"图灵测验",如图 1-7 所示。

一个人在不接触对象的情况下,同对象进行一系列的对话,如果他不能根据这些对话判断出谈话的对象是人还是计算机的话,那么就认为这台计算机具有了与人相当的智能。这篇论文奠定了人工智能的理论基础,引起了计算机科学界的极大震动。因此,图灵被后人称为"人工智能之父"。

图 1-7 "图灵测验"示意图

1951年,图灵被选为英国皇家学会会员。不幸的是,图灵英年早逝,1954年6月他离开人世时年仅42岁。

图灵在他短暂的一生中为现代计算机的发展做出了两大贡献:一是建立了图灵机的理论模型,二是奠定了人工智能的理论基础。为了纪念图灵对计算机事业做出的突出功绩和伟大贡献,美国计算机学会(ACM)设立了图灵奖,每年授予在计算机科学理论方面做出重要贡献的计算机科学家。图灵奖是目前计算机科学界最高的奖励。

1.5.6　冯·诺依曼(John Von Nouma,1903～1957)

美籍匈牙利数学家冯·诺依曼对世界上第一台电子计算机ENIAC的设计提出过建议。1945年3月,他起草了EDVAC(Electronic Discrete Variable Automatic Computer,电子离散变量自动计算机)设计的报告初稿,此方案奠定了现代计算机的五个基本组成部件,包括:运算器、控制器、存储器、输入设备和输出设备,并详细描述了各部件的工作原理和彼此之间的关系。EDVAC还有两个非常重大的改进,即:(1)所有的数据和指令都采用二进制表示;(2)建立了存储程序,指令和数据可并存在存储器中,并做同样处理。冯·诺依曼提出的设计报告简化了计算机的结构,大大提高了计算机的运算速度。1946年7、8月间,冯·诺依曼和戈尔德斯廷、勃克斯在EDVAC方案的基础上,又提出了一个更加完善的设计报告《电子计算机逻辑设计初探》。以上两份既有理论又有具体设计的设计报告,在全世界掀起了一股"计算机"热潮,它们的综合设计思想,便是著名的"冯·诺依曼机"。

冯·诺依曼将其一生都奉献于科学研究,甚至在生命的最后时刻他还在深入比较天然自动机与人工自动机。他逝世以后,未完成的手稿在1958年以"计算机与人脑"为名出版。他的主要著作收集在六卷《冯·诺依曼全集》中,1961年出版。

1.5.7　比尔·盖茨(Bill Gates,1955迄今)

美国微软公司的创始人兼董事长。盖茨从小酷爱数学和计算机,在中学时就成为有名的"计算机迷"。1973年他考上哈佛大学。大学二年级时,盖茨选择了退学创业,微软公司于1975年诞生。1980年11月,IBM与微软签订了合同,从此微软踏上了它的腾飞之路。如今,微软已成为业内的"霸主",主宰个人计算机操作系统和办公软件(这是微软的命脉)以及近20个不同的万维网站。虽然曾经受到商业起诉,微软公司被指控商业垄断,但是作为软件业的神话,微软公司的创始人兼董事长盖茨无疑是最成功的商人之一。

1.6　计算思维

1.6.1　什么是计算思维

1972年图灵奖得主Edsger Wybe Dijkstra说,"我们所使用的工具影响着我们的思维方式和思维习惯,从而也将深刻地影响着我们的思维能力。"计算工具的发展,计算环境的演变,计算科学的形成,计算文明的迭代中到处蕴含着思维的火花,这种思维活动在这个发展、演化、形成的过程中不断闪现,在人类科学思维中早已存在,并非一个全新概念。

比如,计算理论之父图灵提出用机器来模拟人们用纸笔进行数学运算的过程,他把这样的过程看成两个简单的动作:1)在纸上写上或擦除某个符号;2)把注意力从纸的一个位置移动到另一个位置。图灵构造出这台假想的、被后人称为"图灵机"的机器,可用十分简单的装置模拟人类所能进行的任何计算过程。

这些思维活动虽然在人类科学思维中早已存在,但其研究却比较缓慢,电子计算机的出现带来了根本性的改变。回溯到19世纪中叶,布尔发表了著作《思维规律研究》,成功地将形式逻辑归结为一种代数运算,这就是布尔代数。但是当时布尔代数的产生被认为"既无明显的实际背景,也不可能考虑到它的实际应用",可是一个世纪后这种特别的数学思维与工程思维互补融合,在计算机的理论和实践领域中放射出耀眼的光芒。可见,计算机把人的科学思维和物质的计算工具合二为一,反过来又大大拓展了人类认知世界和解决问题的能力和范围。或者说,计算思维帮助人们发明、改造、优化、延伸了计算机,同时,计算思维借助于计算机,其意义和作用进一步凸显。

美国卡内基·梅隆大学的 Jeannette M. Wing(周以真)教授于 2006 年在《Computational of the ACM》杂志提出计算思维是(包括、涉及)运用计算机科学的基础概念进行问题求解、系统设计以及人类行为理解等涵盖计算机科学之广度的一系列思维活动(智力工具、技能、手段)。从6个方面进行了阐述:1)计算思维是概念化思维,不是程序化思维;2)计算思维是基础的技能,而不是机械的技能;3)计算思维是人的思维,不是计算机的思维;4)计算思维是思想,不是人造品;5)计算思维是数学和工程互补融合的思维,不是数学性的思维;6)计算思维面向所有的人,所有领域。

1.6.2 计算思维的应用

计算思维正在或已经渗透到各学科、各领域,并正在潜移默化地影响和推动着各领域的发展,成为一种发展趋势。

在神经科学中,大脑是人体中最难研究的器官,科学家可以从肝脏、脾脏和心脏中提取活细胞进行活体检查,唯独大脑要想从中提取活检组织仍是个难以实现的目标。无法观测活的大脑细胞一直是精神病研究的障碍。精神病学家目前重换思路,从患者身上提取皮肤细胞,转成干细胞,然后将干细胞分裂成所需要的神经元,最后得到所需要的大脑细胞,首次在细胞水平上观测到精神分裂患者的脑细胞。类似这样的新的思维方法,为科学家提供了以前不曾想到的解决方案。

在物理学中,物理学家和工程师仿照经典计算机处理信息的原理,对量子比特中所包含的信息进行操控,如控制一个电子或原子核自旋的上下取向。与现在的计算机进行比对,量子比特能同时处理两个状态,意味着它能同时进行两个计算过程,这将赋予量子计算机超凡的能力,远远超过今天的计算机。现在的研究集中在使量子比特始终保持相干,不受到周围环境噪声的干扰,如周围原子的推推搡搡。随着物理学与计算机科学的融合发展,量子计算机"走入寻常百姓家"将不再是梦想。

在地质学中,"地球是一台模拟计算机",用抽象边界和复杂性层次模拟地球和大气层,并且设置了越来越多的参数来进行测试,地球甚至可以模拟成了一个生理测试仪,跟踪测试不同地区的人们的生活质量、出生和死亡率、气候影响等。

在社会科学中,社交网络是 MySpace 和 YouTube 等发展壮大的原因之一,统计机器学习被用于推荐和声誉排名系统,如 Netflix 和联名信用图月球沙立体。

在医疗中,我们看到机器人医生能更好地陪伴、观察并治疗自闭症,可视化技术使虚拟结肠镜检查成为可能等。我们也看到,在癌症研究者中,计算领域专家不留情面地指出:许多研究走入误区,只关注某一个问题出现的 DNA 片段,而不是把它们看成一个复杂的整体。这就好比,你本来是想管理某国的经济,结果着眼点却是某个城市中每种商品的每笔交易。因此,系统生物学被提上日程,癌症生物学家应该从全局考虑,并呼吁这些癌症生物学家要掌握非线性系统分析、网络理论,更新思维模式。

在环境学中,大气科学家用计算机模拟暴风云的形成来预报飓风及其强度,最近,计算机仿真模型表明空气中的污染物颗粒有利于减缓热带气旋。因此,与污染物颗粒相似但不影响环境的气溶胶被研发并将成为阻止和减缓这种大风暴的有力手段。

在娱乐中,梦工厂用惠普的数据中心进行电影《怪物史莱克》和《马达加斯加》的渲染工作卢卡斯电影公司用一个包含 200 个节点的数据中心制作电影《加勒比海盗》:裸眼 3D 技术正在研究具体技术是让屏幕显示一个只有从特定角度才能看到的图像,通过调节光线强度,使得同一个屏幕上可以显示出两幅完全不同的画面,一幅传给左眼,另一幅传给右眼,左右眼同时看到这两幅画面就会产生一种深度感知,让大脑认为看到了 3D 影像而不需要佩戴任何特殊的眼镜,美国卡内基·梅隆大学研究人员卡西·谢尔教授说:在未来,几乎生活的每个方面都会有游戏一般的体验,如当你站在浴室的镜子前刷牙时,你的电子牙刷会告诉你在过去的 6 个月中,你坚持一天两次高质量的刷牙得分是多少,与在你周边方圆一千米内的邻居的排名中是第几位。生活中很多事情在游戏中被快乐规划,如吃药了没有,能量消耗是多少。人类将游戏人生,以一种优雅有趣的方式驾驭生活。

在天文学中,天上的恒星在年龄问题上很难给出定论。一颗古老的恒星经常会被认为还很年轻在寻找围绕遥远恒星运行的宜居行星时,这给天文学家带来很大的困惑。因为恒星的年龄关系到它所能支持的生命形式,正如梅邦所提出的,"恒星没有出生证",它们的诸多视觉特征在生命周期的大部分时间里都保持不变。不过,有一个特征确实会变,那就是随着时间的推移,恒星的旋转速度会不断变慢,因此我们可以把旋转速度即恒星的自转速率当作计量恒星年龄的时钟。不过这个时候如何标出时钟的数字呢?现在正在进行的工作就是,计算出已有不同年龄层次的恒星年龄和旋转速度间的关系,再进行推理、建模。相信不久之后,恒星的年龄之谜就会揭开了可见,实验和理论思维无法解决问题的时候,我们可以使用计算思维来理解大规模序列,计算思维不仅仅为了解决问题效率,甚至可以延伸到经济问题、社会问题。大量复杂问题求解、宏大系统建立、大型工程组织都可通过计算来模拟,包括计算流体力学、物理、电气、电子系统和电路甚至同人类居住地联系在一起的社会和社会形态研究,当然还有核爆炸、蛋白质生成、大型飞机舰艇设计等,都可应用计算思维借助现代计算机进行模拟。

计算思维几乎涵盖了所有的领域,实验和理论思维无法解决问题的时候,我们可以使用计算思维来理解大规模序列,计算思维不仅仅为了解决问题效率,甚至可以延伸到经济问题、社会问题。大量复杂问题求解、宏大系统建立、大型工程组织都可通过计算来模拟,包括计算流体力学、物理、电气、电子系统和电路甚至同人类居住地联系在一起的社会和社会形态研究,当然还有核爆炸、蛋白质生成、大型飞机舰艇设计等,都可应用计算思维借助现代计算机进行模拟。

【微信扫码】
相关资源 & 拓展阅读

第 2 章 信息的表示与存储

由于信息技术在资料生产、科研教育、医疗保健、企业和政府管理以及家庭中得到了广泛的应用,从而对经济和社会发展产生了巨大而深刻的影响,从根本上改变了人们的生活方式、行为方式和价值观念。

信息成为比物质和能源更为重要的资源,以开发和利用信息资源为目的的信息经济活动迅速扩大,成为国民经济活动的重要内容。以计算机、微电子和通信技术为主的信息技术革命是社会信息化的动力源泉。

于 2005 年 9 月举行的第六十届联合国大会通过了第 60/252 号决议,确定每年的 5 月 17 日为"世界信息社会日"。

本章重点介绍信息、数据和数制相关概念,以及信息和数据在计算机中的表示方法。

本章学习目标与要求:
1. 信息与数据的相关概念
2. 4 种数制的表示方法、相互转换的原则与方法
3. 进制、基数、位权、模、定点数、浮点数、BCD 码
4. 原码、反码和补码的计算和相互转换方法
5. 二进制数的四则运算规则和运算方法
6. 二进制数的逻辑运算规则和运算方法
7. 西文字符编码
8. 汉字编码

2.1 数据与信息

"信息"(Information)是指用某些符号传送的报道,而报道的内容是接受符号者预先不知道的。信息可以通过各种各样的符号,传送和表达其实际意义。信息的基本形式可以是数据、符号、文字、语言、图像等。但是所有的信息都不能被计算机直接处理,因为计算机采用的是二进制,只能识别"0"和"1"两种符号。因此,所有信息都必须转换成计算机能直接处理的数据,我们将这个过程称为"数字化"。

"数据"(Data)是在计算机内部存储、处理和传输的各种"值",是用来表征客观事物的一组文字、数字或符号,是信息的物理载体。

数据可以通过各种介质传输,如电、磁、声、光等等。

数据可分为数值型数据和非数值型数据。数值型数据用来描述基本定量符号,如价格、长度等;非数值型数据是用符号表示的,用来描述各种实物和实体的属性的符号,如姓名、邮编、地址等。

数据与信息的区别：数据处理之后产生的结果为信息，信息具有针对性、时效性。尽管这是两个不同的概念，但人们在许多场合把这两个词互换使用。信息有意义，而数据没有。例如，当测量一个病人的体温时，假定病人的体温是 39 度，则写在病历上的 39 度实际是数据。39 度这个数据本身是没有意义的，39 度是什么意思？什么物质 39 度？但是，当数据以某种形式经过处理、描述或与其他数据比较时，便赋予了意义。例如，这个病人的体温是 39 度，这才是信息，这个信息是有意义的——39 度表示病人发烧了。

信息同物质、能源一样重要，是人类生存和社会发展的三大基本资源之一。信息不仅维系着社会的生存和发展，而且在不断推动着社会和经济的发展。

2.2 计算机中的数据

ENIAC 是一台十进制的计算机，它采用十个真空管来表示一个十进制数。冯·诺依曼在研制 IAS 时，感觉这种十进制的表示和实现方式十分麻烦，故提出了二进制表示方法，从此改变了整个计算机的发展历史。

二进制只有"0"和"1"两个数码。相对于十进制而言，采用二进制不仅运算简单、易于物理实现、通用性强，更重要的优点是所占用的空间和消耗的能量小得多，机器可靠性高。

计算机内部均采用二进制来表示各种信息，但计算机与外部交往仍采用人们熟悉和便于阅读的形式，如十进制数据、文字显示以及图形描述等。其间的转换，则由计算机系统的硬件和软件来实现。例如，各种声音被麦克风接收，生成的电信号为模拟信号（时间和幅值上连续变化的信号），模拟信号必须经过一种被称为模/数（A/D）转换器的器件将其转换为数字信号，再送入计算机中进行处理和存储；然后将处理结果通过一种被称为数/模（D/A）转换器的器件将数字信号转换为模拟信号，我们通过扬声器听到的才是连续的正常声音。

计算机中数据的最小单位是位。存储容量的基本单位是字节。8 个二进制数字称为 1 个字节，此外还有 KB、MB、GB、TB 等。

1. 位（bit）

位是度量数据的最小单位。在数字电路和计算机技术中采用二进制表示数据，代码只有 0 和 1。采用多个数码（0 和 1 的组合）来表示一个数，其中的每一个数码称为 1 位。

2. 字节

一个字节由 8 个二进制数字组成（1 Byte＝8 bit）。字节是信息组织和存储的基本单位，也是计算机体系结构的基本单位。

早期的计算机并无字节的概念。20 世纪 50 年代中期，随着计算机逐渐从单纯用于科学计算扩展到数据处理领域，为了在体系结构上兼顾"数"和"字符"，就出现了"字节"。IBM 公司在设计其第一台超级计算机 STRETCH 时，根据数值运算的需要，定义机器字长为 64 位。对于字符而言，STRETCH 的打印机只有 120 个字符，本来每个字符用 7 位二进制数表示即可（因为 2^7＝128 个字符，所以最多可表示 128 个字符），但其设计人员考虑到以后字符集扩充的可能，决定用 8 位表示一个字符。这样 64 位字长可容纳 8 个字符，设计人员把它叫作"字节"，这就是字节的来历。

为了便于衡量存储器的大小，统一以字节（Byte，B）为单位。

千字节　1 KB＝1024 B＝2^{10} B
兆字节　1 MB＝1024 KB＝2^{20} B
吉字节　1 GB＝1024 MB＝2^{30} B
太字节　1 TB＝1024 GB＝2^{40} B

3. 字长

在计算机诞生初期,受各种因素的限制,计算机一次能够同时(并行)处理 8 个二进制位。人们将计算机一次能够并行处理的二进制位称为该机器的字长,也称为计算机的一个"字"。随着电子技术的发展,计算机的并行能力越来越强,计算机的字长通常是字节的整数倍,如 8 位、16 位、32 位,发展到今天微型机的 64 位、大型机已达 128 位。

字长是计算机的一个重要指标,直接反映了一台计算机的计算能力和精度。字长越长,计算机的数据处理速度越快。

2.3 数制与编码

2.3.1 数制的基本概念

数据制式就是数据的进位计数原则,是人们利用符号进行计数的科学方法,又称为进位计数制,简称"数制"或"进制"。

在日常生活中经常要用到数制,如人们以 10 角钱为 1 元,用的是 10 进制;以 60 分钟为 1 小时,用的是 60 进制;一天之中有 24 小时,用的是 24 进制;而一周有 7 天,用的是 7 进制;一年中有 12 个月,用的是 12 进制计数法等。在计算机中常用的数制:十进制,二进制,八进制和十六进制。

为了更好地学习计算机中进制及其进制间的相互转换,首先来了解两个基本概念:"基数"和"位权"。

所谓"基数",就是在一种数制中所使用的数码的个数。如二进制数的基数为"2",八进制数的基数为"8",十进制数的基数为"10",十六进制数的基数为"16"。在计算机程序中给出一个数时就需要指明它的数制。

在一个数中,同一个数码处于不同位置则表示不同的值。把基数的某次幂称为"位权"。位权表示法的原则是数字的总个数等于基数;每个数字都要乘以基数的幂次,而该幂次是由每个数所在的位置所决定的。排列方式是以小数点为界,整数自右向左 0 次方、1 次方、2 次方等,小数自左向右负 1 次方、负 2 次方、负 3 次方等。

2.3.1.1 十进制数(Decimal)

人们常用的是十进制。其特点是:

基数是 10,有 10 个基本字符组成,即 0、1、2、3、4、5、6、7、8、9。其中最大数码是基数减 1,即 10－1＝9;最小数码是 0。运算规则"逢十进一"。十进制数的标志为 D。

2.3.1.2 二进制数(Binary)

二进制是计算机中使用的数制。其特点是:基数是 2,即由两个基本字符 0,1 组成。运算规则"逢二进一"。二进制数的标志为 B。

2.3.1.3 八进制数(Octal)

八进制的特点是:基数是8,即0、1、2、3、4、5、6、7。八进制数的最大数码也是基数减1,即8-1=7;最小数码也是0。运算规则"逢八进一"。八进制数的标志为O或Q(注意它特别一些,可以有两种标志)。

2.3.1.4 十六进制数(Hexadecilnal)

十六进制数常用于地址编码等方面。其特点是:基数是16,数字符号依次是0、1、2、3、4、5、6、7、8、9、A、B、C、D、E、F。它的最大的数码也是基数减1,即16-1=15(为F);最小数码也是0。运算规则"逢十六进一"。十六进制数的标志为H。

各种进制的基数、数码、进位关系和表示方法如表2-1所示。

表2-1 各种进制的基数、数码、进位关系和表示方法

	十进制	二进制	八进制	十六进制	K进制
基数	10	2	8	6	K
进位	逢10进1	逢2进1	逢8进1	逢16进1	逢K进1
可用数码	0 1 2 3 4 5 6 7 8 9	0 1	0 1 2 3 4 5 6 7	0 1 2 3 4 5 6 7 8 9 ABCDEF	0~(K-1)

计算机中只使用二进制原因,主要有两方面:一方面,二进制中只有0和1两个符号,使用有两个稳定状态的电子器件就可以分别表示它们,而制造有两个稳定状态的电子器件要比制造有多个稳定状态的电子器件容易得多。另一方面,二进制数的运算规则简单,易于进行高速运算。数理逻辑中的"真"和"假"可以分别用"1"和"0"来表示,这样就把非数值信息的逻辑运算与数值信息的算术运算联系了起来。

2.3.2 进制间的转换

2.3.2.1 非十进制数转换成十进制数

二进制、八进制和十六进制等各种进制,转换成十进制方法比较简单,就是将各种进制下的数值按位展开,乘以基数对应的位权,然后按十进制运算规则相加求和,即可得到对应的十进制数值。设该数制是R进制,基本公式如下:

$$S = K_n \times R^{n-1} + K_{n-1} \times R^{n-2} + \cdots + K_2 \times R^1 + K_1 \times R^0 + K_{-1} \times R^{-1} + K_{-2} \times R^{-2} + \cdots + K_{-m} \times R^{-m}$$

例如:

$(1010.1)_2 = 1 \times 2^3 + 0 \times 2^2 + 1 \times 2^1 + 0 \times 2^0 + 1 \times 2^{-1} = 8 + 2 + 0.5 = (10.5)_{10}$

$(1010.1)_8 = 1 \times 8^3 + 0 \times 8^2 + 1 \times 8^1 + 0 \times 8^0 + 1 \times 8^{-1} = (520.125)_{10}$

$(BAD.8)_{16} = 11 \times 16^2 + 10 \times 16^1 + 13 \times 16^0 + 8 \times 16^{-1} = (2\,989.5)_{10}$

2.3.2.2 十进制转二进制

首先把十进制数分成两部分:整数和小数。然后根据下面的规则分别转换。整数转换的规则是"除2倒取余直到商为0"。

例:$(29)_D = (11101)_B$

```
  2│ 29
   2│ 14 ┄┄┄┄ 1
    2│ 7 ┄┄┄┄ 0
     2│ 3 ┄┄┄┄ 1
      2│ 1 ┄┄┄┄ 1
         0 ┄┄┄┄ 1
```

小数转换规则是"乘 2 正取整直到小数部分为 0"。

例:$(0.625)_D = (0.101)_B$

```
        0.625
      ×     2
      ①0.250 ┄┄┄┄ 1
      ×     2
      ⓪0.500 ┄┄┄┄ 0
      ×     2
      ①0.000 ┄┄┄┄ 1
```

> **注意:**
> (1) 不是每一个小数都能乘尽的,对于乘不尽的小数,只需按要求保留小数位数就可以了。
> (2) 八进制、十六进制的转换方法和二进制相同,只需选择对应基数就可以了。

2.3.2.3 八进制、十六进制与二进制相互转换

想熟练快速准确进行进制的相互转换,首先要熟记进位制的对应关系表,如表 2-2 所示。

表 2-2 进制对应表示关系表

二进制	十进制	十六进制	八进制
0000	0	0	0
0001	1	1	1
0010	2	2	2
0011	3	3	3
0100	4	4	4
0101	5	5	5
0110	6	6	6
0111	7	7	7
1000	8	8	10
1001	9	9	11
1010	10	A	12
1011	11	B	13

(续表)

二进制	十进制	十六进制	八进制
1100	12	C	14
1101	13	D	15
1110	14	E	16
1111	15	F	17

1. 八进制与二进制相互转换

二进制转换成八进制：从小数点开始，整数部分从右向左、小数部分从左向右，每3位二进制一组，用一位八进制数的数字表示，不足3位的要补"0"，整数部分在左边最高位补"0"补足3位，小数部分在右边最低位补"0"补足3位。

八进制转换成二进制：把每一个八进制数转换成3位的二进制即可。

例：将八进制的37.416转换成二进制数。

$$\underset{011\,111}{3\ 7}.\underset{100\,001\,110}{4\ 1\ 6}$$

即：$(37.416)_Q = (11111.10000111)_B$

例：将二进制的10110.0011转换成八进制。

$$\underset{2\ 6}{010\,110}.\underset{1\ 4}{001\,100}$$

即：$(10110.0011)_B = (26.41)_Q$

2. 十六进制与二进制相互的转换

二进制转换成十六进制：从小数点开始，小数部分从左向右、整数部分从右向左，每4位二进制为一组，用一位十六进制数的数字表示，不足4位的要用补"0"，整数部分在左边最高位补"0"补足4位，小数部分在右边最低位补"0"补足4位。

十六进制转换成二进制：把每一个十六进制数转换成4位的二进制即可。

例：将十六进制数5DF.9转换成二进制。

$$\underset{0101\,1101\,1111}{5\ D\ F}.\underset{1001}{9}$$

即：$(5DF.9)_H = (10111011111.1001)_B$

例：将二进制数1100001.111转换成十六进制。

$$\underset{6\ 1}{0110\,0001}.\underset{E}{1110}$$

即：$(1100001.111)_B = (61.E)_H$

下面的表2-3为各进制之间的转换规则总结。

表 2-3 进制转换规则

计数制转换要求	相应转换遵循的规律
十进制整数转换为二进制整数	用基数 2 连续去除该十进制数,直到商等于"0"为止,然后逆序排列余数
十进制小数转换为二进制小数	连续用基数 2 去乘以该十进制小数,直至乘积的小数部分等于"0",然后顺序排列每次乘积的整数部分
十进制整数转换为八进制整数或十六进制整数	采用基数 8 或基数 16 连续去除该十进制整数,直至商等于"0"为止,然后逆序排列所得到的余数
十进制小数转换为八进制小数或十六进制小数	连续用基数 8 或基数 16 去乘以该十进制小数,直至乘积的小数部分等于"0",然后顺序排列每次乘积的整数部分
二、八、十六进制数转换为十进制数	用其各位所对应的系数,按照"位权展开求和"的方法就可以得到,其基数分别为 2、8、16
二进制数转换为八进制数	从小数点开始分别向左或向右,将每 3 位二进制数分成 1 组,不足 3 位数的补 0,然后将每组用 1 位八进制数表示即可
八进制数转换为二进制数	将每位八进制数用 3 位二进制数表示即可
二进制数转换为十六进制数	从小数点开始分别向左或向右,将每 4 位二进制数分成 1 组,不足 4 位的补 0,然后将每组用 1 位十六进制数表示即可
十六进制数转换为二进制数	将每位十六进制数用 4 位二进制数表示即可

2.3.3 二进制的算术运算

二进制与十进制一样,可以进行加、减、乘、除四则运算。最常用的是加法运算和减法运算,其运算规则如下。

加运算:0+0=0,0+1=1,1+0=1,1+1=10,逢 2 进 1;

减运算:1-1=0,1-0=1,0-0=0,0-1=1,向高位借 1 并且借 1 当 2;

乘运算:0×0=0,0×1=0,1×0=0,1×1=1,只有同时为"1"时结果才为"1";

除运算:二进制数只有两个数(0,1),因此它的商也只有两个数(1,0)。

例:求$(1101)_B+(1011)_B$的和。

解:
```
  1101
+ 1011
------
 11000
```

例:求$(1101)_B+(1011)_B$的差。

解:
```
  1101
- 1011
------
  0010
```

2.3.4 逻辑运算规则

逻辑运算是一种关系运算。其运算结果只是表示一种逻辑关系,若关系成立则用"真"或"1"表示,否则用"假"或"0"表示。二进制数的逻辑运算有"与""或""非"和"异或"4种。

2.3.4.1 "与"运算(AND)

"与"运算又称为逻辑乘,用符号"∧"来表示。其运算规则如下:

$$0 \wedge 0 = 0 \quad 0 \wedge 1 = 0 \quad 1 \wedge 0 = 0 \quad 1 \wedge 1 = 1 (全1得1)$$

即只有两个操作数都为1结果才为1;其他情况结果全为0。

2.3.4.2 "或"运算(OR)

"或"运算又称逻辑加,用符号"∨"表示。其运算规则如下:

$$0 \vee 0 = 0 \quad 0 \vee 1 = 1 \quad 1 \vee 0 = 1 \quad 1 \vee 1 = 1 (全0得0)$$

即只有两个操作数全为0,结果才为0;其他情况结果全为1。

2.3.4.3 "非"运算(NOT)

"非"运算又称为按位取反运算。其运算规则是:$\overline{0} = 1, \overline{1} = 0$。

*2.3.5 乘法运算

二进制的乘法和十进制的乘法比较类似,也是按位相乘,只是应牢记"逢二进一"的原则。下面给出一个乘法运算示例。

例:求$(11)_B \times (10)_B$的结果,计算过程如下式所示:

```
      1 1
    × 1 0
    -----
      0 0
    1 1
    -----
    1 1 0
```

*2.3.6 除法运算

二进制的除法也是类似十进制的除法,对应位置相除,应牢记"借1当2用"的原则。下面举例说明除法运算。

例:求$(110)_B \div (10)_B$和$(1001)_B \div (11)_B$的结果,计算过程如下式所示:

```
         1 1                    0 0 1 1
      -------                 ---------
   10 ) 1 1 0             11 ) 1 0 0 1
        1 0                      0 1 1
       ----                     ------
        0 1 0                    0 0 1 1
        0 1 0                    0 0 1 1
       ----                     ------
        0 0 0                    0 0 0 0
```

2.3.7 整数的表示——原码、反码和补码

人们所应用的数值型数值,其内容是多种多样的。例如:正数和负数。通常正数表示方

法是在数值最高位前加正号（＋），负数表示则是在数值最高位前面加负号（－）。因为计算机中只有两种符号，因此 0 和 1 既可以表示一个数的数值部分，又可以表示正、负号。正号用 0 表示，负号用 1 表示。人们把一个数在机器内的表示形式称为"机器数"；而这个数本身就是该机器数的"真值"。例如"01101"和"11101"是两个机器数，而它们的真值分别为＋1101 和－1101。机器数有原码、反码和补码 3 种形式。

在计算机系统中，数值用补码表示。原因有 3 个：首先，使用补码可以将符号位和其他位统一处理；其次，减法也可按加法来处理，可以简化计算机中运算器结构；最后，两个用补码表示的数相加时，如果最高位（符号位）有进位，则进位被舍弃。

2.3.7.1 原码

原码表示法是定点数的一种简单的表示法。该方法又称为符号—数值表示法。设有一数为 X，则原码表示可记作[X]原。

例如，X1＝＋101；X2＝－101。如果用原码表示形式则可记作：[X1]原＝[＋101]原＝0 0000101；[X2]原＝[－101]原＝1 0000101。

对于整数 0，可以表示为＋0 和－0，对应的原码分别是 0 0000000 和 1 0000000（这里采用 8 位二进制表示，后面的示例相同）。

采用原码表示带符号的二进制数，其优点是简单易懂，缺点是加、减运算不方便。

2.3.7.2 反码

用反码表示带符号的二进制数时，需要数值的正负。如果是正整数则与该数值的原码相同；如果是负整数，求反码的方法是：符号位与原码相同，数值位按位取反。同样，整数"0"的反码也有两种形式，即 0 0000000 和 1 1111111。采用反码运算时，当符号位有进位产生时，应将进位加到运算结果的最低位，才能得到最后结果，运算仍然不方便。例如 X1＝＋101，X2＝－101。反码表示分别是：0 0000101 和 1 1111010。

2.3.7.3 补码

用补码表示带符号的二进制数时，符号位不变，数值位在反码的基础上，其最低位再与 1 相加求和。注意，整数"0"的补码只有一种表示形式，即 00…0。而 1 0000000 表示的是十进制数－128。例如 X1＝＋101，X2＝－101。补码表示分别是 0 0000101 和 1 1111011。计算机采用补码进行加、减运算时，其运算规则如下：

$$[X1\pm X2]补＝[X1]补＋[\pm X2]补$$

运算时，符号位和数值位一样参加运算，若符号位有进位产生，则应将进位丢掉后才得到正确结果。

例：X1＝＋1001，X2＝－0011，则采用补码求 X1＋X2 的运算如下：

$$[X1+X2]补＝[X1]补＋[X2]补＝0\ 0001001＋1\ 1111101＝10\ 0000110$$

其中最高位的 1 舍去，即：

$$[X1+X2]补＝0\ 0000110$$

因为最高位符号位是 0，表示整数，所以结果转换成十进制是＋6。

注意，求得的结果仍然是补码形式。补码不能直接转换成十进制数，必须转换成原码后，再按位展开求其十进制。这里介绍负数补码转换成原码方法：符号位为 1；其余各位取反，然后再整个数加 1。

例：X1＝－1001，X2＝＋0011，则采用补码求 X1＋X2 的运算如下：

$$[X1+X2]_{补}=[X1]_{补}+[X2]_{补}=1\ 1110111+0\ 0000011=1\ 1111010$$
$$[1\ 1111010]_{补}=1\ 0000101+1=[1\ 0000110]_{原}$$

综合比较原码、反码和补码的运算方法可以得出采用补码进行加、减运算最方便。表2-4是8位二进制数的原码、反码和补码对照表。

表2-4 8位二进制的原码、反码和补码对照表

二进制数码	无符号数	原 码	反 码	补 码
00000000	0	+0	+0	+0
00000001	1	+1	+1	+1
00000010	2	+2	+2	+2
⋮	⋮	⋮	⋮	⋮
01111110	126	+126	+126	+126
01111111	127	+127	+127	+127
10000000	128	−0	−127	−128
10000001	129	−1	−126	−127
10000010	130	−2	−125	−126
⋮	⋮	⋮	⋮	⋮
11111110	254	−126	−1	−2
11111111	255	−127	−0	−1

2.3.8 浮点数的表示

虽然在计算机中我们可以用补码来表示整数,但是在实际应用中,由于计算机的字长有限,导致整数数值的表示范围也是有限的;而且实际的数据往往既有整数部分,又有小数部分;另外实际数据有的特别大,有的特别小。因此计算机光能表示整数是远远不能满足实际需求的,所以,我们在计算机里也引入了浮点数来表示数据。

很多高级程序语言,数据都可以写成如下形式:

4.32E−5 表示 $4.32×10^{-5}=0.000\ 043\ 2$

0.432E−1 表示 $0.432×10^{-1}=0.043\ 2$

这种表示数据的方法是十进制中的科学计数法,计算机中浮点数表示法与此很类似,但又不同。

在一般数据的浮点表示法中,一个数可表示成如图2-1所示。

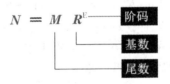

图 2-1 浮点数表示法

在计算机内部,以浮点形式表示的数的基数通常隐含为 2,并且规定尾数部分必须是二进制定点纯小数,阶码部分必须是二进制定点整数。在给定的字长情况下,如给出阶码和尾数的位数,则可表示一个浮点数。

例如:假设某机器字长为 16 位,规定前 6 位表示阶码(包括阶码符号),后 10 位表示尾数(包括尾数符号)(如图 2-2 所示)则 000101 1110101000 表示的浮点数是:

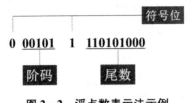

图 2-2 浮点数表示法示例

$-(0.110101)_2 \times 2^{(101)2} = (-11010.1)^2 = -(26.5)_{10}$

2.4 字符的编码

计算机不仅需要处理数值型数据,更多的时候还需要处理非数值数据。例如:文字处理、图形图像处理、音频视频处理、办公管理等等。因此,计算机系统中非数值信息的编码就显得越来越重要。

2.4.1 西文字符的编码

由于计算机内部全部采用二进制数,因此输入计算机的所有信息必须用二进制形式表示。这里就牵涉信息符号转换成二进制数所采用的编码问题。目前,国际上统一用 ASCII 码(American Standard Code for Information Interchange,美国信息交换标准码)。

在标准 ASCII 码中规定,一个 ASCII 码用 7 位二进制表示,在最高位用"0"补足 8 位,存储在 1 个字节中。其中最高位为校验位,用于传输过程检验数据正确性。由此可知,一个字节可表示 2^7 即 128 编码(从 00000000~01111111),即可表示 128 个字符,其中包括 26 个英文大写字母、26 个英文小写字母、10 个数字符号(0,1,2,…,9)、32 个标点符号和 34 个控制符。例如大写英文字母 A 对应的 ASCII 码是 $(01000001)_B$ 即 $(65)_D$,小写英文字母 a 对应的 ASCII 码是 $(0 1100001)_B$ 即 $(97)_D$。为便于书写和记忆,ASCII 码也会用十六进制表示,即将某字符的 ASCII 码二进制数转换成十六进制,再标以 H 表示这是一个十六进制数的数。例如大写英文字母 A 的十六进制为 41H;小写英文字母 a 的十六进制为 61H。表 2-5 是 ASCII 码对应的西文字符。

表 2-5　ASCII 码对照表

低四位＼高三位	000	001	010	011	100	101	110	111
0000	NUT	DLE	sp	0	@	P	、	p
0001	SOH	DC1	!	1	A	Q	a	q
0010	STX	DC2	"	2	B	R	b	r
0011	ETX	DC3	#	3	C	S	c	s
0100	EOT	DC4	$	4	D	T	d	t
0101	ENQ	NAK	%	5	E	U	e	u
0110	ACK	SYN	&	6	F	V	f	v
0111	BEL	ETB	.	7	G	W	g	w
1000	BS	CAN	(	8	H	X	h	x
1001	HT	EM	)	9	I	Y	i	y
1010	LF	SUB	*	:	J	Z	j	z
1011	VT	ESC	+	;	K	[	k	{
1100	FF	FS	)	<	L	\	l	l
1101	CR	GS	—	=	M	]	m	}
1110	SO	RS	.	>	N	∧	n	~
1111	SI	VS	/	?	O	—	o	DEL

标准 ASCII 码只有 128 个符号，在很多应用中无法满足要求，因此国际标准化组织 ISO 又制定了 ISO 2022 标准，称为《七位字符集的代码扩充技术》，它规定了将 ASCII 码扩充为 8 位代码的统一方法，扩充字符的编码最高位均为 1，即十进制数位 128～255，称为扩充 ASCII 码。

2.4.2　汉字的编码

中文的基本组成单位是汉字。由于汉字的数量巨大，显然，汉字的编码和处理比西文要复杂得多。在一个汉字信息处理系统中，汉字从输入、处理到输出，整个过程对编码要求不同，因此必须对编码进行一系列的转换。

2.4.2.1　GB 2312-80 汉字编码

为了适应计算机处理汉字的需要，我国在 1981 年 5 月对 6 000 多个常用的汉字制定了交换码的国家标准，即 GB 2312-80，又称为"国标码"。该标准规定了汉字交换用的基本汉字字符和一些图形字符，它们共计 7 445 个，其中字母、数字和各种符号，包括拉丁字母、俄文、日文平假名与片假名、希腊字母、汉语拼音等共 682 个（统称为 GB 2312 图形符号），一级汉字（常用字）3 755 个，按汉字拼音字母顺序排列，二级汉字 3 008 个，按部首笔画次序排列。

1. 区位码

GB 2312-80 给出了一个二维代码表,表中有 94 行,94 列。其中行标和列表的编号均为 01～94,行标对应区码,列表对应位码。用区码和位码表示的汉字编码,称为区位码,如图 2-3 所示。例如,"国"字在代码表中的第 25 行,第 90 列,它的区位码是 2590。

2. 国标码

为了避免汉字区位码与通信控制码的冲突,ISO 2022 规定,每个汉字的区号和位号必须分别加上 32(即二进制 0010 0000)。经过这样处理得到的代码称为汉字的"国标交换码"(简称交换码)。例如,"国"字的国标码是 57122,双 7 位二进制编码为 0111001B 1111010B。

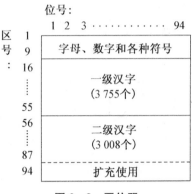

图 2-3 区位码

3. 机内码

为了把汉字和西文字符加以区分,采用的方法是将一个汉字视为两个扩展的 ASCII 码,把两个国标码的最高位由 0 改为 1,作为汉字机内码。例如,"国"字的双 7 位二进制编码为 1 0111001B 1 1111010B。

汉字机内码、国标码和区位码三者之间的关系:区位码(十进制数)的两个字节分别转换为十六进制数后加 20H 得到对应的国标码;机内码是汉字交换码(国标码)两个字节的最高位分别加 1,即汉字交换码(国标码)的两个字节分别加 80H 得到对应的机内码;区位码(十进制数)的两个字节分别转换为十六进制数后加 A0H 得到对应的机内码。

2.4.2.2 GBK 汉字内码扩展规范

GB 2312-80 收录的汉字远少于现有的汉字,随着时间的推移以及语言的不断延伸推广,很多以前极少使用的汉字,变成现在常用字,使得这些字的表示、存储、输入、处理都显得极不方便。

为了解决这些问题以及配合 Unicode 的实施,1995 年 12 月 1 日,全国信息技术标准化技术委员会颁布了《汉字内码扩展规范》(GBK)。

GBK 码基本上采用了原来 GB 2312-80 所有的汉字及码位,并涵盖了原 Unicode(统一码)中所有的汉字 20 902,总共收录了 883 个符号,21 003 个汉字及提供了 1 894 个造字码位。

2.4.2.3 GB 18030-2000 编码

国家标准 GB 18030-2000《信息交换用汉字编码字符集基本集的扩充》是我国继 GB 2312-1980 和 GB 13000-1993 之后最重要的汉字编码标准,是信息产业部和原国家质量技术监督局于 2000 年 3 月 17 日联合发布的。

该标准分为两个部分:双字节部分和四字节部分。双字节部分和 GBK 基本完全相同。四字节部分到目前为止,比 GBK 多了 6582 个汉字。

从 ASCII、GB 2312 到 GB 18030-2000,这些编码采用向下兼容的方法,即同一个字符在所有的编码方案中使用的都是相同的编码,后面的编码方案支持更多的字符集。在这些编码中,西文字符和中文字符可以统一处理,区分方法就是判断高字节的最高位是否 0。按照程序员的称呼,GB 2312、GBK 都属于双字节字符集(DBCS)。

汉字的编码方案除了前面提到的,还有更多的例如 USC(通用多 8 位编码字符集)/Unicode,中日韩(CJK)统一编码。

2.4.2.4 汉字输入码(外码)

汉字的编码必须具有易学、易记、易用的特点,且编码与汉字的对应性要好。所以汉字编码往往都是结合汉字的某一方面的特点而研发的。

目前,汉字输入主要分为两大类:一类是人工输入,例如键盘输入、联机手写输入和语音输入;另一类是自动识别输入,例如印刷体识别和手写体识别,如图 2-4 所示。其中,键盘输入是当前计算机操作者使用的最普遍的方法。

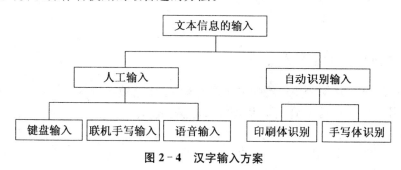

图 2-4 汉字输入方案

虽然汉字的编码方案很多,但是大致可分为四类。

(1) 流水码:用数字组成的等长编码,如区位码、国标码等,其优点是重码少,但缺点是不便于记忆。

(2) 音码:根据汉字读音组成的编码,其优点是容易记忆和掌握,但缺点是重码率高。

(3) 形码:根据汉字的形状、结构特征组成的编码,其优点是重码少,但缺点不容易记忆。

(4) 音形码:将汉字的读音与其结构特征综合考虑的编码,如自然码、钱码。此法结合了音码和形码的优点,降低重码率,从而提高汉字的输入速度。

2.4.2.5 汉字字模

首先要了解一个概念:汉字字模。所谓汉字字模就是用 0、1 表示汉字的字形,将汉字放入 n 行×n 列的正方形内,该正方形共有 n^2 个小方格,每个小方格用一位二进制表示,凡是笔画经过的方格值为 1,未经过的值为 0。

汉字信息处理系统还需要配有汉字字模库,目的是配合汉字的输出。汉字字模库也称字形库,它集中了全部汉字的字形信息。当输出汉字时,根据汉字机内码从字模库中检索出该汉字的字形信息,然后输出。

通用汉字字模点阵规格有 16×16 点、24×24 点、32×32 点、48×48 点、64×64 点,每个汉字字模分别需要 32、72、128、288 个字节(n^2 bit/8=实际存储所需的字节数)存储,点阵规模越大,输出的汉字字形越美观,以图 2-5 为例)。

字符的点阵描述　　字符的轮廓描述

图 2-5　汉字字模点阵图和轮廓图

*2.5　计算机内的编码简介

2.5.1　计算机内数字的编码表示

西文字符集 ASCII 编码中已经包含了对 0~9 这十个数字符号的表示。数字在计算机中除了可以用 ASCII 编码表示,还可以用 BCD 编码表示。

BCD(Binary-Coded Decimal),又称为二-十进制代码,是一种用二进制代码表示十进制代码。用四位二进制数来表示一个十进制数。这种编码常用于会计系统的设计,因为会计制度经常需要对很长的数字串做准确的计算。相对于一般的浮点式记数法,采用 BCD 码,既可以保持数值的精确度,又可以节省计算机运算时间。

BCD 编码大致可以分成有权码和无权码两种。

(1) 有权 BCD 码,如:8421(最常用),2421,5421⋯

(2) 无权 BCD 码,如:余 3 码、格雷码⋯⋯

例如,十进制数 123.4 用 BCD 码表示,转换结果是 0001 0010 0011. 0100,最高位和最低位的"0"可以舍去。

2.5.2　汉字编码介绍

汉字的编码方案很多,计算机系统中主要使用的是 GB 2312-80,2000 年又颁布 GB 18030-2000。这两种编码在前面章节介绍过,现在再来了解其他几种汉字编码。

2.5.2.1　BIG-5 字符集

BIG-5 字符集,收入 13 060 个繁体汉字,808 个符号,总计 13 868 个字符,目前普遍使用于台湾、香港等地区。台湾"教育部"标准宋体、楷体等大多数字体支持这个字符集的显示。

BIG-5(繁体中文)与 GB 2313(简体中文),编码不相兼容,字符在不同的操作系统中便产生乱码。文本文字的简体与繁体(文字及编码)之间的转换,可用 BabelPad、TextPro 或 Convertz 之类的转码软件来解决。若是程序,Windows XP 操作系统可用 Microsoft AppLocale Utility 1.0 解决;Windows 2000 的操作系统,只有用中文之星、四通利方、南极星、金山快译之类的转码软件方能解决。

2.5.2.2　方正超大字符集

方正超大字符集,包含了 GB 18030 字符集和 CJK 中的 36 862 个汉字,共计 64 395 个汉字。Microsoft公司所出品的办公自动化软件Office XP或2003简体中文版就自带这种字体。而该公司出品的操作系统Windows 2000需要通过安装超大字符集支持包"Surrogate更新"。

2.5.2.3　ISO/IEC 10646/Unicode字符集

ISO/IEC 10646/Unicode字符集，这是全球可以共享的编码字符集，两者相互兼容，囊括了世界上主要语文字符，共计70195个汉字。

2.5.2.4　汉字构形数据库2.3版

汉字构形数据库2.3版，内含楷书、小篆、楚系简帛文字、金文、甲骨文、异体字等多种古代文字。该编码有利于整理古代文献。

【微信扫码】
相关资源 & 拓展阅读

第3章 计算机硬件系统

计算机系统是由硬件系统和软件系统两部分组成的,而我们平时只能看到计算机的硬件,软件是在计算机系统内部运行的程序,其实现过程是无法看到的。

硬件系统是构成计算机系统的各种物理设备的总称,它包括主机和外设两个部分。软件系统是运行、管理和维护计算机的各类程序,运行程序所需要的数据和相关文档的总称。没有安装任何软件的计算机称之为"裸机"。硬件是软件发挥作用的物质基础,软件是使计算机发挥强大功能的灵魂,两者相辅相成,缺一不可。一个完整的计算机系统的组成如图3-1所示。

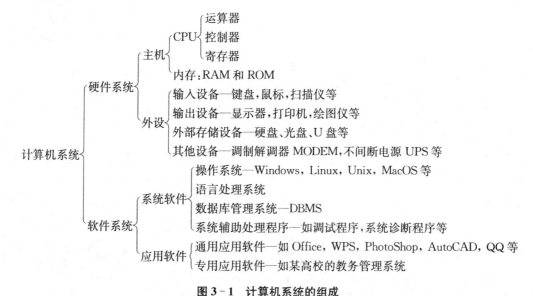

图3-1 计算机系统的组成

下面我们将学习计算机硬件系统的相关知识,第4章将介绍计算机软件系统的相关知识。

本章学习目标与要求:
1. 微机的基本组成结构
2. CPU的主要组成、CPU性能参数
3. 存储器的不同分类、存储容量单位
4. 输入输出设备的性能参数
5. 总线类型
6. 输入/输出(I/O)接口

3.1 微型计算机结构

计算机是自动化的信息处理装置,它采用了"存储程序"工作原理。这一原理是1946年由美籍匈牙利数学家冯·诺伊曼提出的,其主要思想如下:
(1) 计算机硬件由五个基本部分组成:运算器、控制器、存储器、输入设备和输出设备。
(2) 采用二进制。
(3) 存储程序的思想,即程序和数据一样,存放在存储器中。
这一原理确定了计算机的基本组成如图3-2所示。

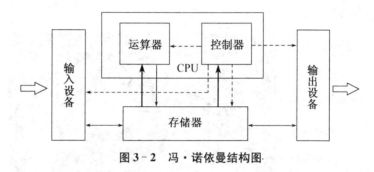

图3-2 冯·诺依曼结构图

实线为程序和数据,虚线为控制命令。计算步骤的程序和计算中需要的原始数据,在控制命令的作用下通过输入设备送入计算机的存储器。当计算开始的时候,在取指令的作用下把程序指令逐条送入控制器。控制器向存储器和运算器发出取数命令和运算命令,运算器进行计算,然后控制器发出存数命令,计算结果存放回存储器,最后在输出命令的作用下通过输出设备输出结果。

微型化的中央处理器称为微处理器,它是微机系统的核心。微处理器送出三组总线:地址总线AB、数据总线DB和控制总线CB。其他电路(常称为芯片)都可连接到这三组总线上。由微处理器和内存储器构成微型计算机的主机。此外,还有外存储器、输入设备和输出设备,它们统称为外部设备。

微控制器(Microcontroller)是一种把微处理器、存储器、输入/输出接口电路等都集成在单块芯片上的大规模集成电路,俗称单片机,是微处理器的一种扩展。单片机主要用在智能家电领域,比如,在电脑控制的洗衣机中,就有一块大规模集成电路芯片,用于控制洗衣机工作流程。

微型计算机系统指有多个微处理器的计算机系统,平时人们使用的计算机就属于微型计算机系统,简称微机。微机中包含有多个微处理器,比如CPU、显卡、声卡等。

3.2 微型计算机组成

硬件系统是指构成计算机的一些看得见、摸得着的物理设备，它是计算机软件运行的基础。从计算机的外观看，它是由主机箱、显示器、键盘和鼠标等几个部分组成。

计算机的主机是由主机板（主板）、CPU、内存、机箱、电源、硬盘驱动器、CD-ROM 驱动器和显示适配器（显卡）等构成的。主机从外观上分为卧式和立式两种。

通常计算机主机箱正面一般都配置了光盘驱动器、电源开关、复位按键、电源指示灯、硬盘指示灯、前置 USB 接口、前置音频接口等。而主机的背面则是连接诸如电源、显示器、鼠标、键盘、打印机等设备的各种接口，如图 3-3 所示。

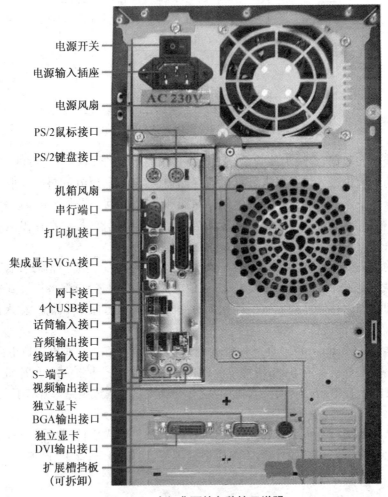

图 3-3 主机背面的各种接口说明

打开主机箱后，可以看到位于机箱底部的一块大型印刷电路板，称为主板（又称系统板或母板），如图 3-4 所示。主板上通常有 CPU 插槽、内存槽、高速缓存、控制芯片组、总线扩展（ISA、PCI、AGP）、外设接口（键盘口、鼠标口、COM口、LPT口、GAME口）、CMOS 和

BIOS 控制芯片等。不同的 PC 机所含的扩展槽个数不同。扩展槽可以随意插入某个标准选件，如显示适配器、声卡、网卡和视频解压卡等。

图 3-4 主板图

芯片组是主板的核心部件（相当于"心脏"），一般由南桥芯片和北桥芯片两块组成（也有南北桥结合一体）。

① 南桥芯片——主要负责外部存储器（如硬盘、光驱）以及其他硬件资源（USB、PCI、ISA 等扩展接口）的控制、调配及传输任务。

② 北桥芯片——主要负责 CPU 与内存之间的数据交换，并控制 AGP、PCI 数据在其内部的传输，是主板性能的主要决定因素。

目前主板上配置的芯片组主要由美国的英特尔公司和 AMD 公司生产，其他生产厂家有 NVIDIA（美国）、Server Works（美国）、VIA（中国台湾）、SiS（中国台湾）等。

3.3 中央处理器

中央处理器（CPU）是整台计算机的核心部件。它主要由控制器和运算器组成，是采用大规模集成电路工艺制成的芯片，又称为微处理器芯片。

运算器又称为算术逻辑单元（ALU）。它是计算机对数据进行加工处理的部件，包括算术运算（加、减、乘、除等）和逻辑运算（与、或、非等）。

控制器负责从存储器中取出指令，对指令进行译码，并根据指令的要求，按时间的先后顺序向各部件发出控制信号，保证各部件协调一致地工作，一步一步地完成各种操作。控制器主要由指令寄存器、译码器、程序计数器和操作控制器等组成。

3.3.1 指令和指令系统

指令是程序的基本单位,它是用二进制表示的命令,用来规定计算机执行什么操作以及操作对象的位置。指令由操作数(参加运算的数据所在的位置,也称为地址码)和操作码(做何种操作,比如加减等)构成。一个 CPU 所能执行的全部指令称为该 CPU 的指令系统或指令组。每一种不同类型的 CPU 都有它独特的指令系统,通常是数以百计。不同 CPU 的指令系统一般不兼容。同一公司的向下兼容。

指令系统包括数据传送指令、数据处理指令、程序控制指令、输入/输出指令和其他指令。

数据传送指令:将数据在内存与 CPU 之间进行传送。

数据处理指令:对数据进行算术、逻辑或关系运算。

程序控制指令:控制程序中指令的执行,如条件转移、调用子程序、返回等。

输入/输出指令:用来实现外部设备与主机之间的数据传输。

其他指令:管理计算机软件和硬件等。

指令的执行过程如下:

① CPU 的控制器从内存中读出一条指令放入指令寄存器。

② 指令寄存器的指令经过译码,决定该指令进行何种操作,操作数在哪里。

③ 根据操作数的地址取出操作数。

④ 运算器按照操作码的要求,对操作数完成运算。

⑤ 把运算结果保存到指定的寄存器或者内存单元。

⑥ 修改指令计数器,决定下一条指令的地址。

3.3.2 CPU 的性能指标

计算机的所有工作都要通过 CPU 来协调处理,而 CPU 芯片的型号直接决定着计算机档次的高低。现在生产 CPU 芯片的厂家主要有 Intel 和 AMD。Intel 公司的 CPU 产品有酷睿(Core,主流产品,主要用于台式微机和笔记本)、至强(Xeon,主要面向 PC 服务器)、凌动(Atom,主要用于平板微机)等系列。目前市场上,Intel 生产的 CPU 的主流产品包括至尊 i7、酷睿 i7、酷睿 i5、酷睿 i3、奔腾双核、赛扬、至强 E3 等;AMD 生产的主流产品包括 Ryzen 3 系列、Ryzen 5 系列、Ryzen 7 系列、APU A10、A8、A6、A4、FX 八核、六核、四核、速龙等。

反映 CPU 品质的最重要指标是主频和数据传送的位数,还有缓存大小。

3.3.2.1 主频

时钟主频是指 CPU 的时钟频率,是微型计算机性能的一个重要指标,它的高低一定程度上决定了计算机的速度。CPU 运算速度指 CPU 每秒钟能执行多少条指令,单位有 MIPS (百万条定点指令/s)、MFLOPS(百万条浮点指令/s)。一般来说主频越高 CPU 的速度越快,性能也就越强。计算机的整体运行速度不仅取决于 CPU 运算速度,还与其他各分系统的运行情况有关,只有在提高主频的同时,各分系统运行速度和各分系统之间的数据传输速度都得到提高后,计算机整体的运行速度才能真正得到提高。虽然 CPU 的主频不代表 CPU 的速度,但提高主频对于提高 CPU 运算速度却是至关重要的。提高 CPU 工作主频主要受到生产工艺的限制。

与处理器的主频密切相关的两个概念是倍频与外频。外频是 CPU 的基准频率,单位也是 MHz。外频是 CPU 与主板之间同步运行的速度,而且绝大部分电脑系统中外频也是内存与主板之间同步运行的速度,在这种方式下,可以理解为 CPU 的外频直接与内存相连通,实现两者间的同步运行状态。倍频即主频与外频之比的倍数。主频、倍频和外频之间有一个换算关系:主频＝外频×倍频。此外还有一个前端总线(FSB)频率的概念。前端总线是将 CPU 连接到北桥芯片的总线。前端总线的速度指的是 CPU 和北桥芯片间总线的速度,更实质性地表示了 CPU 和外界数据传输的速度。数据带宽＝(总线频率×数据位宽)/8,数据传输最大带宽取决于所有同时传输的数据的宽度和传输频率。如支持 64 位的至强 Nocona,前端总线是 800 MHz,它的数据传输最大带宽是 6.4 GB/s。此外,在 Intel P4 系列 CPU 中前端总线频率和外频之间也有个换算关系:前端总线频率(FSB)＝外频×4,如某颗 P4 CPU 的主频是 2.8 GHz,前端总线频率是 800 MHz,就可以推算出外频为 200 MHz,也可以推算出它的倍频应该是 14。

现在常用的 CPU 主频一般都在 3.0 GHz 以上,高的如 Intel Core i7 4 790 K,主频为 4.0 GHz,Pentium 处理器主频最高可达到 5.0 GHz。

3.3.2.2 字长

CPU 传送数据的位数是指计算机在同一时间里能同时并行传送的二进制信息位数。人们常说的 16 位机、32 位机和 64 位机,是指该计算机中的 CPU 可以同时处理 16 位、32 位和 64 位的二进制数据。286 机是 16 位机,386 机是 32 位机,486 机是 32 位机,Pentium 机是 64 位机。随着型号的不断更新,微机的性能也不断提高。

目前微机 CPU 绝大部分是 64 位产品。64 位 CPU 技术是指 CPU 通用寄存器的数据宽度为 64 位,即 CPU 一次可以处理 64 位二进制数据。不能简单地认为 64 位 CPU 的性能是 32 位 CPU 的性能的 2 倍。要实现真正意义上的 64 位技术,除了 64 位的 CPU,还必须有 64 位操作系统及 64 位应用软件的支持。注意:64 位 CPU 可以安装 32 位操作系统,32 位 CPU 也可以运行在 64 位操作系统上。

3.3.2.3 缓存

缓存大小也是 CPU 的重要指标之一,而且缓存的结构和大小对 CPU 速度的影响非常大。CPU 只能直接和内存交换数据,为了解决高速 CPU 和慢速内存之间的速度不匹配的问题,提高 CPU 的处理速度,人们设计了一款小型存储器即高速缓冲存储器(Cache)。Cache 按功能通常分为 CPU 内部的 Cache(一级缓存)和 CPU 外部的 Cache(二级缓存)。少数高端处理器还集成了三级 Cache。人们讨论缓存时,通常是指外部缓存。引入 Cache 后,当 CPU 需要指令或数据时,实际检索存储器的顺序是:首先检索内部缓存,然后外部缓存,再往后是内存。目前,CPU 的缓存容量为 1～10 MB,甚至更高。

总之,影响 CPU 速度的性能参数有:主频、字长、二级缓存容量、前端总线频率、指令系统、制造工艺、运算器的逻辑结构等。需要特别注意的是:① 同一公司同一系列,其主频为 3G 的 CPU 的速度≠主频为 1.5G 的 CPU 的速度的 2 倍。② 同一公司不同系列或不同公司不同系列更不好比较。AMD 主频为 2G 的 CPU 的速度≠Intel 主频为 2G 的 CPU 的速度。

3.3.3 多核 CPU 技术

2004 年以前，CPU 技术的重点在于提升 CPU 的工作频率，但是提高 CPU 工作主频主要受到生产工艺的限制。面对主频之路走到尽头的困境，CPU 生产商开始寻找其他方式用以提升处理器的性能，而最具实际意义的方式是增加 CPU 内处理核心的数量。

双核处理器是指在一个处理器上集成两个运算核心，从而提高计算能力。"双核"的概念最早是由 IBM、HP、Sun 等支持 RISC 架构的高端服务器厂商提出的，主要运用于服务器上。而在台式机上的应用则是在 Intel 和 AMD 的推广下，才得以普及。

多内核是指在一枚处理器中集成两个或多个完整的计算引擎（内核）。多核处理器是单枚芯片（也称为"硅核"），能够直接插入单个的处理器插槽中，但操作系统会利用所有相关的资源，将它的每个执行内核作为分立的逻辑处理器。通过在两个执行内核之间划分任务，多核处理器可在特定的时钟周期内执行更多任务。目前 CPU 厂商一般都采用多核 CPU 技术，双核、四核、六核，甚至八核 CPU 已经占据了主要地位。

3.4 存储器

存储器是计算机的重要组成部分之一，用来存储程序和数据，表征了计算机的"记忆"功能。

一个存储器中所包含的字节数称为该存储器的容量，简称存储容量。存储容量通常用 KB、MB 或 GB 表示，其中 B 是字节（Byte），并且 1 B＝8 bit，1 KB＝1 024B，1 MB＝1 024 KB，1 GB＝1 024 MB。例如，640 KB 就表示 640×1 024＝655 360 个字节。

内存在字节编址中，一个字节有一个地址，地址通常用 16 进制表示，连续的字节在地址上也是连续的。比如，一块容量为 1 MB 的连续的内存片段，假设第一个字节的地址为 0000H，则最后一个字节的地址为 FFFFFH。（"内存编址与存储容量计算"可见本章二维码）

3.4.1 按功能分类

3.4.1.1 内部存储器

存储器按功能可分为主存储器（简称主存）和辅助存储器（简称辅存）。主存是相对存取速度快而容量小的一类存储器；辅存则是相对存取速度慢而容量很大的一类存储器。

主存储器，也称为内存储器（简称内存），内存直接与 CPU 相连接，存取速度较快，是计算机中主要的工作存储器。现在的内存储器多半是半导体存储器，采用大规模集成电路或超大规模集成电路器件。

内存储器按其工作方式的不同，可以分为随机存储器（简称 RAM）和只读存储器（简称 ROM）。RAM 既能读出也能写入，只能在电源电压正常时才能工作，用来存放用户程序和数据，其中的信息可以随时改写；断电后，里面的信息会丢失。ROM 存储器，只能读出不能写入，断电后，其中的信息不丢失，通常存放固定不变，不需修改的程序，如 BIOS 程序。计算机工作时，一般由内存 ROM 中的引导程序启动程序，再从外存中读取系统程序和应用程序,送到内存的 RAM 中,程序运行的中间结果放在 RAM 中(内存不够时也可以放在外存中),程序的最终结果存入外部存储器。

RAM 又分为静态随机访问存储器(SRAM)和动态随机访问存储器(DRAM)。SRAM 采用了与制作 CPU 相同的半导体工艺,速度快、集成度低、功耗大、容量小、价格高,不需要刷新,适用于制作各级缓存。DRAM 集成度高、功耗低、成本低,需要周期刷新,内存通常使用这种动态 RAM 制作。微机内存均采用 DRAM 芯片安装在专用电路板上,称为"内存条",所以内存容量指 RAM 的大小。目前常用的 DDR3 内存条存储容量一般为 2 GB、4 GB 或 8 GB,DDR4 内存条容量一般为 16 GB。

需要注意的是,如今,并不是所有的 ROM 都是"Read Only",这里只是沿用历史名称,比如 U 盘、MP3、数码相机等的存储器是 FLASH ROM,是一种快擦除技术的 ROM,可以对内容进行改写的。

3.4.1.2 高速缓冲存储器

为提高 CPU 的处理速度,当今计算机中大都配有高速缓冲存储器(Cache),也称缓存,实际上这是一种特殊的高速存储器。缓存的存取速度比内存要快,所以就提高了处理速度。Cache 的存取速度接近 CPU,存储容量小于内存。

3.4.1.3 外部存储器

辅助存储器也称为外存储器(简称外存),计算机执行程序和加工处理数据时,外存中的信息按信息块或信息组先送入内存后才能使用,即计算机通过外存与内存不断交换数据的方式使用外存中的信息。外存的特点是容量大,所存的信息既可以修改也可以保存,存取速度较慢。

外存储器设备种类很多,目前微机常用的外存储器有硬盘、U 盘和光盘等。

不管是软磁盘还是硬磁盘存储器,其存储部件都是由涂有磁性材料的圆形基片组成的,由一圈圈封闭的同心圆组成记录信息的磁道。磁盘是由许多磁道组成的,虽然每个磁道长度不一样,但每道磁道的容量都是相同的,因而它们的信息存储密度不一样。每个磁道又被划分成多个扇区,扇区是磁盘存储信息的最小物理单位。通常对磁盘进行的所谓格式化操作,就是在磁盘上划分磁道和扇区。刚出厂的磁盘上没有这些划分,所以必须经过格式化后才能使用。

磁盘的存储原理是由写入电路将经过编码后的"0"和"1"脉冲信号,通过磁头转变为磁化电流,使磁盘上生成相应的磁元,这样便将信息记录在磁盘上。读出时,磁盘上的磁元在磁头上产生感应电压,再经读写电路还原成"0"和"1"数字信息,送到计算机中。

1. 硬盘存储器

1973 年,IBM 推出第一块采用"温彻斯特"(Winchester)技术的硬盘。它使用密封、固定、高速旋转的镀磁盘片,磁头沿盘片径向移动,磁头悬浮在高速旋转盘片上方($0.01\ \mu m$)处,不与盘片直接接触。硬盘存储器是一种涂有磁性物质的金属圆盘,通常由若干片硬盘片组成盘片组。与软盘不同,硬盘存储器通常与磁盘驱动器封装在一起,不能移动,由于一个硬盘往往有多个读写磁头,因此在使用的过程应注意防止剧烈震动。

一个硬盘内部包含多个盘片,这些盘片被安装在一个同心轴上,每个盘片有上下两个盘面。每个盘面有一个读写磁头,按磁道和扇区进行存储,每个盘面通常有 1 000 条以上磁道,每条磁道通常有 100 多个扇区,每个扇区存储 128×2^n($n=0,1,2,3$)字节二进制数据。

硬盘中,所有记录面中半径相同的所有磁道构成柱面。磁盘的读写物理单位是按扇区进行读写。硬盘内部结构示意图如图3-5所示。

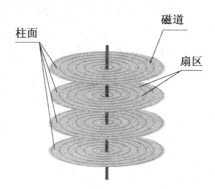

图3-5 硬盘内部结构示意图

硬盘的容量由磁头数H(Heads)、柱面数C(Cylinders,等于磁道数)、每个磁道的扇区数S(Sectors)和每个扇区的字节数B(Bytes,一般为512 B)等参数决定,计算公式为:硬盘容量=磁头数(H)×磁道数(C)×扇区数(S)×每扇区字节数(B)。

硬盘与主板的连接部分称为硬盘接口,常见的有 ATA(Advanced Technology Attachment)、SATA(Serial ATA)和SCSI(Small Computer System Interface)接口。以前常用ATA接口,但目前逐渐被SATA接口替代。SATA又称串行接口,采用串行连接方式,具有结构简单、支持热插拔等优点,传输率为150 MB/s。最新的SATA标准是SATA3.0,传输率为6 GB/s。SCSI是一种广泛应用于小型机上的高速数据传输技术,具有应用范围广、带宽大、CPU占用率低以及支持热插拔等优点,但价格较高。

衡量硬盘档次的一个重要参数是硬盘转速。硬盘的转速指硬盘盘片在一分钟内旋转的最大转速,它在很大程度上直接影响硬盘的传输速率。硬盘的转速越快,访问时间就越短,硬盘的整体性能也就越好。主流的硬盘转速一般有5 400 rpm(Revolutions Per minute,转/每分钟)、7 200 rpm。服务器中使用的SCSI硬盘转速大多为10 000 rpm,最快的为15 000 rpm。

另一个重要的参数是平均访问时间,它体现了硬盘的读写速度,是指磁头从起始位置到达目标磁道位置,并且从目标磁道上找到要读写的数据扇区所需的时间。硬盘的平均访问时间是平均等待时间和平均寻道时间之和。平均等待时间是指数据所在的扇区转到磁头下的平均时间,它是盘片旋转周期的1/2。平均寻道时间是指把磁头移动到数据所在磁道(柱面)所需要平均时间,一般在5~10 ms之间。如某硬盘的转速为6 000 rpm,它的平均寻道时间为5ms,则此硬盘的平均等待时间=(1/2)×(60/6 000)×1 000=5 ms。平均访问时间=平均等待时间+平均寻道时间=5 ms+5 ms=10 ms。

除了机械硬盘(HDD,传统硬盘),现在市场上还有一种固态硬盘(SSD,新式硬盘)。与普通硬盘的旋转介质不同,固态硬盘SSD(Solid State Disk、IDE FLASH DISK、Serial ATA Flash Disk)是用固态电子存储芯片阵列制成的硬盘,其接口规范和定义、功能及使用方法上与普通硬盘完全相同。在产品外形和尺寸上也完全与普通硬盘一致,包括3.5″、2.5″、1.8″多种类型。固态硬盘抗震性极佳,同时工作温度很宽,扩展温度的电子硬盘可在-45 ℃~+85 ℃工作。

硬盘的制造厂商包括希捷(Seagate)、西部数据(Western Digital)、日立(HITACHI)、

东芝(TOSHIBA)、三星(Samsung)等,目前的硬盘容量有 320GB、500GB、1TB、2TB、3TB 等,最高 4TB。

个人组装配置电脑,目前比较流行的做法是,采用一块容量相对小一点的固态硬盘作为系统盘,另外再配一块容量大一点的机械硬盘作为数据存储盘。

2. 光盘存储器

随着多媒体技术的发展,光盘存储器的使用越来越普遍。光盘信息存储原理:从盘片的中心到边缘的一个螺旋形轨道之间,在盘片的信息记录层上沿螺旋形轨道(光道)压制出一系列凹坑,凹坑的两个边沿处均表示数据"1";其他平坦处表示数据"0"。

光盘一般直径为 5.25″,分为只读光盘(Read Only,包括 CD-ROM 和 DVD-ROM)、一次写入光盘(Write Once Read Many,WORM,包括 CD-R 和 DVD-R)和可擦式光盘(ReWritable,包括 CD-RW 和 DVD-RW)等几种。与光盘相配套使用的光盘驱动器的发展也非常快,从最初的单倍速、双倍速到 8 倍速、24 倍速、40 倍速、48 倍速、50 倍速等,其中一倍速为 150 KB/s。

只读式光盘(CD-ROM)是用得最广泛的一种,其容量一般为 650 MB。

CD-ROM 的后继产品为 DVD-ROM。DVD 容量之所以比 CD 大得多是因为它凹点长度更小,数据轨道间隔更紧密。同样大小的 DVD 盘片,其存储容量相当于普通 CD 片的 8~25 倍,读取速度相当于普通 CD 片的 9 倍。DVD 光盘单面最大容量为 4.7 GB,双面为 8.5 GB。

蓝光光盘(Blue-ray Disc,BD)是 DVD 之后的下一代光盘格式之一,用以存储高品质的影音以及高容量的数据。蓝光光盘单面单层 25 GB,双面为 50 GB。

3. 移动硬盘、U 盘

移动硬盘是以硬盘为存储介制,强调便携性的存储产品。目前市场上绝大多数的移动硬盘都是以标准硬盘为基础。因为采用硬盘为存储介制,因此移动硬盘的数据的读写模式与标准集成磁盘电子接口(Integrated Device Electronics,IDE)硬盘是相同的。

移动硬盘的特点:① 容量大,目前市场中的移动硬盘能提供 320GB、500GB、1TB、1.5TB、2TB、2.5TB、3TB、3.5TB、4TB 等容量,最高可达 12TB 的容量,可以说是 U 盘、磁盘等闪存产品的升级版,一定程度上满足了用户的需求。② 传输速度快,目前移动硬盘大多采用 USB3.0 接口,能提供较快的数据传输速度。③ 使用方便,具有真正的"即插即用"特性,使用起来灵活方便。

U 盘是一种具有 USB 接口的移动存储器,小巧便于携带、存储容量大、价格便宜。一般的 U 盘容量有 1G、2G、4G、8G、16G、32G、64G、128G、256G、512G、1T 等。

3.4.2 按性质分类

3.4.2.1 RAM 随机存取存储器(Random Access Memory)

CPU 根据 RAM 的地址将数据随机的写入或读出。电源切断后,所存数据全部丢失。按照集成电路内部结构不同,RAM 又分为两类:

(1) SRAM——静态 RAM(Static RAM)

SRAM 速度非常快,只要电源存在内容就不会消失。集成度较低,功耗也较大。一般高速缓冲存储器(Cache Memory)由它组成。

(2) DRAM——动态 RAM(Dynamic RAM)

DRAM 需要周期性地给电容充电(刷新)。这种存储器集成度较高、价格较低,但由于需要周期性地刷新,存取速度较慢。一种叫作 SDRAM 的新型 DRAM,由于采用与系统时钟同步的技术,所以比 DRAM 快得多。当今,多数计算机用的都是 SDRAM,如图 3-6 所示。

3.4.2.2 ROM 只读存储器(Read Only Memory)

ROM 存储器将程序及数据固化在芯片中,数据只能读出不能写入。电源关掉,数据也不会丢失。ROM 按集成电路的内部结构可以分为以下几种:

图 3-6 SDRAM 内存

(1) PROM——可编程 ROM(Programable ROM)

将设计好的程序固化进去,ROM 内容不可更改。

(2) EPROM——可擦除、可编程 ROM(Erasable PROM)

可编程固化程序,且在程序固化后可通过紫外线光照擦除,以便重新固化新数据。

(3) EEPROM——电可擦除可编程 ROM(Electrically Erasable PROM)

可编程固化程序,并可利用电压来擦除芯片内容,以便重新固化新数据。

(4) 闪存(Flash)ROM,它不像 PROM、EPROM 那样只能一次编程,而是可以电擦除,重新编程。闪存 ROM 常用于个人电脑、蜂窝电话、数字相机、个人数字助手等。

3.4.3 存储系统的层次结构

现代计算机的三级存储系统包括高速缓冲存储器(Cache)、主存储器(内存储器)和辅助存储器(外存储器)。三者按存取速度、存储容量、价格的优劣组成层次结构,以满足 CPU 越来越高的速度要求,并较好地解决三个技术参数的矛盾。三级存储系统如图 3-7 所示。在图中,存储器层次结构从下往上,速度越来越快,容量越来越小,价钱越来越高。

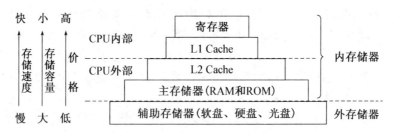

图 3-7 计算机三级存储系统结构

其中,"Cache-主存"层次主要解决 CPU 和主存速度不匹配的问题;"主存-辅存"层次主要解决存储器系统容量问题。在存储系统中,CPU 可直接访问 Cache 和主存;而辅存中的内容必须先复制到主存中,然后才能被 CPU 访问。("内存异常故障排除法"可见本章二维码)

3.5 主板

主板,又称系统板、母板,著名品牌有华硕、技嘉、微星等。主板生产有两种标准:ATX 主板规范和 BTX 主板规范,规定主板的物理尺寸采用统一标准。主板上有 CPU 插座、北桥芯片、南桥芯片、BIOS 芯片、CMOS 芯片、PCI 总线插槽、给 CMOS 芯片供电的电池等。其中,由南北桥等芯片构成的芯片组被称为主板的"心脏"。芯片组集中了主板上几乎所有的控制功能,把以前复杂的控制电路和元件最大限度地集成在 2~4 块芯片内,是构成主板电路的核心。一定意义上讲,它决定了主板性能的好坏,决定了主板上能安装的内存的最大容量、速度及可使用的内存条的类型。按照在主板上排列的位置不同,芯片组通常分为北桥芯片和南桥芯片。北桥芯片通常在主板上靠近 CPU 插槽的位置,南桥芯片通常在靠近 PCI 总线插槽的位置。CPU 类型不同,通常需要的芯片组也不同。

一块主板性能优越与否,很大程度上取决于主板上的 BIOS 管理功能是否先进。BIOS (Basic Input/Output System)程序,译为基本输入/输出系统,它是一组固化到计算机内主板上一个 ROM 芯片上的程序,它可从 CMOS 中读写系统设置的具体信息,其主要功能是为计算机提供最底层的、最直接的硬件设置和控制。

BIOS 主要包含四部分程序:POST 程序、基本外围设备的驱动程序、系统装入程序、CMOS 设置程序。

(1) 加电自检(Power On SelfTest,POST)程序的功能:当接通微机的电源时,系统将首先执行 BIOS 的 POST 程序,测试计算机硬件故障,确定计算机的下一步操作。

(2) 基本外围设备的驱动程序的功能:键盘、显示器和硬盘等硬件的驱动必须预先存放在 ROM 中,成为 BIOS 的组成部分。声卡、网卡、扫描仪、打印机等驱动可以不预存在 ROM 中,而是直接在硬盘上。还有些外围设备(比如显卡)的驱动程序放在卡自带的 ROM 中。开机时,BIOS 先检查是否有自带 ROM 的卡,如果找到了卡,则卡上自带 ROM 中的驱动程序就被执行。

(3) 系统装入(自举)程序的功能:当自检完成后,若系统无致命错误,将转入 BIOS 的下一步骤,即执行 BIOS 中的装入程序。自举程序读出引导程序,然后将控制权交给引导程序,由引导程序继续启动操作系统。

(4) CMOS 设置程序的功能:修改 CMOS 中的硬件信息。CMOS 是一块易失性存储器,作用是存放用户对计算机硬件所做的设置,包括系统的日期和时间、系统的口令、启动系统时访问外存的顺序等。这些信息一旦丢失,系统将无法正常工作,需要电池供电。

3.6 输入/输出设备

3.6.1 输入设备

输入设备(Input Devices)用来把命令、程序、数据、图形、图像等信息转换为计算机能识别的二进制代码输入到计算机中,供计算机处理。目前常用的输入设备包括键盘、鼠标、扫描仪、数码相机、摄像头、光笔、条形码阅读器、触摸屏、游戏操作杆、手写输入板、语音输入装置等。

3.6.1.1 键盘

键盘通过一根五芯电缆连接到主机的键盘插座内,其内部有专门的微处理器和控制电路,当操作者按下任一键时,键盘内部的控制电路产生一个代表这个键的二进制代码,然后将此代码送入主机内部,操作系统就知道用户按下了哪个键。

现在的键盘通常有 101 键键盘和 104 键键盘两种,较常用的是 104 键键盘。

3.6.1.2 鼠标

鼠标是近年来逐渐流行的一种输入设备,鼠标可以方便准确地移动光标进行定位,因其外形酷似老鼠而得名。

鼠标的分类方法很多,通常按照按键数、接口形式、内部构造进行分类。

按键数分类鼠标可以分为传统双键鼠、三键鼠和新型的多键鼠标。传统双键式具有左右两个按键,结构简单、应用广泛,最早由微软推出。三键式由 IBM 最早推出,它比双键式多了个中键,使之在某些特殊程序中起到事半功倍的作用。多键式鼠标是微软新一代的智能鼠标,带有滚轮,上下翻页极其方便,简化了操作,目前是鼠标发展的主流。

按接口分类鼠标可以分为 COM、PS/2、USB 三类,传统的鼠标是 COM 口连接的,它占用了一个串行通讯口。串口鼠标已经载入了历史,目前鼠标市场被 PS/2 鼠标和 USB 鼠标平分秋色。不过 PS/2 鼠标的地位、市场占有率都将被 USB 鼠标所占据。

按内部构造分类是鼠标分类最常用的一种方式,可以分为机械式、光机式和光电式三大类。光电鼠标以其精度高、可靠性好、使用免维护的优点占据了市场,而机械鼠标则已经被人们所淘汰。在选择上由于光机鼠标的价格低廉和对操作平面要求不高,因而还被一些人使用。

2004 年,世界第一款激光鼠标同时诞生了,它便是罗技推出的 MX1000 激光无线鼠标,光学鼠标的地位开始岌岌可危。由于罗技 MX1000 同时也是一款无线鼠标,因此,无线鼠标在 04 年后开始逐渐进入市场。

3.6.1.3 扫描仪

扫描仪是将原稿(图片、照片、底片、书稿)输入计算机的一种输入设备。常见的有三种:平板式扫描仪、滚筒式扫描仪和胶片专用扫描仪,这三种扫描仪技术性能很高,多用于专业印刷排版领域。手持式扫描仪扫描头较窄,只适用于扫描较小的图件。

扫描仪的性能指标有:① 分辨率(dpi),反映了扫描仪扫描图像的清晰程度,用每英寸生成的像素数目来表示,例如,$600\times 1\,200$ dpi,$1\,200\times 2\,400$ dpi;② 色彩位数(色彩深度),反映了扫描仪对图像色彩的辨析能力,位数越多,扫描仪所能反映的色彩就越丰富,扫描的图像效果也就越真实,例如,24 bit,32 bit,36 bit,42 bit,48 bit;③ 扫描幅面,指容许原稿的最大尺寸,例如,A4 幅面,A3 幅面。

3.6.1.4 数码相机

数码相机是一种图像输入设备。它不需要胶卷和暗房,能直接将数字形式的照片输入电脑进行处理,或通过打印机打印出来,又或者与电视机连接进行观看。

数码相机的工作过程:① 将数码相机对准景物,按下快门,被景物反射出来的光线进入相机镜头；② 光线被聚焦在 CCD 芯片上；③ CCD 将光信号转换为电信号；④ 模数转换器(ADC)把模拟信号转换为数字信号；⑤ 数字信号处理器(DSP)修整图像的质量、压缩图像数据，将图像存储在存储卡中；⑥ 将数码相机与计算机连接，把图像传送到计算机中；⑦ 运行有关软件，将图像显示在屏幕上。

数码相机的主要性能指标有：① CCD 像素数目，它决定数字图像能够达到的最高分辨率。例如，一台 200 万像素的数码相机可以拍摄出分辨率为 1 600×1 200 的图像，共有 192 000 个像素的照片。② 存储器容量。

3.6.2 输出设备

输出设备(Output Devices)把计算机处理后的各种计算结果数据或信息以数字、字符、声音、图形、图像等形式表示出来。常用的输出设备为显示器和打印机，还有绘图仪、影像输出、语音输出等。

3.6.2.1 显示器

显示器是计算机系统最常用的输出设备，它的类型很多，根据制造材料的不同，可分为：阴极射线管显示器(CRT)，等离子显示器(PDP)，液晶显示器(LCD)等。阴极射线管显示器常用于台式机，现已淘汰；液晶显示器以前常用于笔记本电脑，目前许多台式机也配用液晶显示器。

衡量显示器好坏主要有两个重要指标：一个是分辨率，另一个是像素点距。分辨率指一帧显示画面中的图像素的数目，它是衡量画面解析度的指标。分辨率等于水平显示的像素个数×水平扫描线数表示(如 800×600，可以理解为该图像一帧画面是由 800×600 个像素构成)。分辨率越大，表示显示的图像越清晰，画面越精细。常用的显示器分辨率为：640×480，1 024×768，1 280×1 024 等。像素点距指屏幕上相邻的两个同色像素之间的最短距离。点距是反映显示器显示画质是否精细的一个重要指标，一般点距越小，画质越精细。

显示存储器(简称显存)容量越大，可以储存的图像数据越多，支持的分辨率与颜色数也就越高。显存容量的计算公式为：

$$显存容量 = 图形分辨率 \times 色深/8(单位：字节)$$

色深(Color Depth)亦可称为色位深度，是用 bit 数来表示数码影像色彩数目的单位，色深用 2 的幂指数来表示，bit 数愈高，色深值便愈高，影像所能表现的色彩也愈多。如色深为 1 bit，只能表现黑与白两种颜色；色深为 8 bit，可以表现 256 种不同的灰度；色深为 24 bit 的影像即可显示 $2^{24}=16\ 777\ 216$ 种色彩，十分接近肉眼所能分辨的颜色，所以被称为真色彩(True Color)。可见，显示灰度图像时，每个像素需要 8 bit(一个字节)，当显示真彩色时，由于显示器一般采用的是 RGB(红绿蓝三原色)颜色模型，每个像素要用 3 个字节。

3.6.2.2 打印机

打印机也是计算机系统中常用的输出设备。

目前我们常用的打印机有针式打印机、喷墨打印机和激光打印机三种。

针式打印机(简称针打)，如图 3-8(a)所示，是利用机械和电路驱动原理，使打印针撞击色带和打印介质，进而打印出点阵，再由点阵组成字符或图形来完成打印任务的。针打设备简单、耗材费用低、性价比好、纸张适应面广。其特有的多份拷贝、复写打印和连续打印功能,使其在银行存折打印、财务发票打印、记录科学数据连续打印等应用领域发挥积极作用。

针式打印机虽然噪声较高、分辨率较低、打印针容易损坏,但近年来由于技术的发展,较大地提高了针打的打印速度,降低了打印噪声,改善了打印品质,并使针式打印机向着专用化、专业化方向发展。

喷墨打印机(简称喷打),如图3-8(b)所示,是打印机家族中的后起之秀,是一种经济型非击打式的高品质彩色打印机,是性能价格比较高的彩色图像输出设备。

喷打的优点是打印质量好、无噪声、可以以较低成本实现彩色打印,而缺点则是打印速度较慢、墨水较贵且用量较大、打印量较小。因而主要适用于家庭和小型办公室打印量不大、打印速度要求不高的场合,适用于低成本彩色打印环境。

(a) 针打式　　　　　　　(b) 喷墨式　　　　　　　(c) 激光式

图3-8　三种打印机

激光打印机,如图3-8(c)所示,是现代高新技术的结晶,其工作原理与前两者相差甚远,具有优异的分辨率、良好的打印品质和极高的输出速度,以及多功能和全自动化输出性能。但其缺点是价格较高。

激光打印机的整个打印过程快速而高效,不但打印速度和分辨率是所有打印机之最,而且体积小、噪声低,打印品质十分高,日处理打印能力也十分强,这是因为它有特殊的高新打印技术,因而具有很强的生命力,具有极大的发展优势。激光打印机根据应用环境可以基本分为普通激光打印机、彩色激光打印机和网络激光打印机三种。

打印机的主要性能指标有两个:一个是打印分辨率,另一个是打印速度。

打印分辨率即每英寸打印点的数目,包括纵向与横向两个方向,它决定打印效果的清晰度。针打的分辨率一般为180 dpi,由于针打的纵向分辨率是既定的,所以这个数值通常是指横向分辨率。激光打印机的分辨率同样也是有纵向与横向两个方向的指标,如分辨率为1 200×1 200 dpi,即表明其两个方向的分辨率均为1 200 dpi。

打印速度指打印机每分钟的打印页数,通常用ppm和ipm这两种单位来衡量。ppm标准通常用来衡量非击打式打印机输出速度的重要标准,而该标准可以分为两种类型,一种类型是指打印机可以达到的最高打印速度,另外一种类型就是打印机在持续工作时的平均输出速度。

3.7 总线和 I/O 接口

*3.7.1 总线

任何一个微处理器都要与一定数量的部件和外围设备连接,但如果将各部件和每一种外围设备都分别用一组线路与 CPU 直接连接,那么连线将会错综复杂,甚至难以实现。为了简化硬件电路设计、简化系统结构,常用一组线路配置以适当的接口电路,与各部件和外围设备连接,这组共用的连接线路被称为总线。采用总线结构便于部件和设备的扩充,尤其制定了统一的总线标准则容易使不同设备间实现互联。

根据连接的部件不同,总线可分为:内部总线和系统总线。内部总线就是同一部件内部连接的总线;系统总线就是计算机内部不同部件之间连接的总线。有时候也会把主机和外部设备之间连接的总线称为外部总线,但依然是属于系统总线的范畴。

根据功能的不同,系统总线又可以分为三种:数据总线(Data Bus,DB)、地址总线(Address Bus,AB)和控制总线(Control Bus,CB)。数据总线就是负责传送数据信息的总线,这种传输是双向的,也就是说它既能将数据读入 CPU 也支持从 CPU 读出数据;而地址总线则是用来识别内存位置或 I/O 设备的端口,并将 CPU 连接到内存以及 I/O 设备的线路组,通过它来传输数据地址;控制总线就是传递控制信号,对数据总线和地址总线进行访问并使用的总线。

3.7.1.1 内部总线

1. I2C 总线

I2C(Inter-Integrated Circuit)总线由 Philips 公司推出,是近年来在微电子通信控制领域广泛采用的一种新型总线标准。它是同步通信的一种特殊形式,具有接口线少,控制方式简化,器件封装形式小,通信速率较高等优点。在主从通信中,可以有多个 I2C 总线器件同时接到 I2C 总线上,通过地址来识别通信对象。

2. SPI 总线

串行外围设备接口 SPI(Serial Peripheral Interface)总线技术是 Motorola 公司推出的一种同步串行接口。Motorola 公司生产的绝大多数 MCU(微控制器)都配有 SPI 硬件接口,如 68 系列 MCU。SPI 总线是一种三线同步总线,因其硬件功能很强,所以与 SPI 有关的软件就相当简单,使 CPU 有更多的时间处理其他事务。

3. SCI 总线

串行通信接口 SCI(Serial Communication Interface)也是由 Motorola 公司推出的。它是一种通用异步通信接口 UART,与 MCS.51 的异步通信功能基本相同。

3.7.1.2 系统总线

1. ISA 总线

ISA(Industrial Standard Architecture)总线标准是 IBM 公司 1984 年为推出 PC/AT 机而建立的系统总线标准,所以也叫 AT 总线。它是对 XT 总线的扩展,以适应 8/16 位数据总线要求。它在 80286 至 80486 时代应用非常广泛,以至于现在奔腾机中还保留有 ISA

总线插槽。ISA 总线有 98 只引脚。

2. EISA 总线

EISA 总线是 1988 年由 Compaq 等 9 家公司联合推出的总线标准。它是在 ISA 总线的基础上使用双层插座，在原来 ISA 总线的 98 条信号线上又增加了 98 条信号线，也就是在两条 ISA 信号线之间添加一条 EISA 信号线。在实际中，EISA 总线完全兼容 ISA 总线信号。

3. VESA 总线

VESA(Video Electronics Standard Association)总线是 1992 年由 60 家附件卡制造商联合推出的一种局部总线，简称为 VL(VESA Local Bus)总线。它的推出为微机系统总线体系结构的革新奠定了基础。该总线系统考虑到 CPU 与主存和 Cache 的直接相连，通常把这部分总线称为 CPU 总线或主总线，其他设备通过 VL 总线与 CPU 总线相连，所以 VL 总线被称为局部总线。它定义了 32 位数据线，且可通过扩展槽扩展到 64 位，使用 33 MHz 时钟频率，最大传输率达 132 MB/s，可与 CPU 同步工作。VESA 总线是一种高速、高效的局部总线，可支持 386SX、386DX、486SX、486DX 及奔腾微处理器。

4. PCI 总线

PCI(Peripheral Component Interconnect)总线是当前最流行的总线之一，它是由 Intel 公司推出的一种局部总线。它定义了 32 位数据总线，且可扩展为 64 位。PCI 总线主板插槽的体积比原 ISA 总线插槽还小，其功能和 VESA、ISA 比有极大的改善，支持突发读写操作，最大传输速率可达 132 MB/s，可同时支持多组外围设备。PCI 局部总线不能兼容现有的 ISA、EISA、MCA(Micro Channel Architecture)总线，但它不受制于处理器，是基于奔腾等新一代微处理器而发展的总线。

5. Compact PCI

以上所列举的几种系统总线一般都用于商用 PC 中，在计算机系统总线中，还有另一大类为适应工业现场环境而设计的系统总线，比如 STD 总线、VME 总线、PC/104 总线等。这里仅介绍当前工业计算机的热门总线之一 Compact PCI。

Compact PCI 的意思是"坚实的 PCI"，是当今第一个采用无源总线底板结构的 PCI 系统，是 PCI 总线的电气和软件标准加欧式卡的工业组装标准，是当今最新的一种工业计算机标准。Compact PCI 是在原来 PCI 总线基础上改造而来，它利用 PCI 总线的优点，提供满足工业环境应用要求的高性能核心系统，同时还考虑充分利用传统的总线产品，如 ISA、STD、VME 或 PC/104 来扩充系统的 I/O 和其他功能。

3.7.1.3 外部总线

1. RS-232-C 总线

RS-232-C 是美国电子工业协会 EIA(Electronic Industry Association)制定的一种串行物理接口标准。RS 是英文"推荐标准"的缩写，232 为标识号，C 表示修改次数。RS-232-C 总线标准设有 25 条信号线，包括一个主通道和一个辅助通道，在多数情况下主要使用主通道，对于一般双工通信，仅需几条信号线就可实现，如一条发送线、一条接收线及一条地线。RS-232-C 标准规定的数据传输速率为每秒 50、75、100、150、300、600、1 200、2 400、4 800、9 600、19 200 波特。RS-232-C 标准规定，驱动器允许有 2 500 pF 的电容负载，通信距离将受此电容限制，例如，采用 150 pF/m 的通信电缆时，最大通信距离为 15 m；若每米电缆的电容量减小，通信距离可以增加。传输距离短的另一原因是 RS-232-C 属单端信号传送，存在共地噪声和不能抑制共模干扰等问题,因此一般用于 20 m 以内的通信。

2. RS-485 总线

在要求通信距离为几十米到上千米时,广泛采用 RS-485 串行总线标准。RS-485 采用平衡发送和差分接收,因此具有抑制共模干扰的能力。加上总线收发器具有高灵敏度,能检测低至 200 mV 的电压,故传输信号能在千米以外得到恢复。RS-485 采用半双工工作方式,在任何时候只能有一点处于发送状态,因此,发送电路须由使能信号加以控制。RS-485 用于多点互联时非常方便,可以省掉许多信号线。应用 RS-485 可以联网构成分布式系统,其允许最多并联 32 台驱动器和 32 台接收器。

3. IEEE-488 总线

上述两种外部总线是串行总线,而 IEEE-488 总线是并行总线接口标准。IEEE-488 总线用来连接系统,如微计算机、数字电压表、数码显示器等设备及其他仪器仪表均可用 IEEE-488 总线装配起来。它按照位并行、字节串行双向异步方式传输信号,连接方式为总线方式,仪器设备直接并联于总线上而不需中介单元,总线上最多可连接 15 台设备。最大传输距离为 20 米,信号传输速度一般为 500 KB/s,最大传输速度为 1 MB/s。

4. USB 总线

通用串行总线 USB(Universal Serial Bus)是由 Intel、Compaq、Digital、IBM、Microsoft、NEC、Northern Telecom 7 家世界著名的计算机和通信公司共同推出的一种新型接口标准。它基于通用连接技术,实现外设的简单快速连接,达到方便用户、降低成本、扩展 PC 连接外设范围的目的。它可以为外设提供电源,而不像使用串、并口的设备需要单独的供电系统。另外,快速是 USB 技术的突出特点之一,USB3.0 的最高传输率可达 625 MB/s,而且 USB 还能支持多媒体。

3.7.2 I/O 接口

I/O 操作指的是 CPU 与 I/O 设备进行数据交换的操作以及对 I/O 设备的读写操作。I/O 操作的特点:速度差异大,信号类型不同,信息格式不同,与微机系统连接方式各不相同。正因为 I/O 设备的多样性及 I/O 操作的差异性,外设与 CPU 相连必须通过中间环节——I/O 接口电路(I/O 控制器)。常见的 I/O 控制器有网卡、声卡、显卡等。

I/O 设备和 I/O 控制器要实现互联,必须通过插头/插座。把用于连接各种 I/O 设备的各种插头/插座,统称为 I/O 端口(I/O 接口,I/O Port)。计算机系统有多个 I/O 端口,可以从不同角度对端口分类。从数据传输方式来分:串行(一次只传输 1 位)和并行(8 位、16 位或者 32 位一起进行传输);从数据传输速率来分:高速和低速;从是否能连接多个设备来分:总线式(可连接多个设备,被多个设备共享)和独占式(只能连接 1 个设备);从是否符合标准来分:标准接口(通用接口)和专用接口。最常见的 I/O 端口就是 USB 接口,它是一个通用串行总线式接口(Universal Serial Bus),它是高速、串行传输的接口,可连接多个设备。USB1.1 最低速度 1.5 Mb/s 最高速度 12 Mb/s;USB2.0 速度可达 480 Mb/s;USB3.0 最大传输带宽高达 5.0G bps,也就是 625 MB/s,现已广泛应用;USB 3.1 规范在 2013 年发布,可以提供两倍于 USB 3.0 的传输速度(即 10 G bps),而且支持正、反插。但 USB 3.1 不能向下支持,需要使用转接头。USB 接口支持即插即用,它使用一个 4 针插头作为标准插头,可连接数码相机,扫描仪,鼠标,键盘等多种 I/O 设备。常见的接口及特点汇总成表 3-1。

表 3-1　PC 机的常用 I/O 接口

名称	数据传输方式	数据传输速率	可连接的设备数目	通常连接的设备
USB2.0	串行	60 MB/s	最多 127	外接硬盘、键盘、鼠标、数码相机、数字视频设备、扫描仪
USB3.0	串行	640 MB/s (5 Gb/s)	最多 127	同上
FireWire800 (IEEE 1394)	串行	100 MB/s	最多 63	数字视频设备
IDE(ATA-7)	并行	133 MB/s	1~4	硬盘、光驱、软驱
VGA 接口	并行	200~500 MB/s	1	显示器
PS/2 接口	串行	低速	1	键盘或鼠标
IrDA	串行	4 MB/s	1	键盘、鼠标、打印机
SATA	串行	约 600 MB/s	1	硬盘

3.7.2.1　网卡

网卡的英文全称为 Network Interface Card,简称 NIC,也叫网络适配器,如图 3-9 所示。网卡是局域网中最基本的部件之一,它是连接计算机与网络的硬件设备。无论是双绞线连接、同轴电缆连接还是光纤连接,都必须借助于网卡才能实现数据的通信。平常所说的网卡就是将 PC 机和 LAN 连接的网络适配器。网卡(NIC)插在计算机主板插槽中,负责将用户要传递的数据转换为网络上其他设备能够识别的格式。

网卡必须具备两大技术:网卡驱动程序和 I/O 技术。驱动程序使用网卡和网络操作系统兼容,实现 PC 与网络的通信。I/O 技术可以通过数据总线实现 PC 和网卡之间的通信。

图 3-9　网卡

网卡是计算机网络中最基本的元素。在计算机局域网络中,如果有一台计算机没有网卡,那么这台计算机将不能和其他计算机通信,也就是说,这台计算机和网络是孤立的。

网卡的主要工作原理是整理计算机上发往网线上的数据,并将数据分解为适当大小的数据包之后向网络上发送出去。对于网卡而言,每块网卡都有一个唯一的 48 bit 的网络节点地址,它是网卡生产厂家在生产时烧入 ROM(只读存储芯片)中的,我们把它叫作 MAC 地址(物理地址)。每个网卡具有唯一的 MAC 地址。

我们日常使用的网卡都是以太网网卡。目前网卡按其传输速度来分可分为 10 M 网卡、100 M 网卡、10/100 M 自适应网卡以及千兆(1 000M)网卡。如果只是作为一般用途,如日常办公等,比较适合使用 10 M 网卡和 10/100 M 自适应网卡两种。如果应用于服务器等产品领域,就要选择千兆级的网卡。

按网卡支持的计算机种类分为:标准以太网卡、PCMCIA 网卡、USB 接口网卡。

按网卡所支持的传输介质类型分为:双绞线网卡、粗缆网卡、细缆网卡、光纤网卡等。

3.7.2.2 声卡

声卡(Sound Card),如图 3-10 所示,是多媒体技术中最基本的组成部分,是实现声波/数字信号相互转换的一种硬件。声卡的基本功能是把来自话筒、磁带、光盘的原始声音信号加以转换,输出到耳机、扬声器、扩音机、录音机等声响设备,或通过音乐设备数字接口(MIDI)使乐器发出美妙的声音。

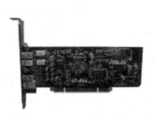

图 3-10 声卡

声卡的工作原理其实很简单,麦克风和喇叭所用的都是模拟信号,而电脑所能处理的都是数字信号,声卡的作用就是实现两者的转换。从结构上分,声卡可分为模数转换电路和数模转换电路两部分,模数转换电路负责将麦克风等声音输入设备采到的模拟声音信号转换为电脑能处理的数字信号;而数模转换电路负责将电脑使用的数字声音信号转换为喇叭等设备能使用的模拟信号。

声卡主要有两种:独立声卡和集成在主板上的软声卡。

声卡发展至今,主要分为板卡式、集成式和外置式三种接口类型,以适用不同用户的需求,三种类型的产品各有优缺点。

板卡式:板卡式产品是现今市场上的中坚力量,产品涵盖低、中、高各档次,售价从几十元至上千元不等。早期的板卡式产品多为 ISA 接口,由于此接口总线带宽较低、功能单一、占用系统资源过多,目前已被淘汰;PCI 则取代了 ISA 接口成为目前的主流,它拥有更好的性能及兼容性,支持即插即用,安装使用都很方便。

集成式:集成式声卡会影响到电脑的音质,但是对 PC 用户系统性能并没有什么影响。因此,大多用户对声卡的要求都满足于能用就行,更愿将资金投入到能增强系统性能的部分。虽然板卡式产品的兼容性、易用性及性能都能满足市场需求,但集成式声卡更为廉价与简便。此类产品集成在主板上,具有不占用 PCI 接口、成本更为低廉、兼容性更好等优势,能够满足普通用户的绝大多数音频需求,自然就受到市场青睐。而且集成声卡的技术也在不断进步,PCI 声卡具有的多声道、低 CPU 占有率等优势也相继出现在集成声卡上,由此占据了主导地位,占据了声卡市场的大半壁江山。

外置式声卡:是创新公司独家推出的一个新兴事物,它通过 USB 接口与 PC 连接,具有使用方便、便于移动等优势。但这类产品主要应用于特殊环境,如连接笔记本实现更好的音质等。

三种类型的声卡中,集成式产品价格低廉,技术日趋成熟,占据了较大的市场份额。随着技术进步,这类产品在中低端市场还将拥有非常大的前景;PCI 声卡将继续成为中高端声卡领域的中坚力量,毕竟独立板卡在设计布线等方面具有优势,更适于音质的发挥;而外置式声卡的优势与成本对于家用 PC 来说并不明显,仍是一个填补空缺的边缘产品。

3.7.2.3 显示卡

显示卡(Display Card),如图 3-11 所示,其基本作用就是控制计算机的图形输出,由显示卡连接显示器,我们才能够在显示屏幕上看到图像。显示卡由显示芯片、显示内存、RAMDAC 等组成,这些组件决定了计算机屏幕上的

图 3-11 显卡

输出，包括屏幕画面显示的速度、颜色，以及显示分辨率。从早期的单色显示卡、彩色显示卡、加强型绘图显示卡，一直到 VGA（Video Graphic Array）显示绘图数组，都是由 IBM 主导显示卡的规格。VGA 在文字模式下为 720×400 分辨率，在绘图模式下为 640×480×16 色，或 320×200×256 色，而此 256 色显示模式即成为后来显示卡的共同标准，因此我们通称显示卡为 VGA。而后来各家显示芯片厂商更致力将 VGA 的显示能力提升，而有 SVGA（SuperVGA）、XGA（eXtended Graphic Array）等名词出现，近年来显示芯片厂商更将 3D 功能与 VGA 整合在一起，即成为我们目前所惯称的 3D 加速卡、3D 绘图显示卡。

显示卡种类繁多，但有三项最基本的指标：分辨率、色深、刷新频率。

分辨率：代表了显示卡在显示器上所能描绘的点的数量，一般由横向点×纵向点数来表示，比如标准的 VGA 显示卡的最大分辨率为 640×480。

色深：是指显示卡在当前的分辨率下所能显示的颜色数量。一般以多少色或多少 bit 色来表示，例如，标准 VGA 显示卡在 320×200 的分辨率下的色深为 256 色或 8 bit，SuperVGA 标准显卡的最大分辨率为 1 600×1 200，色深可达 32 bit。

刷新频率：是指影像在显示器上的更新速度，即影像在显示器上的更新速度，也是影像每秒钟在屏幕上出现的帧数，刷新率越高，屏幕上的图像的闪烁感就越小，图像就越稳定，视觉效果就越好。

显存：显示内存与系统内存的功能一样，只是显存是用来暂时存储显示芯片处理的数据，系统内存是用来暂时存储中央处理器所处理的数据。我们在屏幕上看到的图像数据都是存放在显示内存里的。显卡达到的分辨率越高，屏幕上显示的像素点就越多，所需的显存也就越多。比如，分辨率为 640×480 时，屏幕上就有 307 200 各像素点；色深为 8 bit 时每个像素点就可以表达 256（2^8）种颜色的变化；由于计算机采用二进制位，要存储的信息就需要 2 457 600（307 200×8）bit；这就至少需要 300 KB 显存容量。（"个人攒机方案实例"可见本章二维码）

【微信扫码】
相关资源 & 拓展阅读

第4章 操作系统

很多人认为将程序输入计算机中运行并得出结果是一个很简单的过程,其实整个执行情况错综复杂、各种因素相互影响。比如,如果确定程序运行正确,如何保证程序性能最优,如何控制程序执行的全过程,这其中操作系统起到了关键性的作用。

操作系统是对硬件进行有效管理的计算机程序,为计算机上运行的其他应用程序提供运行平台,在计算机用户和计算机硬件之间扮演重要角色。本章旨在介绍操作系统软件的基本知识,要求学生通过本章的学习,能够迅速掌握操作系统的日常操作、安全与维护方面的问题。

本章学习目标与要求:
1. 理解掌握操作系统的概念以及操作系统在整个计算机系统中的地位
2. 理解掌握操作系统的主要功能
3. 了解操作系统提供的人机接口模式
4. 掌握 Windows 7 操作系统的基本操作和系统维护方法

4.1 引言

操作系统最初被想象为处理最复杂的输入/输出操作的一种工具,即和多个磁盘进行通信。但是它很快就演化成为一座架在 PC 和运行于其上的软件之间四通八达的桥梁。

——罗恩·怀特《计算机怎样工作》

当在计算机上打字或编写程序时,用户不必关心用于存储文档的计算机内存、字处理软件当前所处的内存段以及由计算机传给打印机的输出指令。这些细节由操作系统和应用程序组成的幕后的软件系统处理。

操作系统是最重要的计算机软件,用来管理计算机所有的硬件和软件资源,提供方便用户使用计算机的接口,合理组织计算机的工作流程,是所有其他软件共同的工作环境。

计算机软件分为系统软件和应用软件两大类。

1. **系统软件**

系统软件是指控制和协调计算机及外部设备,支持应用软件开发和运行的软件。系统软件的主要功能是调度、监控和维护计算机系统,负责管理计算机系统中各独立硬件,使得底层硬件对用户是透明的,用户在使用计算机时无需了解硬件的工作过程和细节。

系统软件主要包括操作系统、语言处理系统、数据库管理系统和系统辅助处理程序等。其中最重要的是操作系统,它提供了一个软件运行的环境,可以直接支持用户使用计算机硬件,也支持用户通过应用软件使用计算机。

2. 应用软件

应用软件是用户可以使用的各种程序设计语言，以及用各种程序设计语言编制的应用程序的集合，分为应用软件包和用户程序。应用软件包是利用计算机解决某类问题而设计的程序的集合，供多用户使用。常用的应用软件有办公软件套件、多媒体处理软件、Internet工具软件等。

另外，计算机软件根据发行方式的不同又可以分为商业软件、共享软件和自由软件。

所谓"商业软件"，是指通过贸易方式面向社会公众发行的各种商品化软件。作为商业软件，其功能、性能通常已经过严格测试，供应商不仅应该向用户提供程序和使用说明，而且应该向用户提供包括更新在内的技术服务。

所谓"共享软件"，是指复制品可以通过网络在线服务、BBS（电子公告板）或者可以从一个用户传给另一个用户等途径自由传播的软件。这类软件的使用说明通常以文本文件的形式同程序一起提供。共享软件的价格一般不会太昂贵。

所谓"自由软件"，又叫"开放源代码软件"。自由软件的含义是你可以自由修改、研究、改编并再次发行，或再发行修订版，至于用什么名称并不重要。自由软件的本质并不是免费，主要的特点是提供源代码，允许修改完善；可以散发，并且散发对象享有的权利不受限制；不提供法律担保。

4.1.1 操作系统的功能

实际上今天每一台通用的计算机，无论是分时超级计算机还是笔记本（Laptop）电脑，都依靠操作系统使硬件有效的运行，并使硬件之间可以便捷地通信。当计算机启动时，操作系统就一直不间断地工作，为用户正在使用的应用软件提供底层服务，使得应用程序不需要去考虑硬件的细节。

操作系统在计算机应用软件和计算机硬件之间提供了一个中间层，如图4-1所示。任何应用程序要想落实到硬件的真正执行，都需要通过操作系统来调度。比如，当一个用户（也可以说成是用户使用的程序）将一个文件存盘，操作系统就会开始工作，首先在磁盘上分配相应的空间，然后将要保存的信息由内存写到磁盘上分配的空间里；当用户要运行一个程序时，操作系统必须先将程序载入内存，然后给程序分配使用CPU的时间。

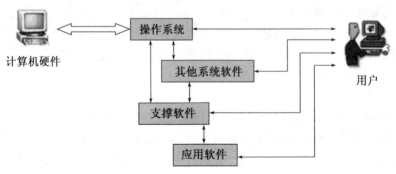

图4-1 操作系统的地位

因此，操作系统作为计算机系统的软、硬件的资源的管理者，其主要功能就是对一个计算机系统中所有的资源进行合理而有效的管理和调度，提高计算机系统的资源利用率。具体地说，操作系统具有五个方面的功能：设备管理、任务管理、存储管理、作业管理、文件管理。

1. 设备管理

操作系统将一台计算机内所有的计算机硬件设备通过传输信号（包括操作信号和数据信号）有机地连接起来，成为一个真正的整体——计算机系统。

2. 处理器管理

通过对处理器的管理，使得它能够有效快速地完成计算机需要完成的各种计算（计算机中的各种操作均需要经过处理器计算）。

3. 存储管理

包括如何有效地利用存储器空间，以配合处理器进行计算，为其提供获取数据和存储计算结果的场所。

4. 作业管理

作业即是需要计算机解决的一个任务。作业管理就是研究如何将需要计算机解决的多个问题进行合理安排，放入存储器，以最高效的方法交由处理器进行处理。

5. 文件管理

计算机操作系统需要将许多用户需要的信息保存起来，并能够查找和存取用户以及其他程序需要的文件和程序。

除此之外，操作系统一般还具有中断处理、错误处理等功能。操作系统的各个功能之间并不是完全独立的，它们之间存在着相互依赖的关系。

4.1.2 操作系统的类型

下面简单介绍几种常见的操作系统类型。

1. 批处理系统（Batch Processing System）

操作人员将待处理的计算任务成批地装入计算机，由操作系统将作业按规定的格式组织好存入磁盘的指定区域，然后按照某种调度策略选择一个或几个搭配得当的作业调入内存加以处理。

2. 实时系统（Real Time System）

操作系统能够及时响应随机发生的外部事件，并在规定的时间范围内完成对该事件的处理。

3. 个人计算机操作系统（PC-Operating System）

为个人计算机安装的操作系统是一种联机交互的单用户操作系统。由于个人计算机应用的普及，对于提供方便友好的用户接口和文件系统的要求更为迫切。实际上，目前提供的此类系统都支持多任务处理，并且采用有效的方法把相关文件组织成目录和文件。文件的传送、复制、删除、重命名等操作都很方便。

4. 网络操作系统（Network Operating System）

在原来个人计算机的操作系统上，按照网络体系结构的各个协议标准扩充其功能，包括网络管理、通信、资源共享、系统安全和多种网络应用服务等。

5. 分布式操作系统(Distributed Operating System)

用来管理分布式系统中的所有资源,它负责全系统的资源分配和调度、任务划分、信息传输、控制协调等工作,并为用户提供一个统一的操作界面,用以使用系统资源。至于用户操作被指定在哪一台计算机上执行或使用哪一台计算机的资源,则是由操作系统决定的。此外,由于分布式系统更强调分布式计算和处理,因此对于多机合作和系统重构、健壮性和容错能力有更高的指标。

6. 高性能计算机操作系统

要求在任务管理、存储管理和设备管理上具有比一般操作系统更强大的功能。

4.2 用户界面:人机接口

早期的计算机用户不得不花大量的时间书写和调试机器语言指令。后来的用户用易于理解的语言写程序,但仍然是枯燥乏味的。今天,用户更多的是使用已经做好的应用程序,如使用字处理程序模拟和扩充现实世界中的字处理工具的功能。随着软件的发展,用户界面也在发展——人机界面是从用户的角度去看计算机体验的感觉和外观的。

4.2.1 字符用户界面:MS-DOS

MS-DOS(微软磁盘操作系统,有时被简称为DOS)是世界上最广泛使用的多用途操作系统。1981年当IBM选择DOS作为它的第一台个人计算机的磁盘操作系统时,几乎所有的显示器都被定义为字符显示模式。一个典型的计算机显示器可以显示24行、80列的文本、数字或者符号。计算机发消息给显示器告诉它在屏幕上的哪个位置显示什么字符。为了顺应硬件的结构,MS-DOS被设计为字符型的界面,即基于字符而不是图形。

当需要和操作系统通信时(如启动一个应用程序),用户通过命令行界面和操作系统进行对话。

4.2.2 图形用户界面操作系统:Macintosh 和 Windows

自从IBM的个人计算机问世以来,硬件的快速发展使得低价的计算机也能有图形显示器。具有图形显示器的计算机不仅仅局限于显示一行行一列列的字符,它可以分别控制显示器上的每一个点的显示。1984年问世的苹果计算机是第一台低价的可以运行图形界面操作系统的计算机,这个图形界面操作系统就是Macintosh操作系统,简称MAC操作系统,如图4-2所示。图形用户界面被简称为GUI。

MAC操作系统监视鼠标的运动以判断用户的要求,而不是读取命令行里的命令和文件名。用户用鼠标指向代表文件的图标、代表文件集合的文件夹和磁盘。文件显示在窗口里,这个窗口是有外框的一块区域,它可以用鼠标打开、关闭和重新组织。用户通过位于屏幕顶部的下拉菜单来选择命令。

图 4-2 MAC 操作系统桌面

　　MAC 会话和 MS-DOS 会话在软件上的差异比在硬件上的差异多得多。最初,微软的视窗操作系统,通常是被称为 Windows,如图 4-3 所示。是一种被称为 Shell 的程序,它的作用是为 MS-DOS 穿上一层图形化的外衣。Windows 视窗外壳处于用户和操作系统之间,把鼠标的动作和其他的用户输入编译成 MS-DOS 可以识别的命令。Windows 3.1 以及以前的版本并没有完全摒弃 MS-DOS 的命令行风格,但是它对用户隐藏了 DOS 大多数的细节。当 Windows 95 面世之后,微软完成了 Windows 从操作系统外壳到脱离 DOS 内核的操作系统的转变。今天的 Windows 在很多方面和 MAC 操作系统有相似之处。

图 4-3 Windows XP 操作系统桌面

4.2.3 多用户操作系统：UNIX 和 LINUX

由于历史原因，UNIX 首先在学校和政府资助的科研单位里应用。UNIX 是在个人计算机出现之前由贝尔实验室研发出来的，它能够使一个分时系统同时和几个其他的计算机或终端通信。UNIX 一直是科研单位的工作站和大型机的操作系统的首选。最近几年，UNIX 仍然是被最广泛使用的多用户操作系统。UNIX 有针对个人计算机、工作站、服务器、大型机和超级计算机的不同版本。

所有 UNIX 版本的内核都是一个基于命令行模式的操作系统。它的命令行用户界面类似于 MS-DOS，但是其中的命令不尽相同。对于大多数的任务来说，UNIX 就像一个单用户操作系统，即使有很多的用户登录并连接到这个系统上。

今天，UNIX 系统已经不再局限于命令行的用户界面，好几家公司，包括太阳微系统公司和 IBM 都发布了不同版本的图形界面的 UNIX，如图 4-4 所示。

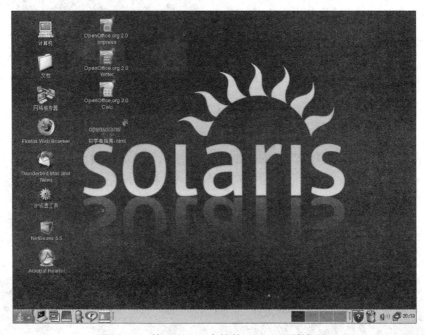

图 4-4 基于 UNIX 内核的 Solaris 系统桌面

LINUX，如图 4-5 所示，是一套 UNIX-LIKE 的操作系统，它的控制整个系统基本服务的核心程序(Kernel)是由 LINUS 开发出来的，"LINUX"这个名称便是以"Linus's Unix"来命名，LINUS 选用大众公有版权(GPL)的方式来发行这份程序，允许任何人以任何形式复制与散布 LINUX 的原始程序，换句话说，LINUX 实际上是免费的，使用者在网络上就可以找到 LINUX 的原始程序代码，随心所欲地复制与更改 LINUX 的原始程序。在因特网的日渐盛行以及 LINUX 开源的版权之下，无数计算机人员投入开发、改善 LINUX 的核心程序，使得 LINUX 的功能日渐强大。

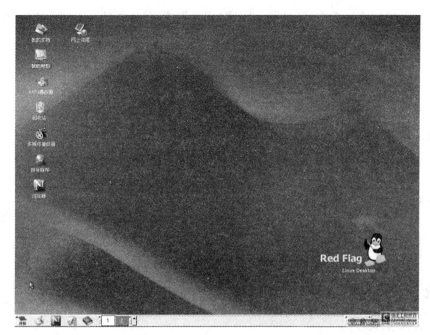

图 4-5　LINUX 操作系统桌面

4.3　Windows 7 操作系统

4.3.1　体验 Windows 7

　　Windows 7 在硬件性能要求、系统性能、可靠性等方面，都颠覆了以往的 Windows 操作系统，是继 Windows 95 以来微软的另一个非常成功的产品。

　　Windows 7 可以在现有计算机平台上提供出色的性能体验，1.2 GHz 双核心处理器、1 GB 内存，支持 WDDM1.0 的 DirectX9 显卡就能够让 Windows 7 顺畅地运行，并满足用户日常使用需求，它对硬盘空间的占用是 Windows Vista 的 2/3，因此用户就更容易接受。虽然 Windows 7 可以在低配置或较早的平台中顺畅运行，但这并不代表 Windows 7 缺少对新兴硬件的支持。

　　Windows 7 是第二代具备完善 64 位支持的操作系统，面对当今配备 8～16 GB 物理内存、三核多线程处理器，Windows XP 已无力支持，Windows 7 全新的架构可以将硬件的性能发挥到极致。

　　Windows 7 的易用性体现于桌面功能的操作方式。在 Windows 7 中，一些沿用多年的基本操作方式得到了彻底改进，如任务栏、窗口控制方式的改进，半透明的 Windows Aero 外观也为用户带来了新的操作体验。

　　1. 全新的任务栏

　　Windows 7 全新的任务栏融合了快速启动栏的特点，每个窗口的对应按钮图标都能够根据用户的需要随意排序，点击 Windows 7 任务栏中的程序图标就可以方便地预览各个窗口内容,并进行窗口切换。或当鼠标掠过图标时,各图标会高亮显示不同的色彩,颜色选取是根据图标本身的色彩,如图 4-6 所示。

图 4-6 Windows 7 的任务栏图标

1. 任务栏窗口动态缩略图

通过任务栏应用程序按钮对应的窗口动态缩略预览图标,用户可以轻松找到需要的窗口。

2. 自定义任务栏通知区域

在 Windows 7 中自定义任务栏通知区域图标非常简单,只需要通过鼠标的简单拖拽即可隐藏、显示和对图标进行排序。

3. 快速显示桌面

固定在屏幕右下角的"显示桌面"按钮可以让用户轻松返回桌面。鼠标停留在该图标上时,所有打开的窗口都会透明化,这样可以快捷地浏览桌面,点击图标则会切换到桌面。

4. 硬件基本要求

1 GHz 或更快的 32 位(x86)或 64 位(x64)处理器;

1 GB 物理内存(32 位)或 2 GB 物理内存(64 位);

16 GB 可用硬盘空间(32 位)或 20 GB 物理内存(64 位);

DirectX9 图形设备(WDDM1.0 或更高版本的驱动程序);

屏幕纵向分辨率不低于 768 像素。

4.3.2 操作和设置 Windows 7

让电脑使用更简单是微软开发 Windows 7 时另一项非常重要的核心工作,易用性体现于桌面功能的操作方式上。在 Windows 7 中,一些沿用多年的基本操作方式得到了彻底改进,如任务栏、窗口控制方式的改进、半透明的 Windows Aero 外观。为用户带来了丰富实用的操作体验。

1. 桌面设计——张扬个性

Windows 7 是一个崇尚个性的操作系统,它不仅提供各种精美的桌面壁纸,还提供更多的外观选择、不同的背景主题和灵活的声音方案,让用户随心所欲地"绘制"属于自己的个性桌面。Windows 7 通过 Windows Aero 和 DWM 等技术的应用,使桌面呈现出一种半透明的 3D 效果。("桌面设置操作"可见本章二维码)

2. 资源管理器——全新亮相

资源管理器是 Windows 系统提供的资源管理工具,用户可以使用它查看计算机中的所有资源,特别是它提供的树型文件系统结构,能够让使用者更清楚、更直观地认识计算机中的文件和文件夹。Windows 7 的资源管理器以新界面、新功能带给用户新体验。

(1) 界面简介

右击"开始"菜单,在弹出的快捷菜单中点击"打开 Windows 资源管理器"命令,即可打开如图 4-7 所示的资源管理器界面。

图 4-7　Windows 7 资源管理器

Windows 7 默认的地址栏用按钮取代了传统的纯文本方式，并且在地址栏周围找不到传统资源管理器中的向上按钮，而仅有前进和后退按钮。

地址栏：Windows 7 资源管理器地址栏使用级联按钮取代传统的纯文本方式。Windows 7 的地址栏将不同层级路径用不同按钮分割，用户通过单击按钮即可实现目录跳转。其实 Windows 7 的地址栏功能与资源管理器树型文件夹的作用相似，但 Windows 7 从多方面提供快捷功能改进，用户操作能有更多的选择。

检索栏：Windows 7 资源管理器将检索功能移植到顶部，方便用户使用。

导航窗格：Windows 7 资源管理器内提供了"收藏夹""库""计算机"和"网络"等按钮，用户可以使用这些链接快速跳转到目的结点。

"收藏夹"中预置了几个常用的目录链接，如"下载""桌面""最近访问的位置"以及"用户文件夹"。当需要添加自定义文件夹收藏时，只需要将文件夹拖拽到收藏夹的图标上或下方的空白区域即可。

详细信息栏：Windows 7 资源管理器提供了更加丰富详细的文件信息，用户还可以直接在"详细信息栏"中修改文件属性并添加标记。

(2) 用户文件夹

在 Windows XP 中，一些重要的用户个人数据目录都无法方便地通过资源管理器进行浏览，如"网页收藏夹""桌面"等，在 Windows 7 中，对用户个人文件夹进行了设置和安排，打开"开始"菜单或桌面中以当前用户命名的文件夹，用户可以直接访问到"网页收藏夹""桌面""文件夹收藏"以及"下载"等目录，在一定程度上提升了管理的易用性。

特别是新增的"下载"目录，如果用户通过 IE8 下载文件，文件会自动保存在该目录下，便于用户集中管理。

(3) 库

"库"是 Windows 7 系统最大的亮点之一，它彻底改变了文件管理方式，从死板的文件夹方式变为灵活方便的库方式。其实，库和文件夹有很多相似之处，如在库中也可以包含各种子库和文件。但库和文件夹有本质区别，在文件夹中保存的文件或子文件夹都存储在该文件夹内，而库中存储的文件来自四面八方。确切地说，库并不是存储文件本身，而仅保存文件快照（类似于快捷方式）。库提供了一种更加快捷的管理方式。例如：如果用户文档主要存在 E 盘，用户可以将 E 盘中的文件都放置在库中。在需要使用时，只要直接打开库，不需要再去定位到 E 盘文件目录下。

① 添加文件到库

右击需要添加的目标文件，在弹出的快捷菜单中选择"包含到库中"命令，并在其子菜单中选择一项类型相同的"库"即可。

② 增加库中类型

如果 Windows 7 库中默认提供的视频、图片、文档、音乐这四种类型无法满足要求，可以通过新建库的方式增加库中类型。在"库"根目录下右击窗口空白区域，在弹出的快捷菜单中选择"新建"→"库"命令，输入类名即可。

(4) 检索文件

Windows 7 将检索栏集成到了资源管理器的各种视图（窗口右上角）中，不但方便随时查找文件，更可以指定文件夹进行搜索。（具体操作可见本章二维码）

4.3.3 软件和硬件管理

面对 Windows 7，用户最关心的问题就是以往使用的应用程序是否可以继续正常运行。因此，Windows 7 的兼容性非常重要。

1. 手动解决兼容性问题

Windows 7 的系统代码是建立在 Vista 基础上的，如果安装和使用的应用程序是针对旧版本 Windows 开发的，为避免直接使用出现不兼容问题，需要手动选择兼容模式。（具体操作可见本章二维码）

2. 自动解决兼容性问题

如果用户对目标应用程序不甚了解，则可以让 Windows 7 自动选择合适的兼容模式来运行程序。（具体操作可见本章二维码）

如果程序实在太老，兼容模式也无法解决问题，则可以尝试使用 Windows 7 中的"Windows XP 模式"来运行程序。

3. 硬件管理

要想在计算机上正常运行硬件设备，必须安装设备驱动程序。设备驱动程序是可以实现计算机与设备通信的特殊程序，它是操作系统和硬件之间的桥梁。操作系统有内核态和用户态之分。在 Windows XP 及其以前的各版本中，设备驱动程序都运行在系统内核模式下，这就使得存在问题的驱动程序很容易导致系统运行故障甚至崩溃。而在 Windows 7 中，驱动程序不再运行在系统核心态，而是加载在用户模式下，这样可以解决由于驱动程序错误而导致的系统运行不稳定问题。

Windows 7 通过"设备和打印机"界面管理所有和计算机连接的硬件设备。与 Windows XP 中各硬件设备以盘符图标形式显示不同，在 Windows 7 中几乎所有硬件设备都是以自身实际外观显示的，便于用户操作。

如果希望在一个局域网中共享一台打印机,供多个用户联网使用,则可以添加网络打印机。(具体操作可见本章二维码)

4.3.4 Windows 7 网络配置与应用

在 Windows 7 中,几乎所有与网络相关的操作和控制程序都在"网络和共享中心"面板中,通过可视化的视图和单站式命令,用户可以轻松连接到网络。

1. 连接到宽带网络

(1) 单击"控制面板"→"网络和共享中心"命令,打开"网络和共享中心"面板,如图4-8所示。在"网络和共享中心"可视化视图界面中,用户可以通过形象化的网络映射了解网络状况,并进行各种网络设置。

图 4-8　网络和共享中心

(2) 在"更改网络设置"下,单击"设置新的链接或网络"命令,在打开的对话框中选择"连接到 Internet"命令。

(3) 在"连接到 Internet"对话框中选择"宽带(PPPOE)(R)"命令,并在随后弹出的对话框中输入 ISP 运营商提供的"用户名""密码"以及自定义的"连接名称"等信息,单击"连接"。

使用时,只需单击任务栏通知区域的网络图标,选择自建的宽带连接即可。

2. 连接到无线网络

单击任务栏通知区域的网络图标,在弹出的"无线网络连接"面板中双击需要连接的网络。如果无线网络设有安全加密,则需要输入安全关键字即密码。

3. 通过家庭组实现两台计算机的资源共享

家庭组是 Windows 7 推出的一个新概念,旨在让用户借助家庭组功能轻松实现同组内各计算机中软硬件资源的共享,并确保共享数据的安全。家庭组是基于对等网络设计的,所有的组内计算机地位平等。使用任何版本的 Windows 7 都可以加入家庭组,但是只有在 Windows 7 家庭高级版、专业版或旗舰版中才能创建家庭组。

(1) 创建家庭组

首先,搭建局域网。分别设置两台计算机的 IP 地址为 192.168.1.2 和 192.168.1.3(私有地址),子网掩码均为 255.255.255.0。

然后,创建家庭组。在"网络和共享中心"的"查看活动网络"中,将当前网络位置修改为"家庭网络",完成家庭组的创建。注意,一个局域网内只能有一个家庭组。

(2) 加入家庭组

将另一台机器的网络位置设置为"家庭网络"后,则在其资源管理器界面的左侧导航窗格中显示"家庭组"节点,点击"立即加入"按钮,在弹出的对话框中输入创建家庭组时的密码,即可成功加入家庭组。

(3) 家庭组共享资源

设置好家庭组后,该组内的所有计算机就可以通过资源管理器中的"家庭组"节点实现软硬件资源的共享。

4.3.5 系统维护与优化

使用过 Windows XP 的用户可能都遇到过下面的问题:

(1) Windows XP 会随着使用周期的延长而出现性能下降。

(2) 系统性能会随着开机时间的延长而下降。

很多人会以牺牲硬件的代价来换取性能的提高,但是当 CPU 性能足够强、内存足够大、硬盘足够快时,用户依然会遇到上述问题。计算机是由软件和硬件组成的,当硬件条件不是造成系统性能降低的原因时,软件因素就成为重点怀疑的对象。Windows XP 系统对硬盘随机读取,内存管理方式和资源调用策略等的不足是系统性能无法提高的瓶颈。Windows 7 通过改善内存管理、智能划分 I/O 优先级以及优化固态硬盘等手段,极大地提高了系统性能,带给用户全新的体验。(具体操作可见本章二维码)

【微信扫码】
相关资源 & 拓展阅读

第 5 章 计算机网络与安全基础

当今世界,计算机网络已成为人所皆知的名词。那么什么是计算机网络？它们有哪些基本类型？网络安全的基本概念是什么？我们如何进行基本的防御？对于病毒我们该怎么办？本章将回答这些问题。

本章学习目标与要求：
1. 计算机网络的基本概念、组成和分类
2. 因特网的基本概念
3. TCP/IP 基本协议、IP 地址和常见的接入方式
4. 因特网的常见应用
5. 网络安全的基本概念
6. 计算机病毒的处理及防御

5.1 通信的基本概念

通信(广义的角度)指各种信息的远距离传递。通信有三个要素:信源(信息的发送者)、信宿(信息的接收者)和信道(信息的载体与传播媒介)。

下面是通信中的几个基本概念。

1. 模拟信号

模拟信号是在时间和数值上都是连续变化的信号,其信号的幅度,或频率,或相位随时间作连续变化,如目前广播的声音信号,磁带录音机播放的音乐等。

2. 数字信号

数字信号是信号的物理量(电压或电流)在时间上和数值(幅度)上不连续的(即离散的)信号。典型数字信号波形是对称方波、非对称矩形波。例如:计算机串行口输入输出的信号。

3. 调制

一般指发送方把数字信号转换成模拟信号的过程。

4. 解调

一般指接收方将模拟信号还原为数字信号的过程。

5. 带宽

模拟信道的带宽是信道所能通过信号的最高频率与最低频率的差值。频带越宽,所能通过的信号就越多。例如人的声音频率范围是 20~20 000 Hz,数字信道的带宽通常指数字信道的最高传输率,即单位时间内传输的最大比特数。单位有:"位/秒"(b/s 或 bps),"千位/秒"(Kb/s 或 Kbps),"兆比特/秒"(Mb/s 或 Mbps),"吉比特/秒"(Gbit/s 或 Gbps)。

换算关系为:1 Kb/s=1 000 b/s,1 Mb/s=1 000 Kb/s,1 Gbit/s=1 000 Mb/s。

6. 信道

信道是信息的传输通道(通信线路)。信道可以是一个物理链路,也可以是电磁频谱范围内的一个频段。信道由传输介质和相关的中间通信设备组成。

根据信号在信道上的传输方向,信道的传输模式可以分为单工、半双工和全双工。单工是指数据单向传输(例如,无线电播);半双工是指数据可以双向传输,但不能在同一时刻双向传输(例如,对讲机);全双工是指数据可同时双向传输(例如,电话)。目前大多数网络中的通信都实现了全双工通信。

按构成信道的传输介质,信道可分为有线信道和无线信道。有线信道的传输介质为传输线(双绞线、同轴电缆、光缆)。无线信道的传输介质为空间电磁波(无线电波、微波、红外线、激光)。按信道中能够传输的信号类型,信道分为模拟信道和数字信道。现在计算机通信所使用的通信信道在主干线路上已基本上是数字信道。

7. 多路复用技术

为了提高通信中传输线路的利用率,减少费用,在一条物理信道上,同时传输多路信号,如声音、数据等,这种技术称为多路复用技术。多路复用技术有四种方式:时分多路复用 TDMA;频分多路复用 FDMA;波分复用 WDMA;码分复用 CDMA。

频分多路复用(FDMA)是指将一个物理信道的频带分成 N 个部分,每一部分均可作为一个独立的信道传输模拟信号。这样在一个物理信道中可同时传送 N 路模拟信号,而每一路模拟信号所占用的只是物理信道中的一个频段。例如:有线电视、无线电广播。频分制通信又称载波通信,它是模拟通信的主要手段。

时分多路复用(TDMA)是指把一个传输通道进行时间分割以传送若干路信息。把 N 个终端设备接到一条公共的物理信道上,按一定的次序轮流的给各个设备分配一段使用物理信道的时间。时分制通信也称时间分割通信,是数字多路复用通信的主要方法。

波分复用(WDMA)是将一系列载有信息、但波长不同的光信号合成一束,沿着单根光纤传输;在接收端再用某种方法,将各个不同波长的光信号分开的通信技术。

码分多路复用也是一种共享信道的方法,每个用户可在同一时间使用同样的频带进行通信,但使用的是基于码型的分割信道的方法,即每个用户分配一个地址码,各个码型互不重叠,通信各方之间不会相互干扰,且抗干扰能力强。

8. 数据交换技术

数据交换技术是指使用交换设备实现多对终端设备之间的互联,以满足多用户通信的需要,中转的节点称为交换节点。常用以下三种交换技术实现交换:电路交换、报文交换、分组交换。

电路交换数是在数据传输期间源节点与目的节点之间建立一条专用物理线路,通信完毕后,通信链路即被拆除。这种交换方式比较简单,特别适合远距离成批数据传输,建立一次连接就可以传送大量数据。缺点是线路的利用率低,数据传输速度慢,通信成本高。

报文交换是一种信息传递的方式。报文交换不要求在两个通信结点之间建立专用通路。结点把要发送的信息组织成一个报文,该报文中含有目标结点的地址,然后根据网络中的交通情况在适当的时候转发到下一个结点,经过多次的存储转发,最后到达目标。其中的交换结点要有足够大的存储空间,用以缓冲收到的长报文。报文交换的优点是不建立专用链路,线路利用率较高,缺点是通信中的有等待时延。

分组交换也称为包交换,它将用户通信的数据划分成多个更小的等长数据段,在每个数据段的前面加上必要的控制信息作为数据段的首部,每个带有首部的数据段就构成了一个分组。首部指明了该分组发送的地址,当交换节点收到分组之后,将根据首部中的地址信息将分组转发到目的地,所有分组到达目的地后,剥去首部,抽出数据部分,还原成报文,这个过程就是分组交换。分组交换的线路利用率较高,收发双方不需要同时工作,可以给数据包建立优先级,使得一些重要的数据包能优先传递。

9. 移动通信

所谓移动通信指的是处于移动状态的对象之间的通信,它包括蜂窝移动、集群调度、无绳电话、寻呼系统和卫星系统等。移动通信系统由移动台、基站、移动电话交换中心等组成。

第一代移动通信采用的是模拟技术,使用频段为 800/900 MHz,称之为蜂窝式模拟移动通信系统,AMPS 是美国推出的世界上第一个 1G 移动通信系统,充分利用了 FDMA 技术实现国内范围的语音通信。

第二代移动动心系统为数字蜂窝通信系统,80 年代末开发。2G 是包括语音在内的全数字化系统,新技术体现在通话质量和系统容量的提升。GSM 是第一个商业运营的 2G 系统,GSM 采用 TDMA 技术。GSM 还提供了分组交换和分组传输方式的新的数据业务(称为 GPRS),它可以在移动网内部或 GPRS 网与因特网之间进行数据传送(如收发电子邮件)。

第三代移动通信系统是移动多媒体通信系统,提供的业务包括语音,传真,数据,多媒体娱乐和全球无缝漫游等。1998 年国际电联推出 WCDMA 和 CDMA2000 两商用标准,中国 2000 年推出 TD-SCDMA 标准,2001 年 3 月被 3GPP 接纳。第一个 3G 网络运营于 2001 年的日本。3G 技术提供 2Mbps 标准用户速率(高速移动下提供 144 Kbps 速率)。

第四代移动通信系统能够快速传输数据、高质量、音频、视频和图像等。4G 能够以 100 Mbps 的速度下载,上传的速度也能达到 20 Mbps(由于各种因素,实际速率可能比较低)。该技术包括 TD-LTE 和 FDD-LTE 两种制式,它们都是长期演进技术,但是 TD-LTE 是 TDD 版本的长期演进技术,被称为时分双工技术,而 FDD-LTE 也是长期演进技术,不同的是,FDD-LTE 采用的是分频模式。类似网络课程中的时分复用技术和频分复用技术。2013 年 12 月,工信部在其官网上宣布向中国移动、中国电信、中国联通颁发"LTE/第四代数字蜂窝移动通信业务(TD-LTE)"经营许可,也就是 4G 牌照。中国移动互联网的网速达到了一个全新的高度。

第五代移动通信系统重点关注 4G 中尚未实现的挑战,包括容量更高、数据速率更快、端到端时延更低、开销更低、大规模设备连接和始终如一的用户体验质量。5G 的峰值数据传输速率预计可高达 20 Gbps,其中,下载速度为 20 Gbps,上传速度为 10 Gbps;由于通路拥挤、基站距离等因素,真实网络速度会比较低。2018 年 6 月 14 日,第五代移动通信(5G)独立组网标准正式冻结,这意味着 5G 完成了第一阶段全功能标准化工作。5G 第一阶段标准实现了对"增强移动宽带(eMBB)"和"低时延高可靠物联网(URLLC)"两种重要场景的支持,基本上实现了所有 5G 的新特性和新能力,虽然离完整的 5G 标准还有一定的距离,但已经是能够真正面向商用的 5G 标准了。而完整的 5G 标准可能要等到 2019 年 12 月才能完成。目前中国移动已经在多个城市展开规模化实验,预计中国三大运营商在 2020 年实现 5G 正式商用。

5.2 计算机网络与 Internet 基础

计算机网络是 20 世纪 60 年代末发展起来的一项新技术,是计算机技术与通信技术相结合的产物。计算机网络对人们生活方式产生了深刻影响。可以毫不夸张地说,在信息科技高速发展的21世纪,谁掌握了网络,谁就掌握了未来。

5.2.1 计算机网络的发展

5.2.1.1　20世纪50年代中期——远程终端联机阶段

第一代计算机网络是以单个计算机为中心的远程联机系统,其网络结构如如图5-1所示。典型应用是由一台计算机和全美的2 000多个终端组成的飞机订票系统。它除主机计算机具有独立的数据处理功能外,系统中所连接的终端设备均无处理数据的功能。由于终端设备不能为中心的计算机提供服务,因此无法实现资源共享,网络功能以数据通信为主。

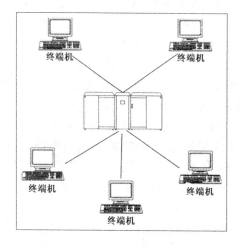

图5-1　第一代网络结构图

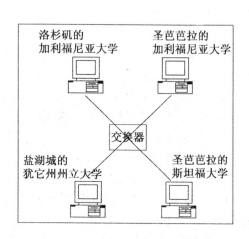

图5-2　初期的 ARPANET

5.2.1.2　20世纪60年代中期——ARPA网的诞生

美国国防部高级计划研究署在1969年将分散在不同地区的计算机组成 ARPA 网,它也是 Internet 最早的发源地。最初的 ARPA 网只连了4台计算机,如图5-2所示,到1983年,已经有400多台不同体系的计算机连到 ARPA 网上。ARPA 网奠定了计算机网络的基础,它标志着计算机网络的发展进入了第二代。计算机网络发生了本质的变化,产生了多处理中心。

5.2.1.3　20世纪70年代——计算机网络互联阶段

20世纪70年代,不少公司推出了自己的网络体系结构,对同一体系结构的网络设备互连是非常容易的,但对不同的网络体系结构互连十分困难。

为了解决不同公司网络产品的互联问题,ISO 在1977制定"开放系统互联参考模型"简称为 OSI/RM,如图5-3所示,以实现更大范围的计算机资源共享。OSI 参考模型虽然被看好,但是由于存在没把握好时机,技术不成熟,实现困难等因素,该模型并没有成为事实标准;TCP/IP模型,如图5-4所示,由于划分的层次较少,因而实现比较容易,其已成为网络互连的事实标准,而 OSI/RM 仅作为理论的参考模型被广泛使用。第三代计算机网络是具有统一的网络体系结构并遵循国际标准的开放式和标准化的网络。

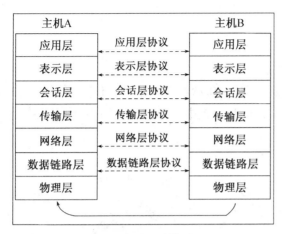
图 5-3 OSI 模型

图 5-4 TCP/IP 模型

5.2.1.4 20 世纪 90 年代——信息高速公路

随着信息高速公路计划的提出和实施,Internet 在地域、用户、功能和应用等方面不断拓展,当今的世界已进入一个以网络为中心的时代。美国政府资助的"下一代因特网计划"目标是主干网的速率比现在的因特网高 1 000 倍,端到端的速率要达到 100 Mbit/s～10 Gbit/s,实现 5 W(3G)的个人通信(Who When Where Whomever Whatever)。中国因特网发展也取得了巨大的成就,基本情况如图 5-5 所示。

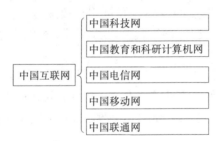
图 5-5 中国互联网

5.2.2 计算机网络的基础与组成

计算机网络定义:利用通信设备、通信线路和网络软件,把地理上分散且各自具有独立工作能力的计算机(及其他智能设备)以相互共享资源(硬件、软件和数据等)为目的连接起来的一个系统,如图 5-6 所示。概括起来,计算机网络有 3 个主要组成部分:若干主机、一个通信子网、一系列的通信协议及网络软件。通信协议是通信双方事先约定好的必须遵守的规则(例如 TCP/IP),用于主机与主机之间、主机与通信子网之间、通信子网中各结点之间的通信,是计算机网

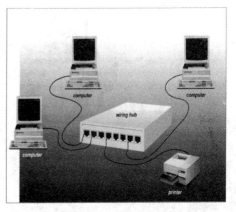
图 5-6 以太网结构的小型子网

络必不可少的组成部分。

5.2.3 计算机网络的功能

5.2.3.1 资源共享

网络中的资源包括硬件、软件和数据资源等。所谓资源共享就是指网络中各计算机的资源可以通用,这样就避免了重复投资和劳动,从而提高了资源的利用率,使系统的整体性能得到提高,如图5-7所示。

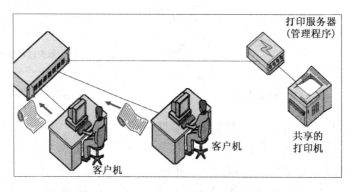

图5-7 硬件资源共享

5.2.3.2 数据通信

网络可以为分布在不同地点的各种计算机用户快速传送信息。在网络上可以传送文字、声音、图形、图形等信息。比如:网络聊天、视频会议、网络电话、电子邮件等。为人类提供了前所未有的方便。

5.2.3.3 分布式处理

将一个复杂的大任务分解成若干个子任务,由网上的计算机分别处理其中的一个子任务,以提高整个系统的效率,这就是分布式处理模式,它解决了单机无法完成的信息处理任务,如图5-8所示。

图5-8 分布式处理

5.2.4 计算机网络的分类

按计算机联网区域的大小,可以把网络分为局域网(LAN)、广域网(WAN)和城域网(MAN)。

5.2.4.1 局域网

局域网(Local Area Network),简称 LAN,是指在某一区域内由多台计算机互联成的计算机组。"某一区域"指的是同一办公室、同一建筑物、同一公司和同一学校等,一般是方圆几千米以内。图 5-9 为矿业大学文昌校区二期校园网的拓扑图。

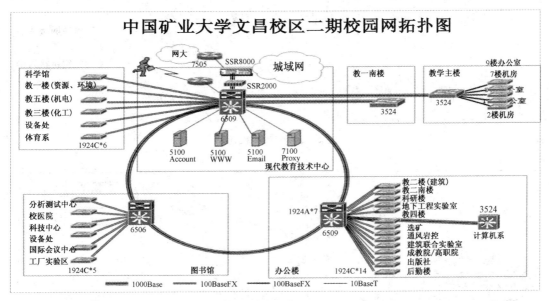

图 5-9 局域网示例

5.2.4.2 城域网

城域网(Metropolitan Area Network),简称 MAN,其覆盖地理范围介于局域网和广域网之间。网络的连接距离可以在 10~100 公里,在一个大型城市或都市地区,一个 MAN 网络通常连接着多个 LAN 网。如连接政府机构的 LAN、医院的 LAN、电信的 LAN、公司企业的 LAN 等,如图 5-10 所示。

5.2.4.3 广域网

广域网(Wide Area Network),简称 WAN,是一种跨越很大地域范围的计算机网络。通常跨越省、市,甚至一个国家。广域网包括大大小小不同的子网,子网可以是局域网或者城域网,也可以是小型的广域网,如图 5-11 所示。

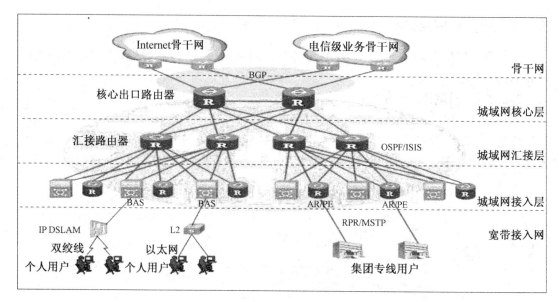

图 5‑10　城域网示例

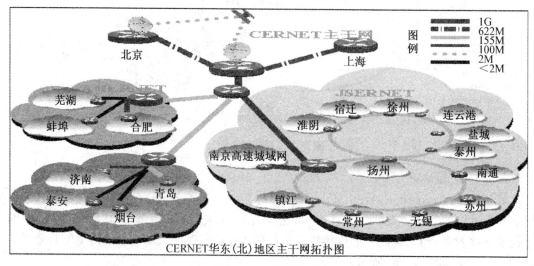

图 5‑11　广域网示例

5.2.5　网络硬件与网络软件

计算机网络系统是由网络硬件系统和网络软件系统组成的。

5.2.5.1　网络硬件系统

计算机网络的硬件指构成局域网的所有物理设备总和,分为三大部分:计算机设备、网络连接设备、传输介质。

1. 计算机设备

计算机设备包括网络服务器、工作站(主机)、共享外围设备等,如图 5‑12 所示。

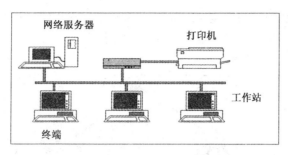

图 5-12 计算机设备

服务器是网络上一种为客户端计算机提供各种服务的高性能的计算机,它在网络操作系统的控制下,将与其相连的硬盘、磁带、打印机、Modem 及各种专用通信设备提供给网络上的客户站点共享,也能为网络用户提供集中计算、信息发表及数据管理等服务。它的高性能主要体现在高速度的运算能力、长时间的可靠运行、强大的外部数据吞吐能力等方面。工作站也称客户机,由服务器进行管理和提供服务的、连入网络的任何计算机都属于工作站,其性能一般低于服务器。

2. 网络连接设备

网络连接设备包括网卡、调制解调器、集线器、交换机、路由器等。

网卡又称为网络适配器,是计算机和网络之间的逻辑和物理链路。它用于实现网络数据格式与计算机数据格式的转换、网络数据的接收与发送等。

调制解调器俗称"猫",具有调制和解调两大功能。调制器是把要发送的数字信号转换为频率范围在 300～3 400 Hz 之间的模拟信号,以便在电话用户线上传送。解调器是把电话用户线上传送来的模拟信号转换为数字信号。调制解调器是一种计算机硬件,它能把计算机的数字信号翻译成可沿普通电话线传送的脉冲信号,而这些脉冲信号又可被线路另一端的另一个调制解调器接收,并译成计算机可懂的语言。这一简单过程完成了两台计算机间的通信。按调制解调器的传输能力的不同,调制解调器有低速和高速之分,常见的调制解调器速率有 14.4 kbps、28.8 kbps、33.6 kbps、56 kbps 等。

集线器是把一个端口接收到的信息向所有端口分发出去,供网络上每一用户使用,并能对接收到的信号进行放大(扩音喇叭),以扩大网络的传输距离,起着中继器的作用。每个工作站是用双绞线连接到集线器上,使用集线器建立局域网,如图 5-13 所示。

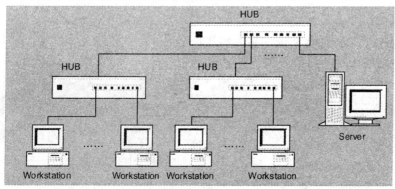

图 5-13 使用集线器建立局域网

交换机是目前最热门的网络连接设备，它是实现端口先存储、后定向转发功能的数据转发设备。交换机是在信息源端口和目的端口之间实现低延迟、低开销的网络设备。使用交换机建立局域网如图 5-14 所示。

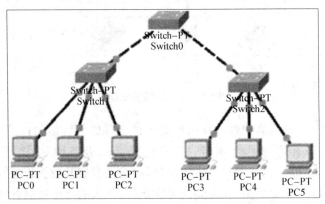

图 5-14　使用交换机建立局域网

路由器是用于完成异构网络互连工作的专用计算机，如图 5-15 所示。路由器的互联能力强，可自动进行协议的转换，以及帧格式的转换；不仅能实现数据分组转发，而且能根据网上信息拥挤的程度，查找和选用最佳路径来传递信息，从而实现各种不同物理网络的无缝连接。

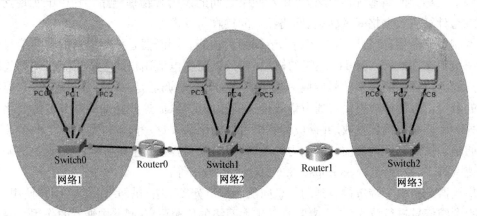

图 5-15　使用路由器连接多个网络

3. 传输介质

传输介质就是数据通信系统中实际传送信息的载体，在网络中是连接收发双方的物理通路。传输介质可分为有线介质和无线介质。有线介质如双绞线、同轴电缆、光纤等，如图 5-16 所示。无线介质如微波、红外线等。采用无线介质的技术主要有微波通信、卫星通信、无线通信、红外线通信和蓝牙技术等。

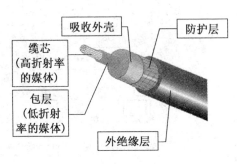

图 5-16　光纤

5.2.5.2　网络软件系统

网络软件系统由计算机网络协议、网络操

作系统、网络应用软件组成。

1. 计算机网络协议

计算机网络协议在计算机网络中,为使各计算机之间或计算机与终端之间能正确地传送信息,必须对关于信息传输顺序、信息格式和信息内容等方面有一组约定或规则,即所谓的网络协议。没有协议,设备可以连接,但没有办法通信,常见的通信协议有 TCP/IP 协议。

2. 网络操作系统

网络操作系统是在普通操作系统的基础上扩充了按照网络体系结构和协议所开发的软件模块而实现的。现在常用的网络操作系统有 Windows 系列、UNIX 和 Linux 等。

3. 网络应用软件

网络应用软件客户机上使用的应用软件统称为客户软件。它用于应用和获取网络上的共享资源,例如 IE 浏览器、FTP 传输软件、电子邮件收发软件等。用在服务器上的服务软件则使网络用户可以获取这种服务。

5.2.6 网络拓扑结构

网络中各站点相互连接的方式叫作"网络拓扑结构"(Topology)。网络拓扑是指用传输媒体互连各种设备的物理布局,特别是计算机分布的位置以及传输介质如何分布。设计一个网络的时候,应根据自己的实际情况选择正确的拓扑方式。每种拓扑都有其优缺点。

5.2.6.1 总线拓扑

网络中的节点均连接到一个单一连续的物理链路上,节点(计算机)容易扩充和删除,任意一个计算机的故障都不会造成系统崩溃,且造价低。但是这种结构对总线的依赖性高,总线任务重,易产生瓶颈问题,任何一处的故障都会导致节点无法完成数据的发送和接收,从而导致整个网络的瘫痪。总线拓扑如图 5-17 所示。

5.2.6.2 星形拓扑

网络中的各节点均连接到一个中心设备上。由该中心设备向目的节点发送数据包。星形拓扑结构简单、传输速率高,每个节点(每台计算机)独占一条传输线路,消除了堵塞现象,易于管理。但是它的连线费用大,中心设备故障会危及全网,故对中心设备的要求较高。星形拓扑如图 5-18 所示。

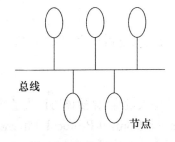

图 5-17 总线拓扑

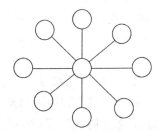

图 5-18 星形拓扑

5.2.6.3 环形拓扑

把总线结构的两端相连就可以构成环形拓扑。任何两个节点之间的通信必须通过环路,单条环路只能进行单向通信。它的传输速率高,传输距离远。环路中各节点的地位和作用是相同的。在环形拓扑结构的网络中,传输信息的时间是固定的,从而便于实时控制。缺点是一个站点的故障会引起整个网络的崩溃。环形拓扑如图5-19所示。

5.2.6.4 树形拓扑

树形拓扑是一种分级的结构,结点按层次进行连接。树形结构的优点是通信线路连接简单,网络管理软件也不复杂,这种结构容易扩展,故障容易分离处理,维护方便。但是它对根的依赖性很大,根发生故障整个系统就崩溃。同时它的资源共享能力低,可靠性差。树形拓扑如图5-20所示。

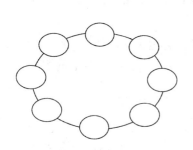
图5-19 环形拓扑

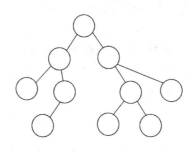
图5-20 树形结构

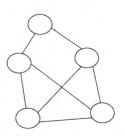
图5-21 网状拓扑

5.2.6.5 网状拓扑

Internet是当今世界上规模最大、用户最多、影响最广泛的计算机互联网,其主干网采用的拓扑结构是网状结构。网状拓扑如图5-21所示。

5.2.7 Internet概述

在英语中,Inter的含义是交互的或国际的,net是指网络。简单地说,Internet是一个计算机交互网络,故又称国际互联网。它是一个全球的巨大的计算机网络体系,把全世界数万个计算机网络、数千万台主机连接起来,包含了难以计数的信息资源,向全世界提供信息服务。从网络通信角度来看,Internet是一个采用统一的通信协议(TCP/IP)来连接各个国家、各个地区和各个机构的计算机网络的数据通信网。

我国已成为全球信息通信业发展最快的国家之一。据中国互联网信息中心统计,截至2017年12月,中国网民规模达7.72亿,全年共计新增网民4 074万人。互联网普及率为55.8%,较2016年底提升了2.6个百分点。截至2017年12月,中国手机网民规模达7.53亿,较2016年底增加5 734万人。网民中使用手机上网人群占比由2013年的95.1%提升至97.5%。

5.2.7.1 TCP/IP模型概述

众所周知,如今电脑上因特网都要使用TCP/IP协议设置,显然该协议成了当今地球村"人与人"之间的"牵手协议"。TCP/IP是Transmission Control Protocol/Internet Protocol的简写,中文译名为传输控制协议/互联网络协议,是Internet最基本的协议。

TCP/IP协议并不完全符合OSI的7层参考模型。QSI是一种通信协议的7层抽象的参考模型,其中每一层执行某一特定任务。该模型的目的是使各种硬件在相同的层次上相互通信。这7层是物理层、数据链路层、网络层、传输层、会话层、表示层和应用层。而TCP/IP通信协议采用了4层的层级结构,每一层都呼叫它的下一层所提供的网络来完成自己的需求,如图 5-22 所示。

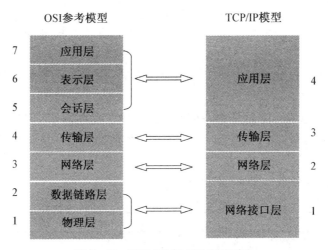

图 5-22　TCP/IP 与 OSI/RM 对比

TCP/IP 的 4 层介绍如下。

应用层:应用程序间沟通的层,如简单电子邮件传输(SMTP)、文件传输协议(FTP)、网络远程访问协议(Telnet)等。

传输层:在此层中,它提供了节点间的数据传送服务,如传输控制协议(TCP)、用户数据报协议(UDP)等,TCP 和 UDP 给数据包加入传输数据并把它传输到下一层中,这一层负责传送数据,并且确定数据已被送达并接收。

互连网络层:负责提供基本的数据封包传送功能,让每一块数据包都能够到达目的主机(但不检查是否被正确接收),如网际协议(IP)。

网络接口层:对实际的网络媒体的管理,定义如何使用实际网络(如 Ethernet、Serial Line 等)来传送数据。

5.2.7.2　IP 地址

IP 地址是为标识 Internet 上的主机位置而设置的。Internet 上的每一台联网设备都被赋予一个世界上唯一的 32 位 Internet 地址。为了方便起见,在应用上以 8 bit 为一单位,组成四组十进制数字来表示每一台主机的位置,如图 5-23 所示。每一个 IP 地址由地址类型号、网络号、主机号三部分构成,有 2 种表示方法。

二进制表示:XXXXXXXX. XXXXXXXX. XXXXXXXX. XXXXXXXX;

十进制表示:XXX. XXX. XXX. XXX(XXX 取值范围:0~255)。

IP 地址分为 A、B、C、D、E 这五类。

A 类地址:用于拥有大量主机(≤16777214)

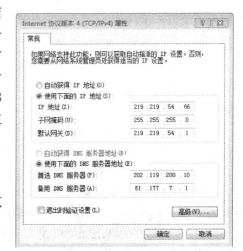

图 5-23　IP 地址的设置

的网络,只有少数几个网络可获得 A 类地址。IP 地址的特征是其二进制表示的最高位为"0"。

B 类地址:用于规模适中的网络(主机台数≤65534)。IP 地址的特征是其二进制表示的最高两位为"10"。

C 类地址:用于主机数量不超过 254 台的小网络。IP 地址的特征是其二进制表示的最高三位为"110"。

D 类地址:组播地址。IP 地址的特征是其二进制表示的最高四位为"1110"。

E 类地址:保留地址,用于将来和实验使用。IP 地址的特征是其二进制表示的最高五位为"11110"。

IP 地址的格式及分类如图 5-24 所示。

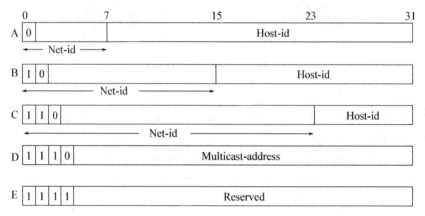

图 5-24　五类 IP 地址

IP 地址中的每一个比特都为 0 的地址("0.0.0.0")表示本网络内的一台主机;IP 地址中的每一个比特都为 1 的 IP 地址("255.255.255.255")是当前子网的广播地址;第一个字节为 127 的 IP 地址是回路测试地址,最常用的回路测试地址为 127.0.0.1。D 类 IP 地址第一个字节以"1110"开始,它是一个专门保留的地址,它并不指向特定的网络,目前这一类地址被用在多点广播(Multicast)中。多点广播地址用来一次寻址一组计算机,它标识共享同一协议的一组计算机。E 类 IP 地址以"11110"开始,保留用于将来和实验使用

互联网络是由互相连接的逻辑子网组成的,连接设备为路由器,如图 5-15 所示。每个逻辑子网又有多个节点组成,每个节点至少有一个 IP 地址,因此可以用一个 IP 地址来标注具体的某个节点。

同一个逻辑网络内所有节点的 IP 地址的网络号相同,主机号不同。如何来标注拥有多个节点的逻辑网络呢? 可以使用一种特殊的 IP 地址来标注,这种 IP 地址的特点是主机号所在位置的比特均为零,称这种 IP 地址为网络地址。

例如某一台主机的 IP 地址为 219.200.77.1,因为该 IP 地址为 C 类地址,C 类地址网络号为 3 个字节,主机号为最后 1 个字节,所以该 IP 地址的网络号为 219.200.77,主机号为 1。那么该主机所在的网络则可以用 219.200.77.0 来标注,即 IP 地址为 219.200.77.1 主机属于 219.200.77.0 这个网络。

5.2.7.3 域名的组成

为了避免主机名字的重复,因特网将整个网络的名字空间划分为许多不同的域,每个域又划分为若干子域,子域又分成许多子域,所有入网主机的名字即由一系列的"域"及其"子域"组成。一个完整的域名由 2 个或 2 个以上的部分组成,各部分之间用英文的句号"."来分隔,最后一个"."的右边部分称为顶级域名(TLD,也称为一级域名),最后一个"."的左边部分称为二级域名,二级域名的左边部分称为三级域名,以此类推,每一级的域名控制它下一级域名的分配。例如"xhxy.cumt.edu.cn"表示:表示中国(cn)教育科研网(edu)中的中国矿业大学(cumt)徐海学院(xhxy)的一台计算机。常见最高域名如下表 5-1 所示:

表 5-1 以机构性质或类型类别命名的域

域名	含义
com	商业机构
edu	教育机构
gov	政府部门
mil	军事机构
net	网络组织
int	国际机构(主要指北约)
org	其他非盈利组织

1997 年又新增 7 个最高级标准域名:firm(企业和公司)、store(商业企业)、web(从事与 WEB 相关业务的实体)、arts(从事文化娱乐的实体)、rec(从事休闲娱乐业的实体)、info(从事信息服务业的实体)、nom(从事个人活动的个体、发布个人信息)。

1998 年以前,美国负责域名的发放。ICANN 成立后接替美国,成为互联网域名的管理机构,其成员来自全球。ICANN 一直致力于域名改革,但进程缓慢。

2012 年 ICANN 正式开放受理首轮新通用顶级域名申请,国内外不少互联网巨头加入新顶级域名的申请。

5.2.7.4 WWW 服务

万维网(World Wide Web),是一个由许多互相链接的超文本组成的系统,通过互联网访问。在这个系统中,每个有用的事物,称为一样"资源";并且由一个全局"统一资源标识符"(URI)标识;这些资源通过超文本传输协议(Hypertext Transfer Protocol)传送给用户,而后者通过点击链接来获得资源。

URL:统一资源定位器。是用于完整地描述 Internet 上网页和其他资源的地址的一种标识方法。它和 URI 是有区别的,简单地说 URI 标识资源并不定位资源,URL 不仅标识资源而且可以定位资源。

URL 由两部分组成:第一部分,指出客户端希望得到主机提供的哪一种服务。第二部分,主机名和网页在主机上的位置。URL 的表示形式:http://主机域名[:端口号]/文件路径/文件名。其中,"HTTP"表示客户端和服务器执行 HTTP 传输协议,将远程 Web 服务器上的文件(网页)传输给用户的浏览器。"主机域名"提供此服务的计算机的域名。"端口号"通常是默认的,如 Web 服务器使用的是 80,一般不需要给出。"/文件路径/文件名"是网页在 Web 服务器中的位置和文件名(URL 中如果没有明确给出文件名时,则以 index.

html 或者 default.html 为默认的文件名）。图 5-25 为新浪首页。

图 5-25 新浪首页

5.2.7.5 IPv6

IPv6 是 Internet Protocol Version 6 的缩写，其中 Internet Protocol 译为"互联网协议"。IPv6 是 IETF（互联网工程任务组，Internet Engineering Task Force）设计的用于替代现行版本 IP 协议（IPv4）的下一代 IP 协议。与 IPv4 相比，IPv6 具有以下几个优势：

（1）IPv6 具有更大的地址空间。IPv4 中规定 IP 地址长度为 32，即有 2^{32} 个地址；而 IPv6 中 IP 地址的长度为 128，即有 2^{128} 个地址。

（2）IPv6 使用更小的路由表。IPv6 的地址分配一开始就遵循聚类（Aggregation）的原则，这使得路由器能在路由表中用一条记录（Entry）表示一片子网，大大减小了路由器中路由表的长度，提高了路由器转发数据包的速度。

（3）IPv6 增加了增强的组播（Multicast）支持以及对流的支持（Flow Control），这使得网络上的多媒体应用有了长足发展的机会，为服务质量（QoS，Quality of Service）控制提供了良好的网络平台。

（4）IPv6 加入了对自动配置（Auto Configuration）的支持。这是对 DHCP 协议的改进和扩展，使得网络（尤其是局域网）的管理更加方便和快捷。

（5）IPv6 具有更高的安全性。在使用 IPv6 网络中用户可以对网络层的数据进行加密并对 IP 报文进行校验，极大地增强了网络的安全性。

当然，IPv6 并非十全十美、一劳永逸，不可能解决所有问题。IPv6 只能在发展中不断完善，过渡需要时间和成本，但从长远看，IPv6 有利于互联网的持续和长久发展。目前，国际互联网组织已经决定成立两个专门工作组，制定相应的国际标准。

5.2.7.6 网络连接方式

1. 普通拨号方式

以这种方式拨号上网需要一个设备：MODEM。它分为内置式与外置式两种。内置

MODEM 是插在电脑主板上的一个卡;很多品牌电脑都预装了内置 MODEM,如果是后来添加,很多人会选择外置式 MODEM。预装的内置 MODEM 通常已经安装好了驱动程序,只需将电话线接头(俗称水晶头,因为它白色透明)接入主机箱后面的 MODEM 提供的接口即可。外置 MODEM 是将电话线接头插入 MODEM,随设备自带了一条 MODEM 与电脑的连接线,该连接线一端接 MODEM,一端接电脑主机上的串行接口。

2. 一线通(ISDN)

ISDN(Integrated Service Digital Network),中文名称是综合业务数字网,中国电信将其俗称为"一线通",如图 5-26 所示。它是 20 世纪 80 年代末在国际上兴起的新型通信方式。同样的一根普通电话线原来只能接一部电话机,所以原来的拨号上网就意味着上网同时不能打电话。而申请了 ISDN 后,通过一个称为 NT 的转换盒,就可以同时使用数个终端,用户可一面在网上冲浪,一面打电话或进行其他数据通信。虽然仍是普通电话线,NT 的转换盒提供给用户的却是两个标准的 64KB/s 数字信道,即所谓的

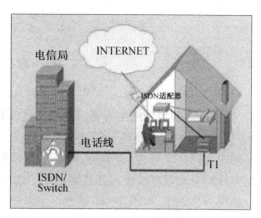

图 5-26 ISDN 示意图

2B+D 接口。一个 TA 口接电话机,一个 NT 口接电脑。它允许的最大传输速率是 128KB/s,是普通 MODEM 的三至四倍,所以,它的普及从某种意义上讲是对传统通信观念的重大革新。

3. DSL

DSL(数字用户环路 Digital Subscriber Line)技术是基于普通电话线的宽带接入技术,它在同一铜线上分别传送数据和语音信号,数据信号并不通过电话交换机设备,减轻了电话交换机的负载,属于专线上网方式。DSL 包括 ADSL、RADSL、HDSL 和 VDSL 等。

ADSL 是英文 Asymmetrical Digital Subscriber Loop(非对称数字用户环路)的英文缩写,ADSL 技术是运行在原有普通电话线上的一种新的高速宽带技术,它利用现有的一对电话铜线,为用户提供上、下行非对称的传输速率(带宽)。非对称主要体现在上行速率(最高 640 Kbps)和下行速率(最高 8 Mbps)的非对称性上。上行(从用户到网络)为低速的传输,可达 640 Kbps;下行(从网络到用户)为高速传输,可达 8 Mbps。它最初主要是针对视频点播业务开发的,随着技术的发展,逐步成了一种较方便的宽带接入技术,为电信部门所重视。通过 ADSL 技术,可以实现许多以前在低速率下无法实现的网络应用。ADSL 的连接方式如图 5-27 所示。

VDSL(Very-high-bit-rate Digital Subscriber Loop)是高速数字用户环路,简单地说,VDSL 就是 ADSL 的快速版本。使用 VDSL,短距离内的最大下传速率可达 55 Mbps,上传速率可达 19.2 Mbps,甚至更高。

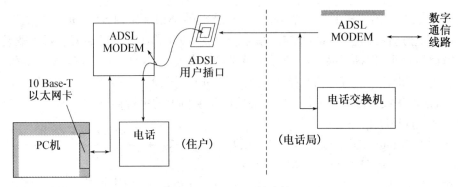

图 5‑27　ADSL 的连接

4. FTTX+LAN 接入方式

这是一种利用光纤加五类网络线方式实现宽带接入方案,实现千兆光纤到小区(大楼)中心交换机,中心交换机和楼道交换机以百兆光纤或五类网络线相连,楼道内采用综合布线,用户上网速率可达 10Mbps,网络可扩展性强,投资规模小。另有光纤到办公室、光纤到户、光纤到桌面等多种接入方式满足不同用户的需求。FTTX+LAN 方式采用星型网络拓扑,用户共享带宽,如图 5‑28 所示。

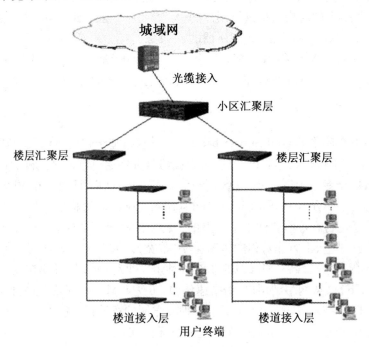

图 5‑28　FTTX+LAN

5. 无线通信技术

一个基站可以覆盖直径 20 公里的区域,每个基站可以负载 2.4 万用户,每个终端用户的带宽可达到 25 Mbps。但是,它的带宽总容量为 600 Mbps,每基站下的用户共享带宽,因此一个基站如果负载用户较多,那么每个用户所分到带宽就很小了,如图 5‑29 所示。

6. 蓝牙(Bluetooth)接入技术

"蓝牙"简单说就是"短距离无线通信技术",一种低成本、低功率无线"线缆替代"技术,它可以取代数据电缆,使电话、笔记本电脑、PDA 和外设等设备能够通过短程(10 米)无线信号进行互连。典型蓝牙产品的通信速度为 1Mbps(最大为 12Mbps)。它很容易穿透障碍物,实现全方位的语音与数据传输。第一家开发出蓝牙技术的是瑞典爱立信公司,目前国际上已成立的蓝牙组织成员包括爱立信、诺基亚、摩托罗拉、3Com、东芝、Intel、IBM、朗讯等国际知名的通信及 IT 行业生产商。

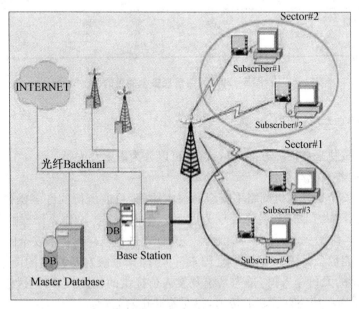

图 5-29 无线通信

5.3 网络信息安全基础

计算机网络的飞速发展和迅速普及,使新世纪的人们进入了信息网络时代。网络的开放性、互联性、多样性和终端分布的不均匀性,导致网络容易受到黑客、病毒、非法数据和其他的非法行为的攻击。网络安全成了与人类生活密切相关的重要问题和前沿课题。

5.3.1 网络信息安全的定义

在网络出现以前,信息安全指对信息的机密性、完整性和可获性的保护,即面向数据的安全。互联网出现以后,信息安全除了上述概念以外,其内涵又扩展到面向用户的安全。网络安全从其本质上讲就是网络上信息的安全,指网络系统的硬件、软件及其系统中的数据的安全。网络信息的传输、存储、处理和使用都要求处于安全的状态。

5.3.2 网络信息安全的目的

网络安全的目的是保护信息系统中传输、存储、处理过程中信息的完整性、保密性和可用性,可以使用图 5-30 进行形象描述。

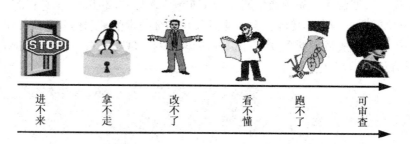

图 5-30 网络信息安全的目的

5.3.3 网络信息安全威胁类型

信息安全的威胁来自很多方面，概括起来可以分为以下几大类。

5.3.3.1 操作系统脆弱性

操作系统不安全是计算机网络不安全的根本原因，目前流行的许多操作系统均存在网络安全漏洞。操作系统不安全主要表现为以下六个方面：① 操作系统结构体制本身的缺陷，以 Windows 系统为例，如图 5-31 所示。② 创建进程也存在着不安全因素。③ 操作系统提供的一些功能也会带来一些不安全因素。④ 操作系统自身提供的网络服务不安全。⑤ 操作系统安排的无口令入口，是为系统开发人员提供的便捷入口，但这些入口也可能被黑客利用。⑥ 操作系统还有隐蔽的信道，存在着潜在的危险。

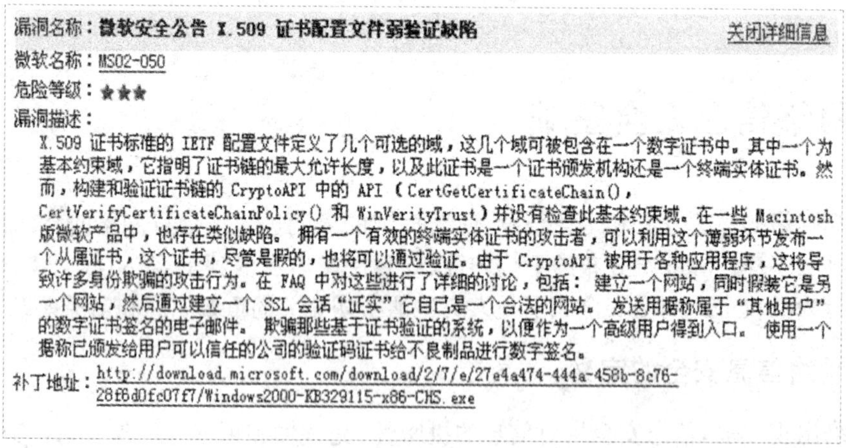
漏洞名称：微软安全公告 X.509 证书配置文件弱验证缺陷　　关闭详细信息

微软名称：MS02-050

危险等级：★★★

漏洞描述：

X.509 证书标准的 IETF 配置文件定义了几个可选的域，这几个域可被包含在一个数字证书中。其中一个为基本约束域，它指明了证书链的最大允许长度，以及此证书是一个证书颁发机构还是一个终端实体证书。然而，构建和验证证书链的 CryptoAPI 中的 API（CertGetCertificateChain()，CertVerifyCertificateChainPolicy() 和 WinVerityTrust）并没有检查此基本约束域。在一些 Macintosh 版微软产品中，也存在类似缺陷。拥有一个有效的终端实体证书的攻击者，可以利用这个薄弱环节发布一个从属证书，这个证书，尽管是假的，也将可以通过验证。由于 CryptoAPI 被用于各种应用程序，这将导致许多身份欺骗的攻击行为。在 FAQ 中对这些进行了详细的讨论，包括：建立一个网站，同时假装它是另一个网站，然后通过建立一个 SSL 会话"证实"它自己是一个合法的网站。发送用据称属于"其他用户"的数字证书签名的电子邮件。欺骗那些基于证书验证的系统，以便作为一个高级用户得到入口。使用一个据称已颁发给用户可以信任的公司的验证码证书给不良制品进行数字签名。

补丁地址：http://download.microsoft.com/download/2/7/e/27e4a474-444a-458b-8c76-28f6d0fc07f7/Windows2000-KB329115-x86-CHS.exe

图 5-31 没完没了的补丁

5.3.3.2 协议安全的脆弱性

随着 Internet/Intranet 的发展，TCP/IP 协议被广泛地应用到各种网络中，但采用的 TCP/IP 协议族本身缺乏安全性，使用 TCP/IP 协议的网络所提供的 FTP、E-mail、RPC 和 NFS 都包含许多不安全的因素，存在着许多漏洞。网络的普及使信息共享达到了一个新的层次，信息被暴露的机会大大增多。特别是 Internet 是一个开放的系统，通过未受保护的外部环境和线路可能访问系统内部，发生随时搭线窃听、远程监控和攻击破坏等事件。

5.3.3.3 数据库管理系统安全的脆弱性

大量的信息存储在各种各样的数据库中,然而,有些数据库系统在安全方面考虑很少。数据库管理系统的安全必须与操作系统的安全相配套。例如,数据库管理系统的安全级别是 B2 级,那么操作系统的安全级别也应该是 B2 级,但实践中往往不是这样做的。

5.3.3.4 防火墙的局限性

利用防火墙可以保护计算机网络免受外部黑客的攻击,但它只是能够提高网络的安全性,不可能保证网络绝对安全。事实上仍然存在着一些防火墙不能防范的安全威胁,甚至防火墙产品(如图 5-32 所示)自身是否安全,设置是否正确,都需要经过检验。

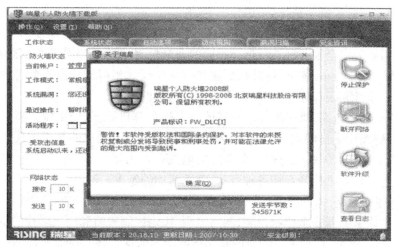

图 5-32 瑞星个人防火墙

5.3.3.5 其他方面的原因

计算机领域中一些重大的技术进步会对安全性构成新的威胁。这些新的威胁需要新的技术来消除,而技术进步的速度要比克服威胁的技术进步的速度快得多。环境和灾害的影响,如温度、湿度、供电、火灾、水灾、静电、灰尘、雷电、强电磁场以及电磁脉冲等均会破坏数据和影响系统的正常工作。计算机及网络系统的访问控制配置复杂且难于验证,偶然的配置错误会使闯入者获取访问权。常见的网络威胁总结如图 5-33 所示。

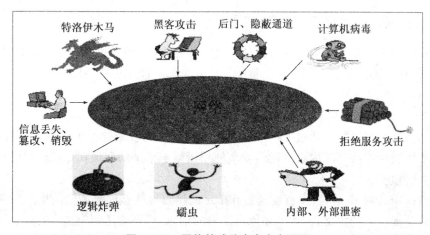

图 5-33 网络的威胁来自方方面面

总之，计算机网络系统自身的脆弱和不足，是造成计算机网络安全问题的内部根源。但计算机网络系统本身的脆弱性、社会对计算机网络系统应用的依赖性这一矛盾又将促进计算机网络安全技术的不断发展和进步。

*5.3.4　网络信息安全策略

面对来自多方面的信息安全威胁，我们该何去何从？网络信息安全策略给我们提供了行之有效的方法。

（1）威严的法律：安全的基石是社会法律、法规和手段，即通过建立与信息安全相关的法律、法规，使非法分子慑于法律，不敢轻举妄动。

（2）先进的技术：先进的技术是信息安全的根本保障，用户对自身面临的威胁进行风险评估，决定其需要的安全服务种类。选择相应的安全机制，然后集成先进的安全技术。

（3）严格的管理：各网络使用机构、企业和单位应建立相应的信息安全管理办法，加强内部管理，建立审计和跟踪体系，提高整体信息安全意识。

（4）物理安全策略：物理安全策略的目的是保护计算机系统、网络服务器、打印机等硬件设备和通信链路免受自然灾害、人为破坏和搭线攻击；验证用户的身份和使用权限，防止用户越权操作；确保计算机系统有一个良好的电磁兼容工作环境；建立完备的安全管理制度，防止非法进入计算机控制室和各种盗劫、破坏活动的发生。

（5）访问控制策略：入网访问控制策略、操作权限控制策略、目录安全控制策略、属性安全控制策略、网络服务器安全控制策略、网络监测、锁定控制策略和防火墙控制策略。

（6）信息加密策略：信息加密的目的是保护网内的数据、文件、口令和控制信息，保护网上传输的数据。常用的方法有链路加密、端到端加密和节点加密三种。链路加密的目的是保护网络结点之间的链路信息安全；端到端加密的目的是对源端用户到目的端用户的数据提供保护；节点加密的目的是对源节点到目的节点之间的传输链路提供保护。

（7）网络安全管理策略：在网络安全中，除了采用上述措施之外，加强网络的安全管理，制定有关规章制度，对于确保网络的安全、可靠地运行，将起到十分有效的作用。网络的安全管理策略包括确定安全管理的等级和安全管理的范围；制定有关网络使用规程和人员出入机房管理制度；制定网络系统的维护制度和应急措施等。

*5.3.5　实现网络信息安全的基本手段

信息安全的3个基本要求是保密性、完整性、可用性，在分布网络环境下还应该提供鉴别、访问控制和抗否认等安全服务。完整的信息安全保障体系应包括保护、检测、响应、恢复4个方面。为了实现网络信息安全，主要采用以下几种安全技术。

5.3.5.1　密码学

数据加密的基本思想是通过变换信息的表示形式来伪装需要保护的敏感信息，使非授权者不能了解被保护信息的内容。网络安全使用密码学来辅助完成在传递敏感信息时的相关问题。主要包括：

机密性（Confidentiality），仅有发送方和指定的接收方能够理解传输的报文内容。窃听者可以截取到加密了的报文，但不能还原出原来的信息，即不能达到报文内容。

鉴别（Authentication），发送方和接收方都应该能证实通信过程所涉及的另一方，通信的另一方确实具有他们所声称的身份。

报文完整性(Message Integrity)，即使发送方和接收方可以互相鉴别对方，但他们还需要确保其通信的内容在传输过程中未被改变。

不可否认性(Non-repudiation)，如果我们收到通信对方的报文后，还要证实报文确实来自所宣称的发送方，发送方也不能在发送报文以后否认自己发送过报文。

加密技术根据其运算机制的不同，主要有对称加密算法、非对称加密算法和单向散列算法，各有优缺点，它们之间协同合作，共同实现现代网络安全应用。

(1) 对称密码算法

对称密码体制是一种传统密码体制，也称为私钥密码体制。在对称加密系统中，加密和解密采用相同的密钥。

① 恺撒密码

将明文报文中的每个字母用字母表中该字母后的第 R 个字母来替换，达到加密的目的。恺撒密表是一种相当简单的加密变换，就是把明文中的每一个字母用它在字母表上位置后面的第三个字母代替。

② DES,3DES 和 AES

DES(Data Encryption Standard)算法是美国政府机关为了保护信息处理中的计算机数据而使用的一种加密方式，是一种常规密码体制的密码算法，目前已广泛使用。该算法输入的是 64 bit 的明文，在 64 bit 密钥的控制下产生 64 bit 的密文；反之输入 64 bit 的密文，输出 64 bit 的明文。

3DES 是 DES 算法扩展其密钥长度的一种方法，可使加密密钥长度扩展到 128 bit (112 bit 有效)或 192 bit(168 bit 有效)。

AES(Advanced Encryption Standard)是 2001 年 NIST 宣布的 DES 后继算法。AES 处理以 128 bit 数据块为单位的对称密钥加密算法，可以用长为 128 bit,192 bit 和 256 bit 位的密钥加密。

(2) 非对称密码学

传统的对称加密算法遇到了密钥分发管理的难题，如果密钥在分发、传发泄漏，则整个安全体系则毁于一旦。非对称加密算法则有效地避免了其分发管理密钥的难题。非对称密码学中使用到一对公钥和私钥组合。用公钥加密的密文只能用私钥解密，反之，用私钥加密的密文只能用公钥解密。典型的非对称加密代表如 RSA 加密体系。

5.3.5.2 访问控制

访问是使信息在主体和对象间流动的一种交互方式。主体是指主动的实体，该实体造成了信息的流动和系统状态的改变，主体通常包括人、进程和设备。对象是指包含或接收信息的被动实体。访问控制决定了谁能够访问系统，能访问系统的何种资源以及如何使用这些资源。访问控制的手段包括用户识别代码、口令、登录控制、资源授权(例如用户配置文件、资源配置文件和控制列表)、授权核查、日志和审计。

访问控制是网络安全防范和保护的主要策略。访问控制涉及的技术也比较广，包括入网访问控制、网络权限控制、目录级控制以及属性控制等多种手段。实现访问控制的手段主要有防火墙,VPN,入侵检测等。

(1) 防火墙主要有以下几方面功能：创建一个阻塞点；隔离不同网络，防止内部信息的外泄；强化网络安全策略；有效地审计和记录内、外部网络上的活动。

图 5-34 为防火墙在企业中的应用。

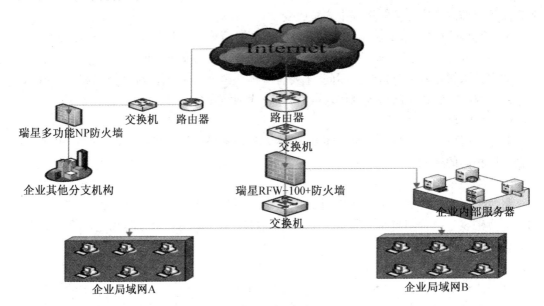

图 5-34 瑞星防火墙的企业级应用

(2) VPN 的作用

VPN(虚拟专用网络，Virtual Private Network)是一门网络新技术，为用户提供了一种通过公用网络安全地对企业内部专用网络进行远程访问的连接方式。一个网络连接通常由三个部分组成：客户机、传输介质和服务器。VPN 同样也由这三部分组成，不同的是 VPN 连接使用隧道作为传输通道，这个隧道是建立在公共网络或专用网络基础之上的。

图 5-35 为 VPN 的实际应用实例。

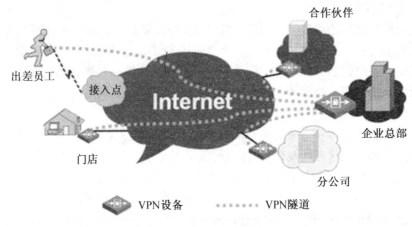

图 5-35 VPN 的网络应用

5.4 计算机病毒简介

计算机病毒与医学上的"病毒"不同,它不是天然存在的,而是某些人利用计算机软件、硬件所固有的脆弱性,编写的具有特殊功能的程序。

从广义上讲,凡是能够引起计算机故障、破坏计算机数据的程序统称为计算机病毒。1994年2月18日,我国正式颁布实施了《中华人民共和国计算机信息系统保护条例》,在条例第二十八中明确指出:"计算机病毒,是指编制或者在计算机程序中插入的破坏计算机功能或者毁坏数据,影响计算机使用,并能自我复制的一组计算机指令或者程序代码。"此定义具有法律性、权威性。("计算机病毒发展史"可见本章二维码)

5.4.1 计算机病毒的特征

计算机病毒具有寄生性、传染性、潜伏性、隐蔽性、破坏性、可触发性等特征,具体内容如下。

(1)寄生性:计算机病毒寄生在其他程序之中,如图5-36所示,当执行这个程序时,病毒就起破坏作用,而在未启动这个程序之前,它是不易被人发觉的。

(2)传染性:计算机病毒不但本身具有破坏性,更有害的是具有传染性,一旦病毒被复制或产生变种,其速度之快令人难以预防。

(3)潜伏性:有些病毒像定时炸弹一样,发作时间是预先设计好的。比如"黑色星期五"病毒,不到预定时间无法觉察。

(4)隐蔽性:计算机病毒具有很强的隐蔽性,有的可以通过病毒软件检查出来,有的根本就查不出来,有的时隐时现、变化无常,这类病毒处理起来通常很困难。

(5)破坏性:计算机中毒后,可能会导致正常的程序无法运行,把计算机内的文件删除或受到不同程度的损坏。如:中了"震荡波"后系统会不停地重启,如图5-37所示。

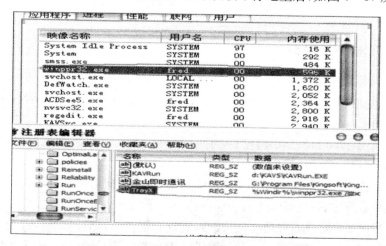

图5-36 winppr32进程则中了Sobig病毒

图 5-37 "震荡波"病毒发作

（6）可触发性：因某个事件或数值的出现，诱使病毒实施感染或进行攻击的特性称为可触发性。病毒具有预定的触发条件，这些条件可能是时间、日期、文件类型或某些特定数据等。病毒运行时，触发机制检查预定条件是否满足，如果满足，启动感染或破坏动作，使病毒进行感染或攻击；如果不满足，使病毒继续潜伏。2009 年被国家计算机病毒处理中心列为流行的圣诞节病毒就是可触发性病毒，如图 5-38 所示。

图 5-38 "圣诞节"病毒

5.4.2 计算机病毒的分类

按照计算机病毒的特点及特性，计算机病毒的分类方法有许多种。按照计算机病毒攻击的系统计算机病毒可以分为：攻击 DOS 系统的病毒、攻击 Windows 系统的病毒、攻击 UNIX 系统的病毒、攻击 LINUX 系统的病毒。

按照计算机病毒的链接方式计算机病毒可以分为：源码型病毒、嵌入型病毒、外壳型病毒、操作系统型病毒。具体内容如下：

（1）源码型病毒。该病毒攻击高级语言编写的程序，该病毒在高级语言所编写的程序编译前插入到原程序中，经编译成为合法程序的一部分。

（2）嵌入型病毒。这种病毒是将自身嵌入到现有程序中，把计算机病毒的主体程序与其攻击的对象以插入的方式链接。这种计算机病毒是难以编写的，一旦侵入程序体后也较难消除。如果同时采用多态性病毒技术、超级病毒技术和隐蔽性病毒技术，将给当前的反病毒技术带来严峻的挑战。

（3）外壳型病毒。外壳型病毒将其自身包围在主程序的四周，对原来的程序不做修改。这种病毒最为常见，易于编写，也易于发现，一般测试文件的大小即可知。

（4）操作系统型病毒。这种病毒用它自己的程序意图加入或取代部分操作系统进行工作，具有很强的破坏力，可以导致整个系统的瘫痪。"圆点"病毒和"大麻"病毒就是典型的操作系统型病毒。这种病毒在运行时，用自己的逻辑部分取代操作系统的合法程序模块，根据病毒自身的特点和被替代的操作系统中合法程序模块在操作系统中运行的地位与作用以及病毒取代操作系统的取代方式等，对操作系统进行破坏。

5.4.3 计算机病毒的生命周期

计算机病毒的产生过程可分为：程序设计、传播、潜伏、触发、运行、实行攻击。计算机病毒拥有一个生命周期，从生成开始到完全根除结束。

（1）开发期：是指计算机病毒的编写阶段。

（2）传染期：是指病毒写好后传播的过程。

（3）潜伏期：是指病毒被复制传播后至发作前的一段时间。

（4）发作期：是指条件成熟，病毒被激活的过程。

（5）发现期：是指病毒发作后被发现的时间段，反病毒研究者根据病毒特征研究相应对策。

（6）消化期：在这一阶段，反病毒开发人员修改他们的软件以使其可以检测到新发现的病毒。

（7）消亡期：若是所有用户安装了最新版的杀毒软件，那么任何病毒都将被扫除。这样没有什么病毒可以广泛地传播，但有一些病毒在消失之前有一个很长的消亡期。至今，还没有哪种病毒已经完全消失，甚至会卷土重来，但还有些病毒已经在很长时间里不再是一个重要的威胁了。

5.4.4 计算机病毒的传播途径

计算机病毒的传播途径有多种，它随着计算机技术的发展而变化，大概可以分为以下几种。

通过不可移动的计算机设备进行传播。这些设备通常有计算机的专用 ASIC 芯片和硬盘等。这种病毒虽然极少，但破坏力极强，目前尚没有较好的检测手段对付。

通过移动存储设备来传播。这些设备包括软盘、磁带、U 盘等。在存储设备中，U 盘是使用最广泛移动最频繁的存储介质，因此也成了计算机病毒寄生的"温床"。目前，大多数计算机都是从这类途径感染病毒的。

通过计算机网络进行传播。现代信息技术的巨大进步已使空间距离不再遥远，但是也为计算机的传播提供了"高速公路"。计算机病毒可以附着在正常的文件中通过网络进入一个又一个的系统。在信息国际化的同时，计算机病毒也在国际化。据国家计算机病毒应急处理中心调查显示，2016 年我国计算机病毒传播的主要途径为通过网络下载或浏览，比例为 69.02%，较 2015 年下降了 3.86%。

通过点对点通信系统和无线通道传播。目前，这种传播途径还不是十分广泛，但预计未来的信息时代，这种途径很可能与网络传播途径成为计算机病毒扩散的两大渠道。

计算机工业的发展在为人类提供更多、更快捷的传输信息方式的同时，也为计算机病毒的传播提供了新的传播途径。

5.4.5 计算机病毒发作症状及防范措施

5.4.5.1 计算机病毒发作症状

计算机感染病毒以后，会出现很多的症状，这里我们列举了一些，以方便大家判断及处理。

1. Windows 出现异常的错误提示信息

Windows 出现异常的错误提示信息，是 Windows 系统提供的一项新功能，此功能向用户和 Microsoft 提供错误信息，方便用户使用。但是，操作系统本身，除了用户关闭或者程序错误以外，是不会出现错误汇报的。因此，如果出现这种情况，很可能是中了病毒。在 2004 年出现的"冲击波"病毒以及"震荡波"病毒，就是利用关闭系统进程，然后提示错误，警告用户将在 1 分钟内倒计时关机。

2. 运行速度明显降低以及内存占有量减少，虚拟内存不足或者内存不足

计算机在运行的时候，正常情况下，软件的运行不占用太大的资源，是不会影响运行速度的。如果速度降低了，可首先查看 CPU 占用率和内存使用率，然后检查进程，看用户进程里是哪个程序占用资源情况不正常。如果虚拟内存不足，可能是病毒占用，当然也可能是设置不当。

3. 运行程序突然异常死机

计算机程序，如果不是设计错误的话，完全可以正常打开、关闭。但是，如果是被病毒破坏的话，很多程序需要使用的文件都会无法使用，所以，可能会出现死机的情况。比如 QQ 软件以及 IE 软件，就经常出现错误。另外，病毒也可能会对运行的软件或者文件进行感染，使用户无法正常使用。例如：计算机突然死机，又在无任何外界介入下，自行启动。

4. 文件大小发生改变

有些病毒是利用计算机的可执行文件，和可执行文件进行捆绑，然后在运行的时候两个程序一起运行。而这类可执行文件唯一的缺点是文件大小会改变，因此在平时使用的时候要特别注意。

5. 系统无法正常启动以及系统启动缓慢

系统启动的时候，需要加载和启动一些软件以及打开一些文件，而病毒正是利用了这一点，进入系统的启动项里，或者是系统配置文件的启动里，导致系统启动缓慢或者无法正常启动。

6. 注册表无法使用，某些热键被屏蔽、目录被自动共享等

注册表相当于操作系统的核心数据库一样，正常情况下可以进行更改，如果发现热键和注册表都被屏蔽，某些目录被共享等，则有可能是病毒造成的。

7. 系统时间被修改

由于一些杀毒软件在系统时间的处理上存在瑕疵，当系统时间异常时会失效，无法正常运行。很多病毒利用了这一点，把系统时间修改之后使其关闭或无法运行，然后再侵入用户系统进行破坏。例如"磁碟机""AV 终结者""机器狗"病毒等。

8. Modem 和硬盘工作指示灯狂闪

工作指示灯是用来显示 Modem 或者硬盘工作状态的,正常使用的情况下,指示灯只是频繁闪动而已。如果出现指示灯狂闪的情况,就要检查所运行的程序是否占用系统资源太多或者是否感染了病毒。

9. 网络自动掉线

在访问网络的时候,在正常情况下自动掉线,有的病毒专门占用系统或者网络资源,关闭连接,给用户使用造成不便。

10. 自动连接网络

计算机的网络连接一般是被动连接的,都是由用户来触发的,而病毒为了访问网络,必须主动连接,所以有的病毒包含了自动连接网络的功能。

11. 浏览器自行访问网站

计算机在访问网络的时候,打开浏览器,常会发现主页被修改了。而且,主页自行访问的网页大部分都是靠点击来赚钱的个人网站或者是不健康的网站。

12. 鼠标无故移动

鼠标的定位也是靠程序来完成的,所以病毒也可以定义鼠标的位置,可以使鼠标满屏幕乱动,或者无法准确定位。

13. 打印出现问题

如打印机速度变慢、打印异常或不能正常打印等。

5.4.5.2 计算机病毒的防范措施

防止病毒的侵入要比病毒入侵后再去发现和消除它更重要。为了将病毒拒之门外,就要做好以下预防措施:

1. 树立病毒防范意识

对于计算机病毒,有病毒防护意识的人和没有病毒防护意识的人对待病毒的态度完全不同。例如对于反病毒研究人员,机器内存储的上千种病毒不会随意进行破坏,所采取的防护措施也并不复杂。而对于病毒毫无警惕意识的人员,可能连计算机显示屏上出现的病毒信息都不去仔细观察一下,任其在系统中进行破坏。其实,只要稍有警惕,病毒在传染时和传染后留下的蛛丝马迹总是能被发现的。

2. 安装杀毒软件

安装正版的杀毒软件和防火墙,并及时升级到最新版本(如瑞星、金山毒霸、江民、卡巴斯基、诺顿等)。另外还要及时升级杀毒软件病毒库,这样才能防范新病毒,为系统提供真正安全环境。

3. 及时对系统和应用程序进行升级

及时更新操作系统,安装相应补丁程序,从根源上杜绝黑客利用系统漏洞攻击用户的计算机。可以利用系统自带的自动更新功能或者开启有些软件的"系统漏洞检查"功能(如"360安全卫士"),如图5-39所示,全面扫描操作系统漏洞,要尽量使用正版软件,并及时将计算机中所安装的各种应用软件升级到最新版本,其中包括各种即时通信工具、下载工具、播放器软件、搜索工具等,避免病毒利用应用软件的漏洞进行木马病毒传播。

图 5-39 360 安全卫士漏洞检查

4. 把好入口关

很多病毒都是因为使用了含有病毒的盗版光盘，拷贝了隐藏病毒的 U 盘资料等而感染的，所以必须把好计算机的"入口"关，在使用这些光盘、U 盘以及从网络上下载的程序之前必须使用杀毒工具进行扫描，查看是否带有病毒，确认无病毒后，再使用。

5. 不要随便登录不明网站、黑客网站或色情网站

用户不要随便登录不明网站或者黄色网站，不要随便点击打开 QQ 等聊天工具上发来的链接信息，不要随便打开或运行陌生、可疑文件和程序，如邮件中的陌生附件，外挂程序等，这样可以避免网络上的恶意软件插件进入计算机。

6. 养成经常备份重要数据的习惯

要定期与不定期地对磁盘文件进行备份，特别是一些比较重要的数据资料，以便在感染病毒导致系统崩溃时可以最大限度地恢复数据，尽量减少可能造成的损失。

7. 养成使用计算机的良好习惯

在日常使用计算机的过程中，应该养成定期查毒、杀毒的习惯。因为很多病毒在感染后会在后台运行，用肉眼是无法看到的，而有的病毒会存在潜伏期，在特定的时间会自动发作，所以要定期对自己的计算机进行检查，一旦发现感染了病毒，要及时清除。

8. 要学习和掌握一些必备的相关知识

无论您是计算机的发烧友，还是每天上班都要面对屏幕工作的计算机一族，都将无一例外地、毫无疑问地会受到病毒的攻击和感染，只是或早或晚而已。因此，一定要学习和掌握一些必备的相关知识，这样才能及时发现新病毒并采取相应措施，在关键时刻减少病毒对自己计算机造成的危害。("如何全面清除 U 盘 Autorun.inf 文件病毒"可见本章二维码)

5.4.6 反病毒软件

诺顿杀毒软是一套强而有力的防毒软件，它可帮你侦测上万种已知和未知的病毒，并且每当开机时，自动防护便会常驻在 System Tray，当你从磁盘、网络上、E-mail 档中开启档案

时便会自动侦测档案的安全性,若档案内含病毒,便会立即警告。

360杀毒软件是360安全中心出品的一款免费的云安全杀毒软件。360杀毒具有以下优点:查杀率高、资源占用少、升级迅速等等。同时,360杀毒可以与其他杀毒软件共存,是一个理想杀毒备选方案。360杀毒是一款一次性通过VB100认证的国产杀软。

金山毒霸融合了启发式搜索、代码分析、虚拟机查毒等技术。经业界证明成熟可靠的反病毒技术,以及丰富的经验,使其在查杀病毒种类、查杀病毒速度、未知病毒防治等多方面达到世界先进水平,同时金山毒霸具有病毒防火墙实时监控、压缩文件查毒、查杀电子邮件病毒等多项先进的功能。紧随世界反病毒技术的发展,为个人用户和企事业单位提供完善的反病毒解决方案。从2010年11月11日起,金山毒霸(个人简体中文版)的杀毒功能和升级服务永久免费。

瑞星杀毒软件采用获得欧盟及中国专利的六项核心技术,形成全新软件内核代码;具有八大绝技和多种应用特性;是目前国内外同类产品中最具实用价值和安全保障的杀毒软件产品之一。

卡巴斯基反病毒软件是世界上拥有最尖端科技的杀毒软件之一,总部设在俄罗斯首都莫斯科,全名"卡巴斯基实验室",是国际著名的信息安全领导厂商,创始人为俄罗斯人尤金·卡巴斯基。公司为个人用户、企业网络提供反病毒、防黑客和反垃圾邮件产品。经过十四年与计算机病毒的战斗,卡巴斯基获得了独特的知识和技术,使得卡巴斯基成了病毒防卫的技术领导者和专家。该公司的旗舰产品—著名的卡巴斯基安全软件,主要针对家庭及个人用户,能够彻底保护用户计算机不受各类互联网威胁的侵害。

百度杀毒是百度公司全新出品的专业杀毒软件,集合了百度强大的云端计算、海量数据学习能力与百度自主研发的反病毒引擎专业能力,一改杀毒软件卡机臃肿的形象,竭力为用户提供轻巧不卡机的产品体验。

小红伞Avira AntiVir是一套由德国的Avira公司所开发的杀毒软件。针对病毒、蠕虫、特洛伊木马、Rootdkit、钓鱼、广告软件和间谍软件等威胁提供保护,并且经受全球超过1亿次的测试和考验。而且Avira AntiVir Personal免费提供。

腾讯电脑管家是腾讯公司推出的一款免费安全软件,能有效预防和解决计算机上常见的安全风险。拥有云查杀木马,系统加速,漏洞修复,实时防护,网速保护,电脑诊所,健康小助手等功能,且独创了"管理+杀毒"二合一的开创性功能,依托小红伞(antivir)国际顶级杀毒引擎、腾讯云引擎等四核专业引擎查杀,完美解决杀毒修复问题,全方位保障用户上网安全。电脑管家还是一次性通过VB100认证的国产杀软,首次参加AVC测评即获性能最佳评级。目前最新版已经实现查杀二合一,也是中国的首款二合一反病毒软件。

【微信扫码】
相关资源 & 拓展阅读

第 6 章　文字处理软件 Word 2010

Word 是微软公司推出的办公自动化套件 Office 中的文字处理软件。它运行在 Windows 系列平台下，具有强大的编辑排版功能和图文混排功能，可以方便地编辑文档、生成表格、插入图片等，实现"所见即所得"的效果。Word 已经成为世界上最流行的文字处理软件，受到越来越多文字编辑工作者的喜爱。

本章学习目标与要求：
1. Word 的基本功能，Word 的启动和退出
2. 文档的创建、打开，文本的输入、保存
3. 文本的选择、复制、移动、删除、查找和替换
4. 文字的字体、段落和页面格式的设置
5. 表格的创建、修改、数据的输入编辑以及排序和计算
6. 图片、图形的插入和修改
7. 样式、目录的创建
8. 邮件合并的方法和步骤
9. 题注和交叉引用

6.1　Word 2010 的基本功能

Word 2010 是 Microsoft(微软)公司最新出品的 Office 2010 系列办公软件中的重要组件之一，是一款专业的文档编辑软件，使用它可以编辑和制作各种类型的文档。

6.1.1　Word 2010 的启动

启动 Word 2010 有三种常用方法：

1. 通过"开始"菜单启动

安装的 Word 2010 软件一般会在"所有程序"菜单中，启动的方法如下。

（1）单击"开始"按钮，在弹出的"开始"菜单中依次选择"所有程序"→"Microsoft Office"→"Microsoft Office Word 2010"程序。

（2）开始启动 Word 2010，同时自动创建一个名为"文档1"的空白文档作为打开后的 Word 2010 窗口。

2. 通过桌面快捷图标启动

建立 Word 2010 桌面快捷图标的步骤：依次选择"开始"→"所有程序"→"Microsoft Office"→"Microsoft Word 2010"程序，在 Microsoft Word 2010 命令上右击，在弹出的快捷菜单中依次选择"发送到"→"桌面快捷方式"命令。这时，桌面上就会出现 Word 2010 的快

捷图标,就可通过双击该快捷方式图标来启动 Word 2010。

3. 通过已存在的 Word 文档启动

选中任意一个已经存在的 word 文档,鼠标左键直接双击来启动 Word 2010。

6.1.2　Word 2010 的退出

要退出 Word 2010 可采用以下几种方法：
(1) 单击标题栏右上角"关闭"按钮 ⊠ ,关闭程序。
(2) 单击"文件"菜单,在打开的菜单中选择"退出"命令。
(3) 双击 WORD 窗口左上角的图标 W 关闭。
(4) 右击标题栏选择关闭菜单。
(5) 快捷键:按 ALT+F4 键关闭。

> 注意
> 　　如果文件修改了但没保存会提示是否需要保存。

6.1.3　工作窗口的组成

Word 2010 取消了传统的菜单操作方式,取而代之的是功能区和选项卡。Word 2010 具有非常人性化的操作界面,使用起来很方便。启动 Word 2010 后出现的是它的标准界面,如图 6-1 所示。

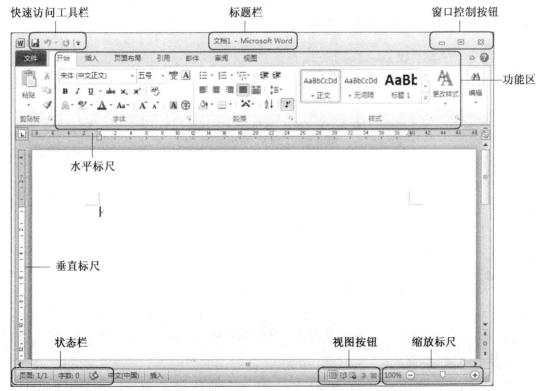

图 6-1　Word 2010 工作窗口

下面简单介绍 Word 文档窗口中各组成部分及其功能。

1. 快速访问工具栏

快速访问工具栏主要用于放置一些常用按钮,只要在其图标上单击就可以实现相应的操作,默认情况下包括"保存""撤销"和"重复",用户可以根据自己的需要自定义添加。

2. 标题栏

标题栏位于程序窗口的最上方,主要用于显示文档的名称和程序名。第一次打开 Word 时,默认打开的文档名为"文档1",以此类推为"文档2","文档3"……Word 2010 的默认保存的扩展名为"docx"。

3. 窗口控制按钮

窗口控制按钮分别是窗口的"最小化"按钮、"向下还原"/"最大化"按钮和"关闭"按钮。拖动标题栏可以移动整个窗口。

4. 选项卡与功能区

在 Word 2010 中,传统的菜单和工具栏已经被功能区所替代。功能区是窗口上方看起来像菜单的名称其实是功能区的名称,当单击这些名称时并不会打开菜单,而是切换到与之相对应的功能区面板,每个功能区根据功能的不同又分为若干个组,选项卡位于标题栏的下面,它是各种命令的集合,将各种命令分门别类地放在一起,只要切换到某个选项卡,该选项卡中的所有命令就会在工具栏中显现。选项卡中命令的组合方式更加直观,大大提升应用程序的可操作性。

(1) "开始"选项卡

"开始"选项卡中包括剪贴板、字体、段落、样式和编辑五个组,主要用于帮助用户对 Word 2010 文档进行文字编辑和格式设置,是用户最常用的功能区,如图 6-2 所示。

图 6-2 "开始"选项卡

(2) "插入"选项卡

"插入"选项卡包括页、表格、插图、链接、页眉和页脚、文本、符号和特殊符号几个组,主要用于在 Word 2010 文档中插入各种元素,如图 6-3 所示。

图 6-3 "插入"选项卡

(3) "页面布局"选项卡

"页面布局"选项卡包括主题、页面设置、稿纸、页面背景、段落、排列几个组,用于帮助用户设置 Word 2010 文档页面样式,如图 6-4 所示。

图 6-4 "页面布局"选项卡

(4) "引用"选项卡

"引用"选项卡包括目录、脚注、引文与书目、题注、索引和引文目录几个组,用于实现在 Word 2010 文档中插入目录等比较高级的功能,如图 6-5 所示。

图 6-5 "引用"选项卡

(5) "邮件"选项卡

"邮件"选项卡包括创建、开始邮件合并、编写和插入域、预览结果和完成几个组,作用比较专一,专门用于在 Word 2010 文档中进行邮件合并方面的操作,如图 6-6 所示。

图 6-6 "邮件"选项卡

(6) "审阅"选项卡

"审阅"选项卡包括校对、语言、中文简繁转换、批注、修订、更改、比较和保护几个组,主要用于对 Word 2010 文档进行校对和修订等操作,适用于多人协作处理 Word 2010 长文档,如图 6-7 所示。

图 6-7 "审阅"选项卡

(7) "视图"选项卡

"视图"选项卡包括文档视图、显示、显示比例、窗口和宏几个组,主要用于帮助用户设置 Word 2010 操作窗口的视图类型,以方便操作,如图 6-8 所示。

图 6-8 "视图"选项卡

选项卡和功能区显示的内容并不是一成不变的,Word 2010 会根据应用程序窗口的宽带自动调整显示的内容,当窗口较窄时,一些图标会相对缩小以节省空间,如果窗口进一步变窄,某些命令分组就会只显示图标。

5. 状态栏

在窗口的最下边是状态栏,用于表明当前光标所在页面,文档字数总和,Word 2010 下一步准备要做的工作和当前的工作状态等,右边还有"视图"按钮、"显示比例"按钮等。

6. "帮助"按钮

单击"帮助"按钮,可以打开"Word 帮助"窗口,其中列出了一些帮助的内容,如图 6-9 所示。可以在"搜索"文本框中输入要搜索的内容,然后单击"搜索"按钮,向 Word 2010 寻求帮助。

图 6-9 "帮助"窗口

7. "视图"按钮

所谓"视图",简单说就是查看文档的方式。同一个文档可以在不同的视图下查看,虽然文档的显示方式不同,但是文档的内容是不变的。Word 有五种视图:Web 版式视图、页面视图、大纲视图、阅读版式和草稿视图,可以根据对文档的操作需求不同采用不同的视图。视图之间的切换可以使用"视图"选项卡中的"文档视图"组中的按钮来实现,但更简洁的方法是使用状态栏左端的视图切换按钮。

(1) Web 版式视图

使用 Web 版式视图,无须离开 Word 即可查看文档在 Web 浏览器中的效果。

(2) 页面视图

页面视图主要用于版面设计,页面视图显示所得文档的每一页面都与打印所得的页面相同,即"所见即所得"。在页面视图下可以像在普通视图下一样输入、编辑和排版文档,也可以处理页边距、文本框、分栏、页眉和页脚、图片和图形等。但在页面视图下占有计算机资源相应较多,使处理速度变慢。

(3) 大纲视图

大纲视图适合于编辑文档的大纲,以便能审阅和修改文档的结构。在大纲视图中,可以折叠文档以便只查看到某一级的标题或子标题,也可以展开文档查看整个文档的内容。在大纲视图下,"大纲"工具栏替代了水平标尺。使用"大纲"工具栏中的相应按钮可以容易地"折叠"或"展开"文档,对大纲中各级标题进行"上移"或"下移""提升"或"降低"等调整文档结构的操作。

(4) 阅读版式视图

阅读版式将原来的文章编辑区缩小,而文字大小保持不变。如果字数多,它会自动分成多屏。在该视图下同样可以进行文字的编辑工作,视觉效果好,眼睛不会感到疲劳。阅读版式视图的目标是增加可读性,可以方便地增大或减小文本显示区域的尺寸,而不会影响文档中的字体大小。想要停止阅读文档时,单击"阅读版式"工具栏上的"关闭"按钮或按 Esc,可以从阅读版式视图切换回来。如果要修改文档,只需在阅读时简单地编辑文本,而不必从阅读版式视图切换出来。

(5) 草稿视图

在草稿视图下不能显示绘制的图形、页眉、页脚、分栏等效果,所以一般利用草稿视图进行最基本的文字处理,工作速度较快。

6.2 创建并编辑文档

6.2.1 文档的创建、打开

在 Word 中,用户可以创建和编辑任何形式的文档。

1. 文档的创建

用户可以通过以下方式新建文档:创建空白的新文档和利用模板创建新文档。

(1) 创建空白新文档

如果通过"开始"菜单或桌面快捷方式打开 Word 应用程序的同时,系统会自动创建一个基于 Normal 模板的空白文档,用户可以直接在该文档中输入并编辑内容。

如果用户先前已经启动了 Word 2010 应用程序,在编辑文档的过程中,还需要创建一个新的空白文档,操作方法如下:

① 在 Word 中,单击"文件"选项卡,在打开的后台视图中执行"新建"命令。

② 在"可用模板"选项区中选择"空白文档"选项,如图 6-10 所示。

③ 单击"创建"按钮，即可创建一个空白文档。

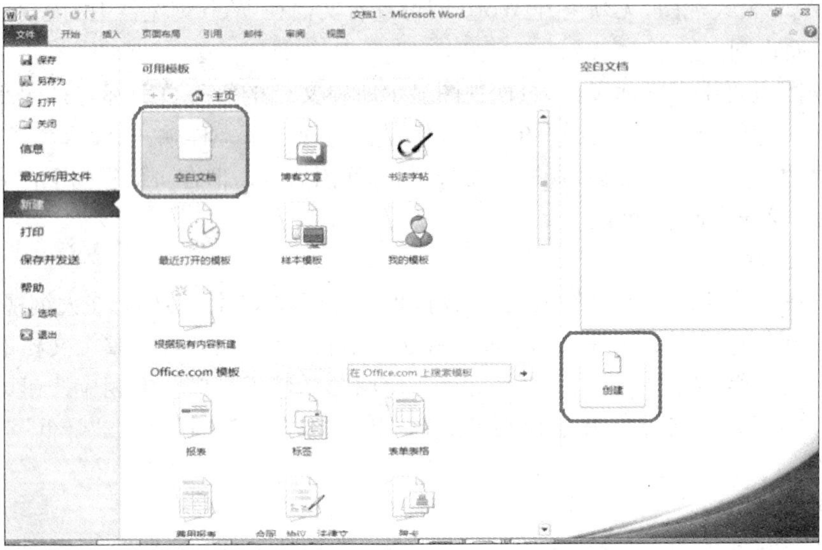

图 6-10　创建空白文档

(2) 利用模板创建新文档

使用模板可以快速创建外观精美、格式专业的文档，在 Word 2010 中内置有多种用途的模板（例如书信模板、公文模板等），用户可以根据实际需要选择特定的模板新建 Word 文档，减轻工作负担。使用模板的操作步骤如下：

① 在 Word 2010 文档窗口中，依次单击"文件"→"新建"按钮。

② 在右窗格"可用模板"列表中选择合适的模板，并单击"创建"按钮即可，如图 6-11 所示。同时用户也可以在"Office.com 模板"区域选择合适的模板，并单击"下载"按钮。

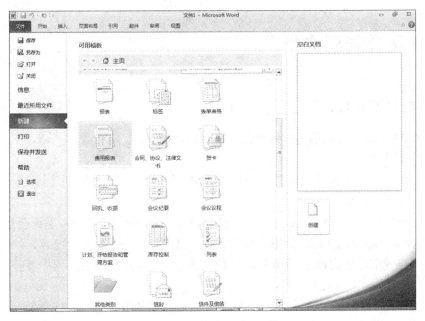

图 6-11　用模板创建文档

2. 文档的打开

打开已经存在的文档有以下几种方法：

(1) 选中要打开的文档，左键双击打开；

(2) 选中要打开的文档，右键快捷菜单中选择"打开"；

(3) 在打开 Word 文档的前提下，选择"文件"选项卡的"打开"命令，弹出如图 6-12 所示的对话框，查找文档所在位置，选择文档的类型，根据需要选择要打开的文档；

(4) 在 Word 窗口中，使用快捷键：Ctrl+O，在弹出图 6-12 对话框中选择要打开的文件；

图 6-12 "打开"对话框

> **注意**
>
> 文档出现的位置以及文件的类型。

(5) 打开最近使用过的文档。单击"文件"选项卡中的"最近所用的文件"的命令，在随后出现的如图 6-13 所示的右边的区域中，分别单击"最近的位置"和"最近使用的文档"栏目中所需要文件夹和 Word 文档名，即可打开用户指定的文档。

> **注意**
>
> 同时打开多个可以用 Shift 或 Ctrl 键选择多个文件，用右键菜单打开。

6.2.2 文档的保存和保护

1. 文档的保存

用户输入和编辑的文档是存放在内存中并显示在屏幕上的，如果不进行保存，电脑一旦断电或死机，在内存中临时存储的数据将丢失。只有放置外存中的数据才能长期保存，所以要养成及时保存数据的习惯。保存文档不仅指的是一份文档在编辑结束时才将其保存，同时在文档的编辑过程中也可以进行保存。

保存文档常用两种方法：

图 6-13 "最近所用文件"命令

(1) 单击快速访问工具栏中的"保存"按钮；
(2) 单击"文件"选项卡，选择"保存"或"另存为"命令。

"保存"和"另存为"命令的区别在于："保存"命令是以新替旧，用新编辑的文档取代原文档，原文档不再保留；而"另存为"是保存一个新的文档，原文档仍然存在。

新文档第一次执行保存命令时，会出现"另存为"对话框，如图 6-14 所示，此时，需要指出文件的保存位置、文件名和文件类型。Word 2010 默认文件类型是"Word 文档（*.docx）"，也可以选择保存为文本文件（*.txt）、（*.html）文件或其他文件类型。

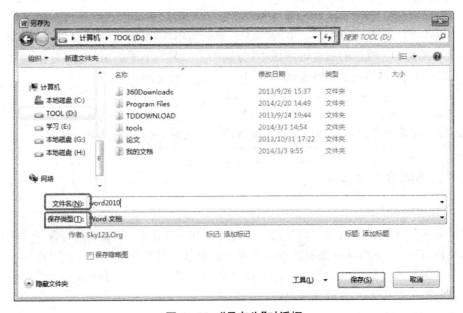

图 6-14 "另存为"对话框

Word 2010 默认情况下每隔 10 分钟自动保存一次文件,用户可以根据实际情况设置自动保存时间间隔,操作步骤如下所述:

(1) 打开 Word 2010 窗口,依次单击"文件"选项卡中的"选项"命令。

(2) 在打开的"Word 选项"对话框中切换到"保存"选项卡,在"保存自动恢复信息时间间隔"编辑框中设置合适的数值,并单击"确定"按钮,如图 6-15 所示。

图 6-15 设置自动保存文档时间

> **小提示**
> 选择"保存"还是"另存为"需要看三个条件:(1) 文件保存的位置是否需要修改;(2) 文件名是否需要修改;(3) 文件的保存类型是否需要修改。三个中有一个需要修改就要选择"另存为",只有三个都不改的时候选择"保存"。

2. 文档的保护

如果所编辑的文档是一份机密的文件,不希望无关人员查看,可使用密码将其保护起来,只有知道密码的人,才可以打开查看和编辑文档,操作方法如下:单击"文件"选项卡,在默认显示的信息界面,单击"保护文档"下拉按钮,在展开的下拉菜单中选择"用密码进行加密"命令,如图 6-16 所示。在弹出的对话框中连续两次输入相同的密码,密码设置完成。

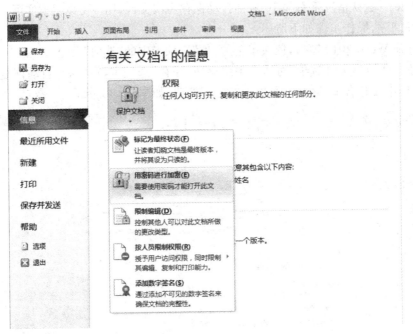

图 6-16 文档加密

给文档设置"打开权限密码",使别人在没有密码的情况下无法打开此文档。如果文档允许别人查看,但禁止修改,那么可以给文档加一个"修改权限密码"。对设置了"修改权限密码"的文档别人可以在不知道口令的情况下以"只读"方式查看它,但无法修改它。操作方法如下:

(1) 单击"文件"选项卡中的"另存为"按钮,打开"另存为"对话框。

(2) 在"另存为"对话框中选择"工具"下拉列表中"常规选项"命令,打开"常规选项"对话框,如图 6-17 所示,在打开文件时的密码中输入设定的密码。

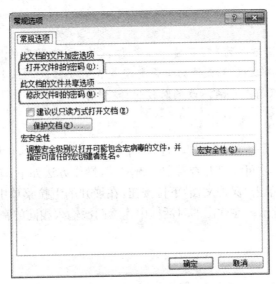

图 6-17 "常规选项"对话框

(3) 单击"确定"按钮,会弹出一个"确认密码"对话框,用户再次键入所设置的密码并单击"确定"按钮,返回"另存为"对话框,单击"保存"按钮即可。

若要设置修改权限密码,则在"常规选项"对话框的修改文件时的密码中设定相应密码即可。

> **注意**
> 如果要取消对文档的保护,操作方法和设置密码一样,不同的是将各类"密码"文本框中的密码删除即可。

有些情况下,文档作者认为文档中的某些内容比较重要,不允许其他人修改,但允许阅读或对其进行修订和审阅等操作,这在 Word 中称为"文档保护",可以通过单击"文件"选项卡中的"信息"选项中的"文档保护"下拉菜单中的"限制编辑"来实现。

6.2.3 文本输入与删除

1. 文本输入

新建一个空白文档后,就可输入文本了。在窗口工作区的左上角有一个闪烁着的黑色竖条"|",称为插入点,它表明输入的字符将出现的位置。输入文本时,插入点自动后移。输入的文本既可以是英文,也可以是中文,我们只需要切换输入法。

Word 有自动换行的功能,当输入到每行的末尾时不必按 Enter 键,Word 就会自动换行,只有单设一个新段落时才按 Enter 键。按 Enter 键表示一个段落的结束、新段落的开始。在文档空白处,直接双击鼠标左键,可以将光标快速移到此位置进行输入。

输入英文单词一般有三种书写格式:第一个字母大写其余小写、全部大写或全部小写。在 Word 中用 Shift+F3 键,可实现这三种书写格式的转换。

> **提示**
> 如果双击状态栏上的"改写"或按 Insert 键,状态栏上"改写"的颜色变深,当前输入状态转换为"改写"状态,输入的内容将会替换文档已有的内容。双击状态栏上的"改写"或按 Insert 键,在"插入"和"改写"状态之间转换。

文档中需要输入内容的说明。

- 半角和全角:半角占一个字符位置,全角占两个字符位置。一个汉字占 2 个字符,半角状态下的英文和数字是占一个字符位置。
- 回车符(Enter):不要在每行都回车,只要在每段的末尾回车,回车符是一个向左的 90 度弯曲箭头 ↵。
- 换行符(Shift+Enter):另起一行,但不是另起一段,换行符是一个向下的箭头 ↓。
- 样式:默认输入的文字都为正文样式,标题可用标题样式。
- 红色和绿色波浪线:这是 Word 自带的拼写和语法检查功能,红色表示拼写错误,绿色表示语法错误,要注意核对是否输入错误。此功能可以在工具/选项卡中隐藏。
- 蓝色和紫色下划线:蓝色下划线表示超级链接,紫色表示使用过的超链接。
- 插入符号:要输入一些特殊符号可单击"插入"选项卡的"符号"组中的"符号"下拉按

钮,如图 6-18 所示,选择需要的符号。

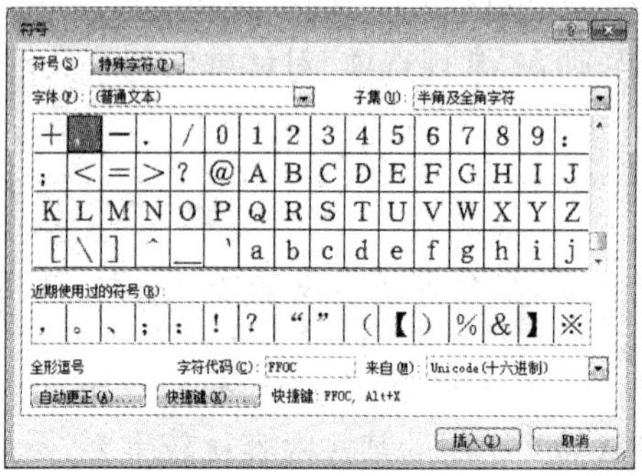

图 6-18 "符号"对话框

- 插入日期和时间:在"插入"选项卡的"文本"组中,单击"日期和时间"按钮,弹出如图 6-19 所示对话框,选择可用格式和设置是否自动更新。

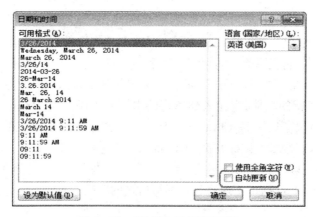

图 6-19 "日期和时间"对话框

- 插入另一个文档:在"插入"选项卡中,"文本"组中单击"对象"下拉按钮,在下拉菜单中选择"文件中的文字"命令,打开"插入文件"对话框,选择要插入的文件确定即可。

2. 文本删除

对于单个字符,用 Backspace 或 Delete 键删除,Backspace 是删除光标所在位置前面的字符,Delete 是删除光标所在位置后面的字符。对于大量的文字,要先选择再删除,删除段落标记可以实现合并段落的功能。

6.2.4 文本选择

在编辑和修改文档时,要学会如何选择文本,在 Word 中选择文本的方法有很多而且也非常灵活,下面介绍几种常用方法。

1. 单独使用鼠标选择文本

(1) 单击鼠标左键

- 在文档中单击鼠标左键,将光标调整到指定位置;
- 在文档左边空白的选择区域单击鼠标左键,选中的是光标所在的行。

(2) 双击鼠标左键
- 在文档中双击鼠标左键,选中 Word 中的一个词;
- 在文档左边空白的选择区域双击鼠标左键,选中的是光标所在的一段。

(3) 三击鼠标左键
- 在文档中三击鼠标左键,选中光标所在的一段;
- 在文档左边空白的选择区域三击鼠标左键,选中的是整篇文章。

2. 鼠标和键盘配合使用选择文本

(1) Shift 键

按住 Shift 键,在 Word 文档的任何位置点击鼠标左键,选中从光标开始位置到点击位置的所有文本。

(2) Ctrl 键

按下鼠标左键滑动一个区域,选择一部分文本,再按下 Ctrl 键,用拖动鼠标的方法选取需要的文字,可以选择不连续区域的数据。

(3) Alt 键

按住 Alt 键不放,在要选取的开始位置按下左键,拖动鼠标指针拉出一个矩形的选择区域。

表 6-1 总结了利用鼠标和键盘选择文本的常用技巧。

表 6-1 选择文本的常用技巧

选取范围	操作方法
字和词	双击要选的字和词
句子	按住 Ctrl 键,单击该句子
行	单击该行的选择区
段落	双击该行的选择区,或者段中三击
垂直的一块文本	按住 Alt 键,同时拖动鼠标
连续的文字	单击所选内容的开始处,按住 Shift,单击所选内容的结束处
全部内容	三击选择区或 Ctrl+A

3. 使用键盘选择文本

虽然通过键盘选择文本不是经常使用,但是在没有鼠标的情况下也要知道一些快捷键。表 6-2 列出了一些常用的快捷键。

表 6-2 使用键盘选择文本

选择	操作
选定当前光标右边的一个字符或汉字	Shift+→
选定当前光标左边的一个字符或汉字	Shift+←
选定到上一行同一位置之前的所有字符或汉字	Shift+↑
选定到下一行同一位置之前的所有字符或汉字	Shift+↓

(续表)

选择	操作
选定从当前光标位置至段落开头的所有字符或汉字	Shift+Ctrl+↑
选定从当前光标位置至段落末尾的所有字符或汉字	Shift+Ctrl+↓
选定从当前光标位置至单词开头的所有字符或汉字	Shift+Ctrl+←
选定从当前光标位置至单词结尾的所有字符或汉字	Shift+Ctrl+→
选定从当前光标位置至行开头的所有字符或汉字	Shift+Home
选定从当前光标位置至行末尾的所有字符或汉字	Shift+End
选定从当前光标位置至文档首的所有字符或汉字	Shift+Ctrl+Home
选定从当前光标位置至文档末尾的所有字符或汉字	Shift+Ctrl+End
选定整个文档	Ctrl+A

6.2.5 文本移动与复制

在编辑文档的过程中，可能会有很多重复的内容，如果每次都重复录入将浪费大量的时间，还有可能出现录入错误，使用复制可以很好地解决这一问题，减少错误，提高效率和准确性。

1. 短距离移动

短距离移动时，可以采用鼠标拖拽的方法。选定文本，移动鼠标使鼠标指针形状变成左向箭头时，按住鼠标左键拖拽到指定位置，放开鼠标左键，实现数据的移动操作。

2. 长距离移动(从一页到另一页，或在不同的文档间移动)

长距离移动时，可以借助剪贴板进行操作。选定文本，单击右键，在快捷菜单中选择"剪切"命令(快捷键Ctrl+X)，或单击"开始"选项卡中的"剪贴板"组中的"剪切"按钮，然后将光标定位到要指定位置，单击右键，在快捷菜单中选择"粘贴选项"命令，或单击"开始"选项卡中的"剪贴板"组中的"粘贴"按钮(快捷键Ctrl+V)。执行粘贴操作时，用户根据需要选择Word 2010提供的3种粘贴方式：

- "保留源格式"命令：保留文本原来的格式。
- "合并格式"命令：使文本与当前文档的格式保持一致。
- "只保留文本"命令：选择该命令可以去除要复制内容中的图片和其他对象，只保留纯文本内容。

复制和移动区别在于：移动文本是选定的内容在原处消失，而复制文本是选定的内容原处仍存在。在使用鼠标拖拽实现移动操作时，按住Ctrl键，可以实现文本的复制。复制的快捷键为Ctrl+C。

> **小提示**
>
> 剪贴板是 Windows 操作系统专门在内存中开辟的一块存储区域,它不仅可以保存文本信息,还可以保存图形、图像和表格等信息。Word 2010 的剪贴板可以存放多次移动(剪切)或复制的内容。通过单击"开始"选项卡中"剪贴板"组中右下角对话框启动器,打开"剪贴板"任务窗格,可以显示剪贴板的内容,连续执行粘贴任务可以实现文本的多处移动和复制。

6.2.6 文本查找与替换

在编辑文档的过程中,特别是在长文档中,经常遇到要查找某个文本或要更正文档中多次出现的某个文本的情况,此时使用查找和替换功能可快速达到目的。

查找和替换功能既可以将文本的内容与格式完全分开,单独对文本或格式进行查找和替换处理,也可以把文本和格式看成一个整体统一处理,除此之外,该功能还可作用于特殊字符和通配符。

1. 文本查找

要在较长的文章中查找某一串文字,利用 Word 提供的查找功能,可以快速完成。比如在某文档中查找"Word 2010"这个词,可以进行以下操作来实现。

(1) 把光标定位在文档开头,在"开始"选项卡中的"编辑"组中单击"查找"下拉列表中的"高级查找"按钮,弹出"查找和替换"对话框。

(2) 切换到"查找"选项卡,在"查找内容"文本框中输入"Word 2010",如图 6-20 所示。

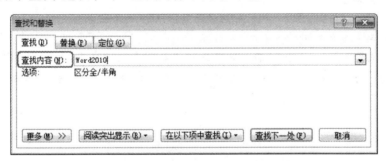

图 6-20 "查找"对话框

(3) 单击"查找下一处"按钮。如果系统查找到所要查询的文字"Word 2010"时,将会把"Word 2010"这三个字选中。

2. 文本的替换

使用"查找"功能,可以迅速找到特定文本或格式的位置,而若要查找到的目标进行替换,就要使用"替换"功能,如果要将文章中的"Word 2010"替换为黑体,字号四号,加粗,字体颜色为红色,加着重号的"Word 2010",操作步骤如下:

(1) 单击"开始"选项卡中的"替换"按钮,弹出"查找和替换"对话框。

(2) 切换到"替换"选项卡,单击"更多"按钮,在"查找内容"文本框中输入"Word 2010",在"替换为"文本框中再次输入"Word 2010",单击"格式"命令列表中的"字体"命令,打开"字体"对话框,设置字体为黑体,字号四号,加粗,字体颜色为红色,加着重号,如图 6-21

所示。

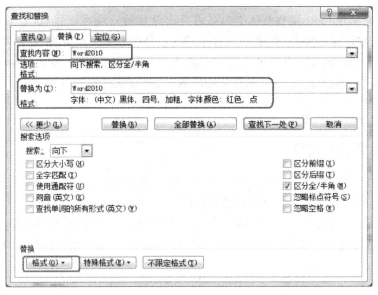

图 6-21　"替换"对话框

（3）单击"替换"按钮，系统将会查找到第一处符合条件的文字串，如果想替换，再次单击"替换"按钮，查找到的文字串就会被替换，同时找到下一处文字串。如果不想替换，单击"查找下一处"按钮，则将继续查找下一处符合条件的文字串。如果想全部替换，直接单击"全部替换"完成操作。

> **提示**
> 　　如果发现替换无法实现，一般是将格式设置在了查找内容下，如图 6-22 所示，先选择"查找内容"的文本框中的文本，再单击"不限定格式"将格式删除，这样就可以实现如图 6-21 所示的替换功能了。

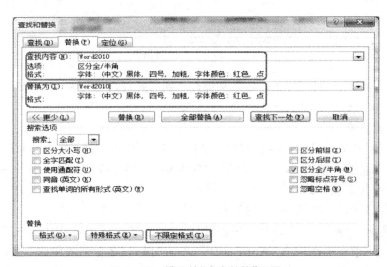

图 6-22　错误的"查找替换"设置

从网上获取文字素材时，由于网页制作软件排版功能的局限性，文档中经常会出现一些非打印字符，可利用查找和替换功能进行处理。当文档中空格比较多时，可以在"查找内容"下拉列表框中输入空格，在"替换为"下拉列表框中不输入任何字符，单击"全部替换"按钮将多余的空格删除。当要把文档中不恰当的手动换行符替换为真正的段落标记符时，可以在"查找内容"下拉列表框中通过"特殊格式"列表选择"手动换行符"，在"替换为"下拉列表中通过"特殊格式"列表选择"段落标记"，如图 6-23 所示，单击"全部替换"按钮完成操作。

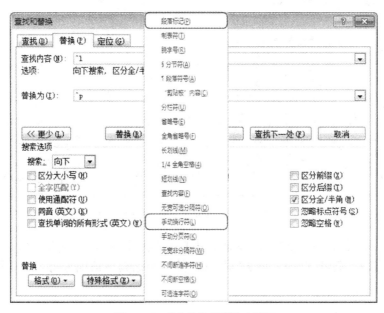

图 6-23 "查找和替换"对话框

小技巧

利用替换功能还可以简化输入，如在一篇文章中，多次出现"文字处理软件 Word 2010"字符串，在输入时可以先用一个不常用的字符（如 &）表示该字符串，然后利用替换功能用字符串代替字符。

6.2.7 校对功能

用户在输入文本时难免出现错误，自己检查会花费大量的时间，Word 2010 不仅提供了自动拼写和语法检查功能，还能实现错误的自动更正。Word 2010 的拼写和语法功能开启后，将自动在它认为有错误的字句下面加上波浪线，提醒用户。开启拼写和语法功能的操作步骤如下：单击"文件"选项卡，单击执行"选项"命令，打开"Word 选项"对话框，切换到"校对"选项卡，在"在 Word 中更正拼写和语法时"选项区选中"键入时检查拼写"和"键入时标记语法错误"复选框，如图 6-24 所示，单击"确定"，拼写和语法检查功能开启成功。

图 6-24 "Word 选项"对话框

使用拼写和语法检查功能时,在功能区中打开"审阅"选项卡,单击"校对"选项组中的"拼写和语法"按钮,打开"拼写和语法"对话框,然后根据具体情况进行忽略或更改操作,如图 6-25 所示。

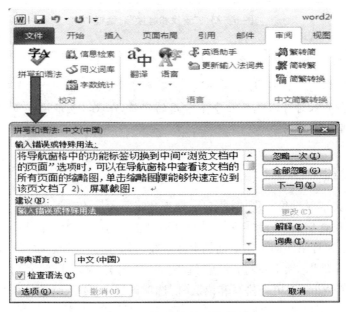

图 6-25 "拼写和语法"对话框

自动更正功能,可以自动检测并更正键入错误、误拼的单词、语法错误和错误的大小写。例如,如果键入"teh"及空格,则"自动更正"会将键入内容替换为"the"。还可以使用"自动更正"快速插入文字、图形或符号。例如，可通过键入"(c)"来插入"©"，或通过键入"ac"来插入"Acme Corporation"。其操作步骤如下。

在"文件"选项卡中单击"选项"按钮，打开"Word 选项"对话框，如图 6-24 所示。单击"校对"标签，在对应的选项卡中单击"自动更正选项"按钮，弹出"自动更正"对话框，如图 6-26 所示。在"替换"文本框中输入出错的文本，在"替换为"文本框中输入正确的文本，单击"确定"按钮，完成自动更正的设置。

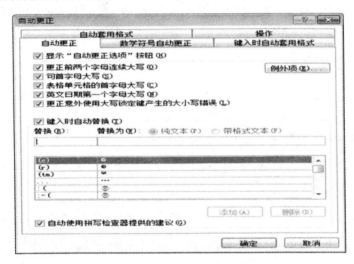

图 6-26 "自动更正"对话框

6.2.8 多窗口编辑技术

1. 窗口的拆分

Word 的文档窗口可以拆分为两个窗口，利用窗口拆分可以将一个大文档不同位置的两部分别显示在两个窗口中，从而可以很方便地编辑文档。拆分窗口方法是：单击"视图"选项卡的"窗口"组中的"拆分"按钮，鼠标指针变成双向箭头的形状且与屏幕上出现的一条灰色水平线相连，移动鼠标到要拆分的位置，单击鼠标左键确定。此后，如果还想调整窗口大小，那么只要把鼠标指针移到此水平线上，当鼠标指针改变成上下箭头时，拖动鼠标可以随时调整窗口的大小。如果要把拆分了的窗口合并为一个窗口，那么执行"视图"选项卡的"窗口"组中的"取消拆分"命令即可。

2. 多个文档窗口间的编辑

Word 允许同时打开多个文档进行编辑，每一个文档对应一个窗口。

在"视图"选项卡的"窗口"组中的"切换窗口"下拉菜单中列出了所有被打开的文档名，其中一个文档名前有打钩的符号，表示该文档窗口是当前文档窗口。单击文档名可切换当前文档窗口，也可以单击任务栏中相应的文档按钮来切换。

6.3 基本格式设置

在 Word 中设置对象的格式的时,在选中对象后,所进行的操作一般有以下几种方式:
- 通过选项卡和功能区提供的命令按钮;
- 通过功能区和选项卡中的"对话框启动器",在弹出的对话框中设置;
- 通过鼠标右键,选择相应的命令。

6.3.1 字符格式设置

字符是指文档中输入的汉字、字母、数字、标点符号和各种符号。字符格式化包括字符的字体、字号、字形(加粗和倾斜)、字符颜色、下划线、着重号、删除线、上下标、文本效果、字符缩放、字符间距、字符基准线的上下位置等,如图 6-27 所示。

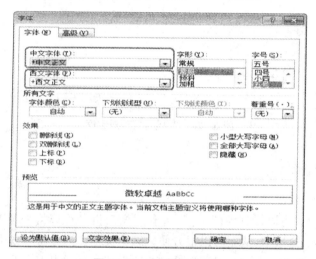

图 6-27 "字体"对话框

1. 字符常用格式

对字符进行格式化需要先选定文本,否则只对光标处新输入的字符有效。

(1) 字体

字体指文字在屏幕或纸张上呈现的书写形式。字体包括中文字体(如宋体、楷体、黑体等)和西文字体(如 Arial 和 Times New Roman 等)。西文字体对西文字符和数字起作用,而中文字体对汉字和西文字符都起作用。

(2) 字号

字号指文字的大小,是以字符在一行中垂直方向上所占用的点来表示的。它以 pt 为单位,1pt=1/72in=0.35mm。字号有汉字数码表示和阿拉伯数字表示两种,汉字数码越小字体越大,阿拉伯数字越小字体越小。默认状态下字体为宋体,字号为五号。

(3) 字符颜色

单击"字体"选项组中"字体颜色"按钮旁边的下三角按钮,在弹出的下拉列表中选择自己喜欢的颜色即可。

如果系统提供的主题颜色和标准颜色不能满足用户需求，还可以选择"其他颜色"命令，打开"颜色"对话框。然后在"标准"选项卡和"自定义"选项卡中选择合适的字体颜色，如图6-28所示的自定义颜色。注意其中的颜色数字，此颜色为RGB(223,47,202)。

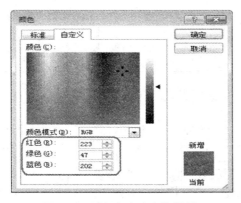

图 6-28 "颜色自定义"对话框

2. 字符高级格式

设置文档的字体、字号和字形后，如果标题字符间距过小，可以对标题的字符间距进行调整，如图6-29所示。

（1）字符缩放

字符缩放是指对字符的横向尺寸进行缩放，改变字符横向和纵向的比例。

（2）字符间距

字符间距指两个字符之间的间隔距离，标准字符间距为0。当规定了一行的字符数后，可通过加宽或紧缩字符间距来进行调整，以保证一行能够容纳规定的字符数。

（3）字符位置

字符位置指字符在垂直方向上的位置，包括标准、提升和降低三种设置。

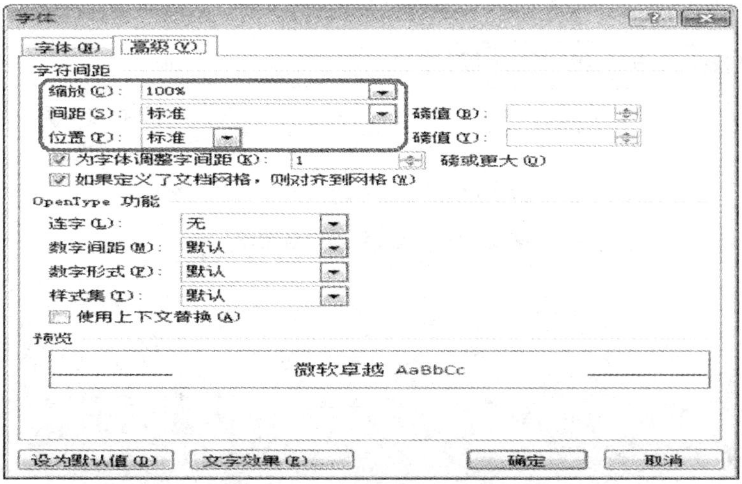

图 6-29 "字体"高级选项对话框

3. 特殊效果

特殊效果指根据需要进行多种设置,包括删除线、上下标、文本效果等。其中,文本效果可以为文档中的普通文本应用多彩的艺术字效果,设置时可以直接使用 Word 2010 中预设的外观效果,也可以从轮廓、阴影、映像、发光等进行自定义设置,如图 6-30 所示。

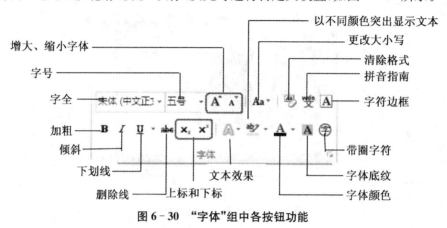

图 6-30 "字体"组中各按钮功能

6.3.2 段落格式设置

完成字符排版后,应该对段落进行设置,段落由字符和其他对象组成,最后是段落标记。段落标记不仅标识段落结束,而且存储了这个段落的排版格式。

段落格式一般通过"开始"选项卡中的"段落"组中的相应按钮,如图 6-31 所示,或单击"段落"组中的右下角的对话框启动器打开"段落"对话框来完成,如图 6-32 所示。

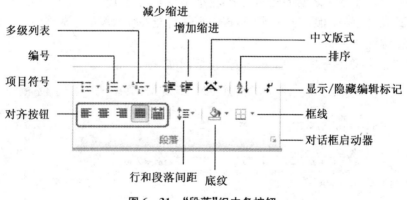

图 6-31 "段落"组中各按钮

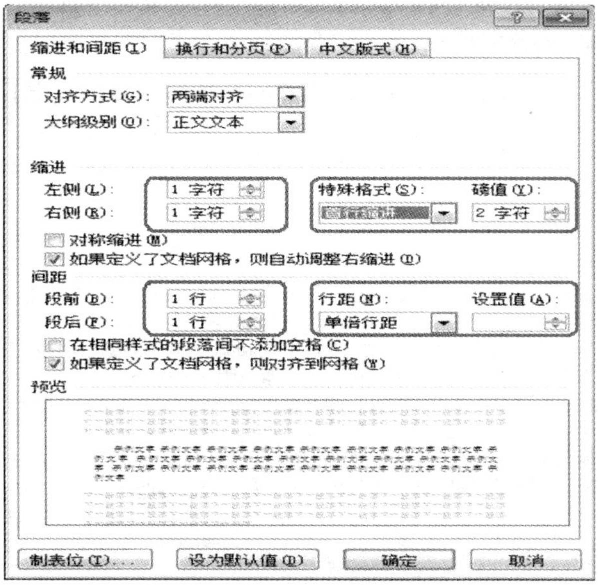

图 6-32 "段落"对话框

1. 段落对齐方式

段落对齐方式有"两端对齐""左对齐""右对齐""居中"和"分散对齐"五种。其中"分散对齐"是将所选段落的各行文字均匀分布在该段左、右页边距之间;"两端对齐"是以词为单位,自动调整词与词间空格的宽度,使正文沿页的左右边界对齐,这种方式可以防止英文单词跨两行显示的情况,而对于中文其效果相当于左对齐。段落各种对齐效果如图 6-33 所示。

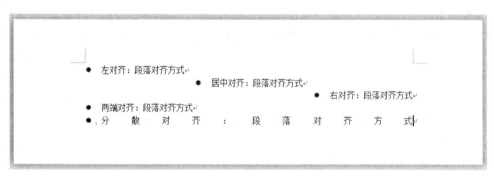

图 6-33 段落对齐效果

2. 段落缩进

段落缩进是指段落各行相对于页面边界的距离,一般中文的段落都规定首行缩进两个字符,但为了强调某些段落以及美观,可以适当地进行缩进,段落缩进包括 4 种方式:左缩进、右缩进、首行缩进和悬挂缩进。

- 左缩进:设置段落与左页边距之间的距离。左缩进时,首行缩进标记和悬挂缩进标记会同时移动。左缩进可以设置整个段落左边的起始位置。
- 右缩进:拖动该标记,可以设置段落右边的缩进位置。

- 首行缩进:可以设置段落首行第一个字的位置,在中文段落中一般采用这种缩进方式,默认缩进两个字符。
- 悬挂缩进:可以设置段落中除第一行以外的其他行左边的开始位置。段落的缩进效果如图 6-34 所示。

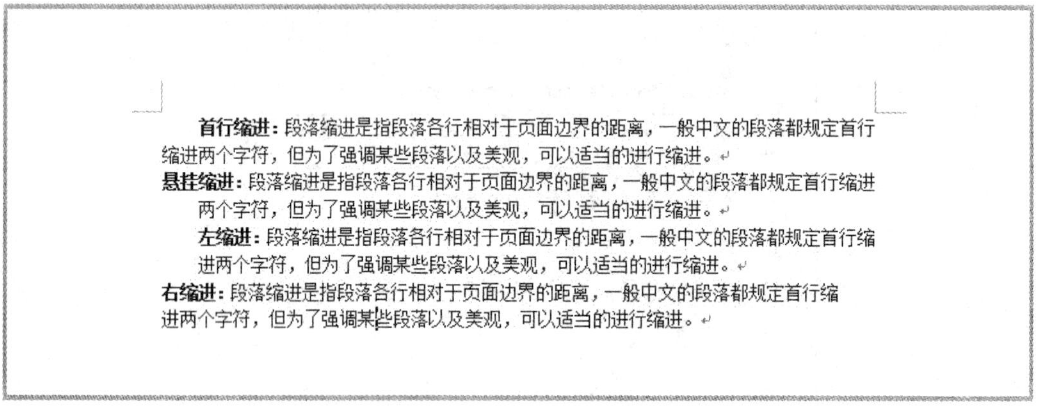

>   **首行缩进**:段落缩进是指段落各行相对于页面边界的距离,一般中文的段落都规定首行缩进两个字符,但为了强调某些段落以及美观,可以适当的进行缩进。
>   **悬挂缩进**:段落缩进是指段落各行相对于页面边界的距离,一般中文的段落都规定首行缩进两个字符,但为了强调某些段落以及美观,可以适当的进行缩进。
>   **左缩进**:段落缩进是指段落各行相对于页面边界的距离,一般中文的段落都规定首行缩进两个字符,但为了强调某些段落以及美观,可以适当的进行缩进。
>   **右缩进**:段落缩进是指段落各行相对于页面边界的距离,一般中文的段落都规定首行缩进两个字符,但为了强调某些段落以及美观,可以适当的进行缩进。

图 6-34 段落缩进效果

> **注意**
> 设置首行缩进之后,当用户按 Enter 键输入后续段落时,系统会自动为后续段落设置与前面段落相同的首行缩进格式,无须重复设置。最好不要用 Tab 或空格键来设置文本的缩进,这样可能会使文章对不齐。

3. 段落间距和行距

段落间距是指当前段落与相邻两个段落之间的距离,即段前距离和段后距离,加大段落之间的距离可以使文档更清晰。行距指段落中行与行之间的垂直距离,Word 中的行距有"单倍行距""1.5 倍行距"等。在选择"最小值""固定值"和"多倍行距"时,可在"设置值"中选择或输入磅数。固定值行距必须大于 0.7pt,多倍行距的最小倍数必须大于 0.06。设置最小值时,如果文本高度超过该值时,Word 会自动调整高度以容纳较大字体;当设置"固定值"时,如果文本高度大于设置的固定值,则该行的文本不能完全显示出来。

各行距选项的含义如下。

- "单倍行距":每行高度为可容纳这行中最大的字体,并上下留有适当空隙,这是默认值。
- "1.5 倍行距":每行高度为这行中最大字体高度的 1.5 倍。
- "2 倍行距":每行高度为这行中最大字体高度的 2 倍。
- "最小值":Word 自动调整高度以容纳最大字体。
- "固定值":固定行距。Word 不能调整。
- "多倍行距":允许行距设置为小数的倍数,如 3.25 倍等。

设置段落缩进和段落间距时,单位有"磅""厘米""字符""英寸"等。可以通过单击"文件"按钮,在菜单中选择"选项"命令,打开"Word 选项"对话框,单击"高级"标签,如图 6-35 所示,在"显示"栏中进行度量单位的设置。一般情况下,如果度量单位选择为"厘米",而"以字符宽度为度量单位"复选框也被选中的话,默认的缩进单位为"字符",对应的段落间距和行距为"磅";如果没有选中"以字符宽度为度量单位"选项,则缩进单位为"厘米",对应的段落间距和行距为"行"。

图 6-35 设置度量单位对话框

6.3.3 首字下沉

首字下沉是将选定段落的第一字放大数倍,用来引导阅读,这也是在报纸、杂志中经常使用的排版方式。

建立首字下沉的操作步骤如下:

(1) 把光标移到需要设置首字下沉的段落中,单击"插入"选项卡中"文本"组中的"首字下沉"按钮,如图 6-36 所示。

(2) 在其下拉菜单中有三种预设的方案,可以根据需要选择使用;如果要进行详细的设置,可以选择"首字下沉选项"命令。

(3) 在弹出的"首字下沉"对话框中进行设置,如图 6-37 所示,此对话框不仅可以设置首字下沉,还可以设置首字悬挂。

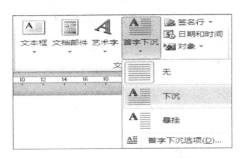

图 6-36 设置首字下沉效果

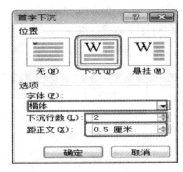

图 6-37 "首字下沉"对话框

> **提示**
> 若要取消首字下沉,只要选定已首字下沉的段落,单击"插入"选项卡中的"文本"组中的"首字下沉"下拉按钮,在下拉菜单中选择"无"即可。

6.3.4 边框和底纹

在 Word 中给文字或段落增加边框和底纹,以突出显示某个部分,起到强调和美观的作用。

简单添加边框和底纹,可以分别单击"开始"选项卡中"段落"组中的"底纹"和"框线"按钮,较复杂的设置则通过"边框和底纹"对话框来实现。选定文本,单击"开始"选项卡中"段落"组中"框线"的下拉按钮,在下拉菜单中选择"边框和底纹"命令,打开如图 6-38 所示对话框。

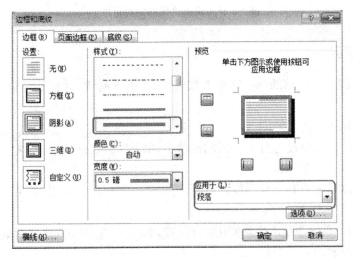

图 6-38 "边框和底纹"对话框

1. "边框"选项卡

"边框"选项卡用于对选定的文字和段落加边框,可以选择边框的类别、样式、颜色和线条宽度等。可以根据需要对边框的上、下、左和右做适当的添加和删除。

2. "页面边框"选项卡

"页面边框"选项卡用于对页面或整个文档加边框。它的设置与"边框"选项卡类似，但增加了"艺术型"下拉列表框。

3. "底纹"选项卡

"底纹"选项卡用于对选定的文字和段落加底纹。其中"填充"下拉列表框用于设置底纹的背景色；"样式"下拉列表框用于设置底纹的图案样式；"颜色"下拉列表框用于设置底纹图案中点或线的颜色，如图 6-39 所示。

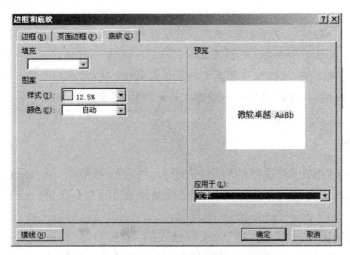

图 6-39 "边框和底纹"设置底纹样式

> 小提示
> 设置文字和段落的边框和底纹时，要注意"应用于"下拉列表中选择的是段落还是文字。

6.3.5 分栏

分栏是将一页纸的版面分为几栏，使得页面更生动且具有可读性，这种排版方式在报纸、杂志中经常使用。具体操作如下。

(1) 在文档中选中要分栏的文本。切换到"页面布局"选项卡，在"页面设置"选项组中单击"分栏"按钮。

(2) 在下拉菜单中选择预置的分栏样式，如果选择"更多分栏"命令，则会弹出"分栏"对话框，如图 6-40 所示，用户可以选择分栏时各栏之间是否带"分隔线"，自定义分栏形式，按需要设置"栏数""宽度"和"间距"。

分栏排版不满一页时，会出现分栏长

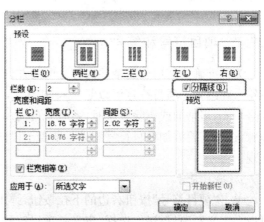

图 6-40 "分栏"对话框

度不同,可以采用等长栏排版解决问题。操作方法:首先将光标移到分栏文本的结尾处,然后单击"页面布局"选项卡中的"页面设置"组中的"分隔符"下拉按钮,在打开的下拉菜单中选择"分节符"区中的"连续"命令。

> **提示**
> 如果用户要取消分栏布局,只需要在"分栏"下拉列表中选择"一栏"选项即可。

> **注意**
> 对文章最后一段进行分栏之前,选中该段文字内容,但是不能选中最后的回车符(段落标记),否则会导致结果不正确,文字只显示在一边。还有一种方法也可以解决这个问题,就是选定最后一段之前,把插入点移至文档最后按 Enter 键,让最后一段后面出现一个段落标记,这样操作以后,就可以用任何一种方式选定段落,不会出现分栏不听指挥的情况了。

6.3.6 格式刷

格式刷是位于"格式"工具栏的一把"刷子"。用它"刷"格式,可以快速将指定段落或文本的格式沿用到其他段落或文本上,不必再重复进行格式设置,实现字符格式的快速复制。

使用格式刷的操作过程:选中已设置好格式的文本,单击"格式刷"按钮,如图 6-41 所示,把鼠标指针移到编辑区,这时鼠标指针变成了刷子形状,即"格式刷"按钮上的图标形状。找到要设置格式的文本,拖动鼠标选择要刷的区域即可,如果同一格式要复制多次,则双击"格式刷"按钮。若要退出多次复制,可再次单击"格式刷"按钮或按 Esc 键取消。

图 6-41 "格式刷"按钮

> **说明**
> 格式刷无法复制艺术字(使用现成效果创建的文本对象,并可以对其应用其他格式效果)文本上的字体和字号。

6.3.7 项目符号和编号

为了准确清楚地表达某些内容之间的并列和顺序关系,文档处理的过程中经常用到项目符号和编号。项目符号可以是字符和图片,编号是连续的数字或字母。Word 具有自动编号功能,当增加或删除段落时,系统会自动调整相关的编号顺序。创建项目符号和编号的步骤:选择需要添加项目符号和编号的若干段落,单击"开始"选项卡中"段落"组中的按钮来实现。

1. 项目符号

单击"项目符号"按钮右边的下拉按钮,弹出项目符号库,可以选择预设的项目符号,也可以自定义新项目符号,选择"定义新项目符号"命令,打开如图 6-42 所示对话框,单击"符号"和"图片"按钮选择新的项目符号。如果是字符,还可以通过"字体"按钮改变字符的大小、颜色等。

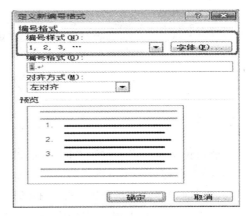

图6-42 "定义新项目符合"对话框　　　图6-43 "定义新编号格式"对话框

2．编号

单击"编号"按钮右边的下拉按钮,弹出编号库,可以选择预设的编号,也可以自定义新编号,选择"定义新编号"命令,打开如图6-43所示对话框,可以设置编号的字体、样式、格式、对齐方式等。

3．多级列表

多级列表可以清晰地表明各层次的关系。创建多级列表时,需要先确定多级格式,然后输入文字,再通过"段落"组中的"减少缩进量"和"增加缩进量"按钮来确定层次关系。

要取消项目符号、编号和多级列表,只需要再次单击相应的按钮即可。

> 提示
> 如果不想将文本转换为多级列表,可以单击出现的"自动更正选项"智能标记按钮,在弹出的下拉列表中执行"撤销自动编排项目符号"命令,如图6-44所示。

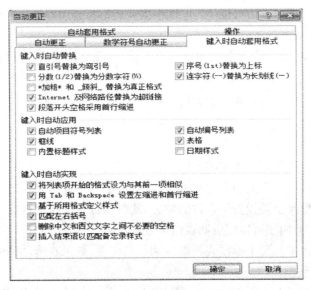

图6-44 "自动套用格式"对话框

项目符号、编号以及多级符号的设置效果如图 6-45 所示。

◇ 字符排版	一、字符排版	1 字符排版
◇ 段落排版	二、段落排版	1.1 段落排版
◇ 节排版	三、节排版	1.1.1 节排版

图 6-45 项目符号、编号以及多级符号设置效果

6.3.8 制表位

制表位是指在水平标尺上的位置，指定文字缩进的距离或一栏文字开始之处。按 Tab 键后，插入点移动到的位置叫制表位。制表位的三要素包括制表位位置、制表位对齐方式和制表位的前导字符。在设置一个新的制表位格式的时候，主要是针对这三个要素进行操作：

- 位置：制表位位置用来确定表内容的起始位置，比如，确定制表位的位置为 10.5 磅（point）时，在该制表位处输入的第一个字符是从标尺上的 10.5 磅（point）处开始，然后，按照指定的对齐方式向右依次排列。
- 对齐方式：制表位的对齐方式与段落的对齐格式完全一致，只是多了小数点对齐和竖线对齐方式。选择小数点对齐方式之后，可以保证输入的数值是以小数点为基准对齐；选择竖线对齐方式时，在制表位处显示一条竖线，在此处不能输入任何数据。
- 前导字符：前导字符是制表位的辅助符号，用来填充制表位前的空白区间。比如，在书籍的目录中，就经常利用前导字符来索引具体的标题位置。前导字符有 4 种样式，它们是实线、粗虚线、细虚线和点划线。

制表位是符号与段落缩进格式的有机结合，所以，只要是在普通段落中可以插入的对象，都能够被插入到制表位中。

初学者往往用插入空格的方法来达到各行文本之间的列对齐。显然，这不是一个好方法。简单的方法是按 Tab 键来移动插入点到下一制表位，这样很容易做到各行文本的列对齐。Word 中，默认制表位是从标尺左端开始自动设置，各制表位间的距离是 2.02 字符。另外，Word 提供了 5 种不同的制表位，可以根据需要选择并设置制表位间的距离。

1. 用标尺设置制表位

在位于标尺左侧，有一个不引人注目的小工具，它就是设置制表位对齐方式的形态可变的制表符。默认状态下的制表符保持左对齐方式"⊥"，单击该制表符可以依次改变其形状，包括居中式制表符"⊥"、右对齐式制表符"⊥"、小数点对齐式制表符"⊥"和竖线对齐式制表符"｜"。如果单击标尺的某刻度值，可以在被击点产生制表符。

使用标尺设置制表位的方法如下：

（1）将光标置于要设置制表位的段落；
（2）单击水平标尺左端的制表位对齐方式按钮，选定一种制表符；
（3）单击水平标尺上要设置制表位的地方，此时该位置上出现选定的制表符图标；
（4）重复（2）、（3）两步可以完成制表位设置工作；
（5）可以拖动水平标尺上的制表符图标调整其位置，如果在拖动的时候按住 Alt 键，可以看到精确的位置数据。

设置好制表符位置后，当键入文本并按 Tab 键时，光标会依次移到所设置的下一制表

位上。如果想取消制表位的设置,只要往下拖动水平标尺上的制表符图标离开水平标尺的位置即可。

> **注意**
> 　　设置了制表位,当按 Enter 键新建一段时,制表位格式后延续都后续的段落中,如果要取消此段的所有制表位,可以使用 Ctrl+Q 的快捷键。

2. 使用"制表位"对话框设置制表位

使用"制表位"对话框设置制表位的方法如下:

(1) 将光标置于要设置制表位的段落;

(2) 在"开始"功能区的"段落"分组中单击显示"段落"对话框按钮。在打开的"段落"对话框中单击"制表位"按钮,打开如图 6-46 所示的"制表位"对话框;

(3) 在"制表位位置"编辑框中输入制表位的位置数值,调整"默认制表位"编辑框的数值,以设置制表位间隔;

(4) 在"对齐方式"组中选择制表位的一种对齐方式;

(5) 在"前导符"组中选择前导符样式。

(6) 单击"设置"按钮;

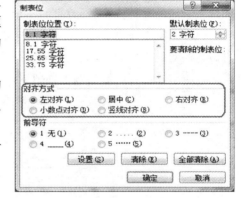

图 6-46　"制表位"对话框

(7) 重复(3)~(6),可以设置多个制表位。单击"确定"按钮即可。

如果要删除某个制表位,则可以在"制表位位置"文本框中选定要清除的制表位位置,并单击"清除"按钮即可。单击"全部清除"按钮可以一次清除所有设置的制表位。

利用标尺,可以实现如图 6-47 所示的制表效果。注意标尺上出现的符号。

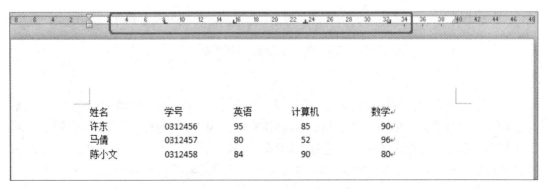

图 6-47　制表符设置效果

6.4 页面设置与打印

创建好一篇文档后,如果要把它打印出来,就要对它的页面进行设置,不然在打印时,可能会出现文档内容打印不全等问题。页面排版反映了文档的整体外观和输出效果,页面排版主要包括页面设置、页眉和页脚、脚注和尾注、页面背景等。

6.4.1 页面设置

页边距就是页面上打印区域之外的空白空间。如果页边距设置得太窄,打印机将无法打印纸张边缘的文档内容,导致打印不全。所以在打印文档前应先设置文档的页面。通过"页面布局"选项卡中的"页面设置"组中的相应的按钮或通过"页面设置"对话框来实现。"页面设置"对话框可通过"页面布局"选项卡中的"页面设置"组中的对话框启动器打开,如图6-48所示。该对话框有四个选项卡:

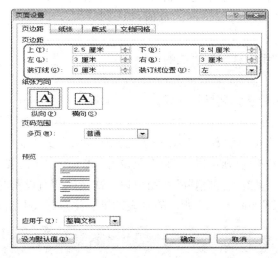

图6-48 "页面设置"对话框

1. "页边距"选项卡

页边距是指页面四周的空白区域,通俗理解是页面的边线到文字的距离。通常,可在页边距内部的可打印区域中插入文字和图形,脚注和尾注也显示在页边距以内,而页眉、页脚和页码则显示在页边距上。也可以通过"页面布局"选项卡中"页面设置"组中的"页边距"下拉按钮设置页边距,它提供了"普通""窄""适中""宽"和"镜像"5种预设方式。

2. 纸张设置

"纸张"选项用于选择纸张的大小,一般默认是A4纸,如果当前纸张为特殊规格,可以选择"自定义大小"选项,并通过"高度"和"宽度"文本框定义纸张大小。

3. 文档网格的设置

网格对我们来说并不陌生,如我们所使用的信纸、笔记本、作业本上都有。在Word文档中也一样可以设置网格。"文档网格"选项卡用于设置每页容纳的行数和每行容纳的字数等,打开"页面设置"对话框,切换到"文档网格"选项卡,如图 6-49 所示。在"网格"选项组中选中"指定行和字符网格"单选按钮,根据需要进行适当设置。

通常,页面设置作用于整个文档,如果对部分文档进行页面设置,应在"应用于"下拉列表框中选择范围。

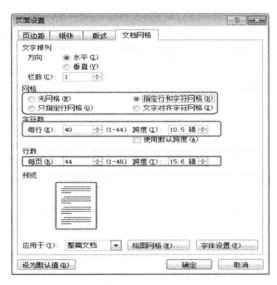

图 6-49 "文档网格"对话框

4. 设置页面颜色和背景

Word 2010 为用户提供了丰富的页面背景设置功能,用户可以非常便捷地为文档应用水印、页面颜色和页面边框的设置,如图 6-50 所示。用户通过对页面颜色的设置,可以为背景应用渐变、图案、图片、纯色或纹理等填充效果,并可以采用平铺或重复方式来填充页面,从而让用户可以针对不同应用场景制作专业美观的文档。页面填充效果设置如图 6-51 所示。

图 6-50 "页面背景"组

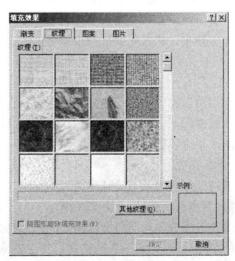

图 6-51 "页面填充效果"对话框

6.4.2 文档分页与分节

文档的不同部分通常会另起一页,很多用户习惯加入多个空行的方法来实现,这样会导致修改文档时重复排版,调整布局,大大增加了工作量,降低了工作效率。借助于 Word 中的分页或分节操作,可有效划分文档内容的布局,使文档排版工作简洁高效。插入分页和分节符的一般方法是单击"页眉布局"选项卡中的"页面设置"组中的"分隔符"按钮,打开如图 6-52 所示的选项列表,根据需要进行选择。

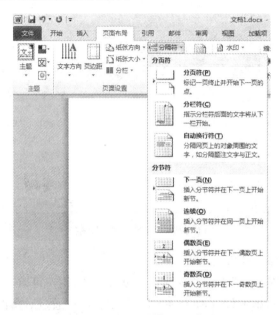

图 6-52 "分页符"和"分节符"

1. 分页符

Word 具有自动分页的功能,当键入文本或插入图形满一页时,Word 会自动分页。当编辑排版后,Word 会根据情况自动调整页的位置,有时为了单独另起一页,可以插入分页符进行人工分页。插入分页符的步骤是:

(1) 将插入点移到新的一页的开始位置;

(2) 按 Ctrl+Enter;或单击"插入"选项卡"页"组中的"分页"按钮;还可以单击"页面布局"选项卡"页面设置"组中的"分隔符"按钮,在打开的"分隔符"列表中单击"分页符"命令。

在普通视图下,人工分页符是一条水平虚线,如果要删除分页符,只要把光标移到人工分页符的水平虚线中,按 Delete 键删除即可。

2. 分节符

分节符是指为表示节的结尾插入的标记。分节符包含节的格式设置元素,如页边距、页面的方向、页眉和页脚,以及页码的顺序。

分节符起着分隔其前面文本格式的作用,如果删除了某个分节符,它前面的文字会合并到后面的节中,并且采用后者的格式设置。通常情况下,分节符只能在"普通"视图下看到,如果想在页面视图或大纲视图中显示分节符,只需选中"常用"工具栏中的"显示/隐藏编辑标记"选项即可。

图6-52中有四种不同类型的分节符：
- "下一页"：插入一个分节符，新节从下一页开始。分节符中的下一页与分页符的区别在于前者分页又分节，而后者仅仅起到分页的效果。
- "连续"：插入一个分节符，新节从同一页开始。
- "奇数页"：插入一个分节符，新节从下一个奇数页开始。
- "偶数页"：插入一个分节符，新节从下一个偶数页开始。

由于"节"不是一种可视的页面元素，很容易被忽视，如果文档少了节的设置，许多排版效果无法实现。默认方式下，Word将整个文档视为一节，所有对文档的设置都是应用于整篇文档的。在插入分节符后，用户可以根据需要设置每节的格式。在长文档的编辑和排版中，经常需要设置节来完成复杂的"页眉页脚"以及"页码"的格式设置，在一篇文档中如果既有"横向"页面又有"纵向"页面，也需要用到"分节符"。

6.4.3 页眉、页脚和页码

在文档排版打印时，通常在每页的顶部和底部加入一些说明性信息，称为页眉和页脚。页眉和页脚是文档中每个页面的顶部、底部和两侧页边距中的区域，在页眉和页脚中可以插入文本、图形或图片。例如，可以添加页码、时间和日期、公司徽标、文档标题、文件名或作者姓名等，这样可以使文档更加丰富。

Word 2010中内置了20余种页眉和页脚样式，可以直接应用于文档中，用户还可以创建自定义外观的页面和页脚，并将新的保持到样式中库中。单击"插入"选项卡中的"页眉和页脚"组中相应的按钮来完成。选择样式输入内容后，可以双击正文回到文档中。编辑"页眉和页脚"时，正文呈浅灰色，表示不可编辑。编辑时，双击页眉、页脚或页码区域，Word 2010会自动出现"页眉和页脚工具"中的"设计"选项卡，如图6-53所示。

图6-53 "页眉和页脚工具"选项卡

1. 添加页眉和页脚

页眉位于页面的顶端，页脚位于页面的底端，它们不占用正文的显示位置，而显示在正文与页边缘之间的空白区域。页眉和页脚一般用来显示一些重要信息，如文章标题、作者、公司名称、日期等。

在"插入"选项卡中单击"页眉"或"页脚"按钮，单击所需的页眉或页脚样式，页眉或页脚即被插入文档的每一页中。

在文档中可自始至终使用同一个页面和页脚，也可以在文档的不同部分使用不同的页眉和页脚，例如"首页不同"和"奇偶页不同"。

2. 为文档各节创建不同的页眉和页脚

用户可以为文档的各节创建不同的页眉和页脚，例如需要在一个长文档的"目录"和"正文"两部分应用不同的页脚样式，首先要在需要的位置插入分节符。操作方法如下：将光标移到目录的最后,单击"页面布局"选项卡"页面设置"组的"分隔符"下拉按钮,在弹出的下拉菜单中选择"分节符—连续",这时,会出现如图6-54所示的分节符。显示分节符和分页符的操作:单击"文件"选项卡中的"选项"命令,在弹出的对话框中,单击"显示",在"始终在屏幕上显示这些格式标记"中单击"显示所有格式标记"多选框,如图6-55所示。

图 6-54　分节符和分页符显示效果

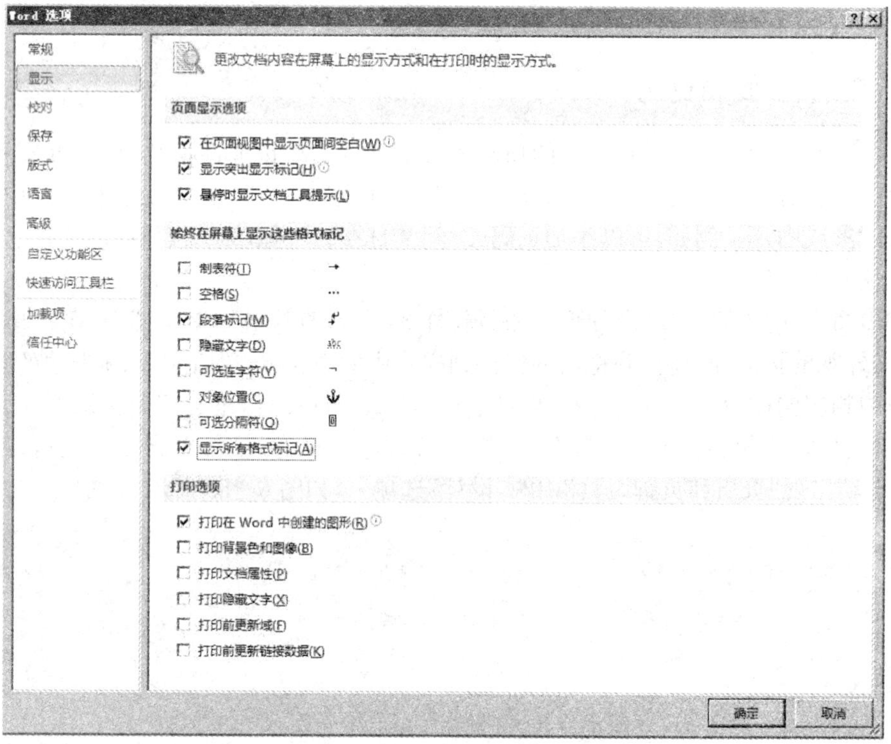

图 6-55　"Word 选项"显示对话框

选择编辑页眉,出现如图6-56所示的效果,当需要第2节页眉和第1节页眉不同时,单击"页眉和页脚工具"功能的"设计"选项卡中的"链接到前一条页眉",此时,"与上一节相同"字样自动消失,就可以设置不同的页眉了,用同样的方法,可以添加第3节、第4节甚至更多的不同的页眉的样式。同样页脚格式的不同也可以通过分节符来设置。

> 说明
> 　　要在适当的位置添加分页符和分节符,否则,无法实现不同的"页眉和页脚"以及"页码"的设置。

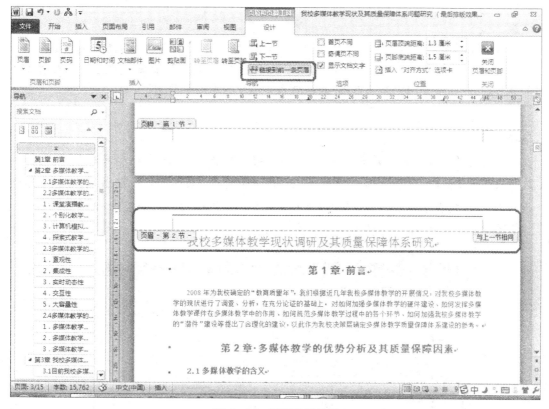

图 6-56　页眉显示效果

3．添加页码

在打印的文档中，一般都标注页码，可以单击"插入"选项卡中"页面和页脚"组中"页码"按钮，如图 6-57 所示，然后根据需要选择页码在文档中显示的位置。

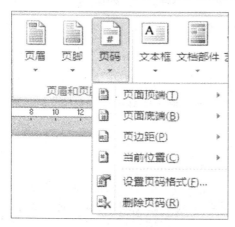

图 6-57　"页码"下拉菜单

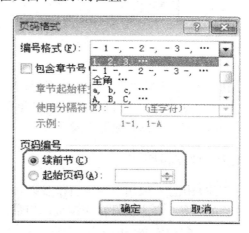

图 6-58　"页码格式"对话框

如果要改变页码的格式，可单击"设置页面格式"命令，在弹出的如图 6-58 所示的对话框中，设置页码的"编号格式"以及"起始页码"。

> **注意**
> 只有在页面视图和打印预览方式下可以看到插入的页面,其他视图看不到。如果在一篇文章中要设置不同的页码编号,需要对文章进行节的设置,也就是在适当的位置增加分节符。"续前节"和"起始页码"的选项在实际操作中经常使用。

> **小提示**
> 用户如果对所添加的页眉或页脚的横线不满意,还可以在"边框和底纹"中进行修改。操作方法:进入页眉编辑状态,单击"开始"选项卡中"段落"组中"框线"按钮 右边的下拉按钮,在下拉菜单中选择"边框和底纹"命令,在弹出的对话框中,设置成如图6-59所示的效果,同理,页脚处的线型只要保留上线即可。

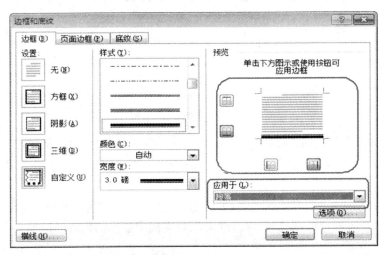

图6-59 页眉横线设置

4. 删除页眉或页脚

在整个文档中删除所有页眉或页脚的方法:单击"插入"选项卡中的"页眉和页脚"组中的"页眉"下拉按钮,在下拉菜单中单击"删除页眉"命令即可删除页眉,单击"页脚"下拉菜单的"删除页脚"命令即可删除页脚。

6.4.4 脚注和尾注

脚注和尾注一般用于在文档和书籍中显示引用的资料的来源,或者用于输入说明性或补充性的信息。脚注是附在文章页面的最底端,对某些东西加以说明,印在书页下端的注文。尾注一般位于文档的末尾,列出引文的出处等。

脚注和尾注由两部分组成,包括注释引用标记和其对应的注释文本。脚注和尾注都是用一条短横线与正文分开,一般注释文本都比正文文本的字号小一些。用户可让 Word 自动为标记编号或创建自定义的标记。在添加、删除或移动自动编号的注释时,Word 将对注释引用标记重新编号。注释可以使用任意长度文本,也可以进行格式设置,还可以自定义注释分隔符,即用来分隔文档正文和注释文本的线条。同一文档中,可以同时包含脚注和尾注,且仅在页面视图中可以看到。

设置脚注和尾注可以通过单击"引用"选项卡中的"脚注"组中的按钮,或单击"脚注"组右下角的对话框启动器,打开如图 6-60 所示的对话框进行设置。

图 6-60 "脚注和尾注"对话框

当插入脚注或尾注后,不必向下到页面底部或文档结尾处,只要将鼠标停留在脚注和尾注的引用标记上,注释文本就会出现在屏幕提示中。

要删除脚注和尾注,只要定位在脚注和尾注引用标记前,按 Delete 键即可删除注释引用标记和注释文本。

在 Word 中,插入脚注的快捷键:Ctrl+Alt+F;插入尾注的快捷键:Ctrl+Alt+D。

文档中插入脚注后的效果,如图 6-61 所示。

要删除脚注[①]和尾注,只要定位在脚注和尾注引用标记前,按 Delete 键即可删除注释引用标记和注释文本。

在 Word 中,插入脚注的快捷键为:ALT+CRTL+F;插入尾注的快捷键为:ALT+CTRL+D。

3.4.4 打印

当文档编辑、排版完成后,就可以打印输出了。打印前,可以利用打印预览功能先查看一下排版是否理想。如果满意,则打印,否则可继续修改排版。

1. 打印预览

打印预览视图是一个独立的视图窗口,与页面视图相比,可以更真实地表现文档外观。而且在打印预览视图中,可任意缩放页面的显示比例,也可以同时显示多个页面。

通过"文件"选项卡进行打印预览是最常用的方法,操作步骤如下。

(1) 在"文件"选项卡中单击"打印"按钮,最右边直接显示打印预览效果图,如图 3-52 所示。

---

① 脚注是附在文章页面的最底端,对某些东西加以说明

图 6-61 插入脚注的效果

6.4.5 打印

当文档编辑、排版完成后,就可以打印输出了。打印前,可以利用打印预览功能先查看一下排版是否理想。如果满意,则打印,否则可继续修改排版。

1. 打印预览

打印预览视图是一个独立的视图窗口,与页面视图相比,可以更真实地表现文档外观。而且在打印预览视图中,可任意缩放页面的显示比例,也可以同时显示多个页面。

通过"文件"选项卡进行打印预览是最常用的方法,操作步骤如下:

(1) 在"文件"选项卡中单击"打印"按钮,最右边直接显示打印预览效果图,如图 6-62 所示。

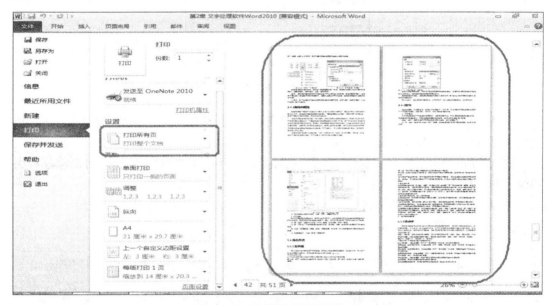

图 6-62 选择"打印预览"命令

(2) 可以通过调整"显示比例"预览效果,如果觉得满意,单击"打印"按钮就可以打印输出。

2. 打印文档

对打印预览效果满意之后,就可以进行打印了。如果只需要打印部分文档或采取其他的打印方式等,就要对打印属性进行设置,例如,只打印稿件的第一页可以进行如下设置:

(1) 在"文件"选项卡中单击"打印"按钮,右侧弹出"打印"面板。

(2) 在"打印机"下拉列表框中选择打印机,然后在"设置"选项组中选择要打印的文档范围。

(3) 单击"页面设置"按钮,弹出"页面设置"对话框,可以对页面的布局和纸张进行设置。

(4) 设置完成后,单击"确定"按钮即可。

6.5 插入对象

6.5.1 图形

1. 文本框

在 Word 中文本框是指一种可移动、可调大小的文字或图形容器。使用文本框，可以在一页上放置数个文字块，或使文字按与文档中其他文字不同的方向排列。文本框是一独立的对象，框中的文字和图片可随文本框移动，它与给文字加边框是不同的概念。实际上，可以把文本框看作一个特殊的图形对象，利用文本框可以把文档编排得更丰富多彩。Word 2010 内置了一系列具有特定样式的文本框。

(1) 绘制文本框

单击"插入"选项卡中"文本"组中的"文本框"按钮，在下拉菜单中单击"内置"栏中所需的文本框图标即可。如果要插入一个无格式的文本框，可选择"绘制文本框"或"绘制竖排文本框"命令，然后在页面文档中拖动鼠标指针绘出文本框。也可以单击"插入"选项卡中"插图"组中"形状"按钮，在下拉菜单中单击"文本框"或"垂直文本框"，鼠标变成十字，在文中的任意位置按住鼠标左键拖动一个区域，则添加一个空白的文本框。此时选中文本框，则出现如图 6-63 所示的选项卡。

图 6-63 "绘图工具"选项卡

(2) 改变文本框的位置、大小和环绕方式
- 移动文本框：鼠标指针指向文本框的边框线，当鼠标指针变成十字箭头形状时，用鼠标拖动文本框，实现文本框的移动。
- 复制文本框：选中文本框，按住 Ctrl 键，并用鼠标拖动文本框，可实现文本框的复制。
- 改变文本框的大小：首先单击文本框，选定文本框，在它四周出现八个控制大小的小方块，向内/外拖动文本框边框线上的小方块，可改变文本框的大小。

2. 形状

Word 2010 中的形状包括线条、矩形、基本形状、箭头总汇、公式形状、流程图、星与旗帜、标注 8 种类型，如图 6-64 所示，每种类型又包含若干图形样式。插入的形状中可以添加文字、设置阴影、发光、三维旋转等各种特殊效果。

通过单击"插入"选项卡中"插图"组中"形状"按钮，在下拉菜单的形状库中单击需要的图标，然后在文档中按住鼠标左键拖动一个区域完成图形的绘制，需要编辑和格式化时，先选中形状，在如图 6-63 所示的"绘图工具"选项卡或快捷菜单中操作。

在"绘图工具"中"格式"选项卡中各组的具体功能说明如下：

- 插入形状:用于插入图形,以及在图形中添加和编辑文本。
- 形状样式:用于更改图形的总体外观样式。
- 艺术字样式:用于更改艺术字的样式。
- 文本:用于更改文本格式。
- 排列:用于指定图形的位置、层次、对齐方式以及组合和旋转图形。
- 大小:用于指定图形的大小尺寸。

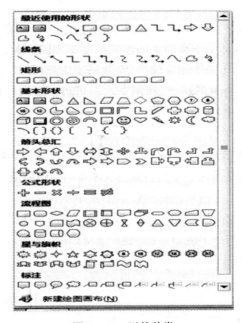

图 6-64 形状种类

形状最常用的编辑和格式化操作包括缩放和旋转、添加文字、组合与取消组合、叠放次序、设置形状样式等。

(1) 缩放和旋转

单击图形,在图形四周会出现 8 个方向的控制句柄和一个绿色圆点,拖动控制句柄可以进行图形缩放,拖动绿色圆点可以进行图形旋转。

(2) 添加文字

在需要添加文字的图形上单击鼠标右键,在快捷菜单中选择"添加文字"即可。文字会随图形一起移动。

(3) 组合与取消组合

如果要使添加的图形构成一个整体,可以同时移动和编辑,则可以按住 Shift 键再分别单击其他图形,然后当鼠标变成十字箭头形状时,单击鼠标右键,选择快捷菜单中的"组合"选项中的"组合"命令。若要取消组合,选中图形,单击鼠标右键,在快捷菜单中的"组合"选项中的选择"取消组合"命令即可。组合效果如图 6-65 所示。

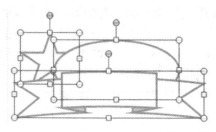 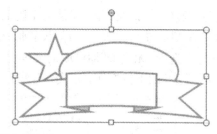

图 6-65　图形组合效果

（4）叠放次序

当在文档中绘制多个重叠的图形时，每个重叠的图形有叠放的次序，这个次序与绘制的顺序相同，默认最先绘制的在最下面。选中图形，单击鼠标右键，在"置于底层"命令中可以选择置于顶层、上移一层和浮于文字上方，在"置于底层"命令中可以选择置于底层、下移一层、衬于文字下方的叠放次序。设置完成后，上层图形会遮盖下层图形，所以要选择合适的叠放次序，让图形可以完美呈现，如图 6-66 所示。

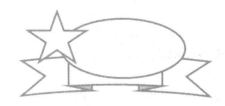 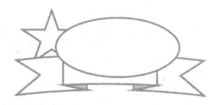

图 6-66　叠放次序的不同效果

（5）设置形状样式

在"形状样式"组中，可以设置图形的形状填充、形状轮廓以及形状效果。形状轮廓主要对形状的外边框进行设置，此选项可以实现隐藏外边框的效果，只需要将"形状样式"中"形状轮廓"设置为"无轮廓"即可。形状效果主要如图 6-67 所示，可以给图形对象添加阴影或产生立体效果。

使用形状可以绘制如图 6-68 所示的流程图。

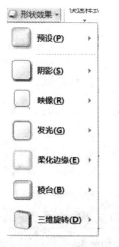 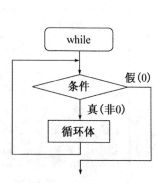

图 6-67　"形状效果"设置内容　　　图 6-68　绘制流程图

说明："假(0)"和"真(非0)"是两个隐藏了外边框的文本框。隐藏外边框的方法是：选中文本框，右键在快捷方式中选择"设置形状格式"命令，弹出如图6-69所示对话框，单击"线条颜色"，选择"无线条"即可取消文本的边框了。或者单击"格式"选项卡"形状样式"组中的"形状轮廓"的下拉按钮，在下拉菜单中选择"无轮廓"即可。

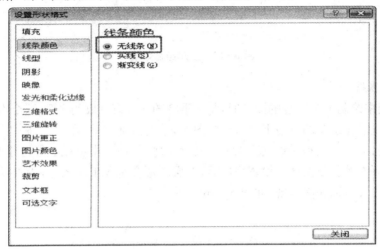

图6-69 "设置形状格式"线条颜色对话框

6.5.2 艺术字

艺术字是经过专业的字体设计师艺术加工的汉字变形字体，字体特点符合文字含义、具有美观有趣、易认易识、醒目张扬等特性，是一种有图案意味或装饰意味的字体变形。艺术字能从汉字的义、形和结构特征出发，对汉字的笔画和结构作合理的变形装饰，书写出美观形象的变体字。艺术字的使用会使文档产生艺术美的效果，常用来创建旗帜鲜明的标志或标题。

在文档中插入艺术字可以通过"插入"选项卡中"文本"组中的"艺术字"下拉按钮来实现，生成艺术字后，可在其中的"艺术字样式"组中进行编辑操作，如改变艺术字样式，增加艺术字效果等，"艺术字"文字效果如图6-70所示。

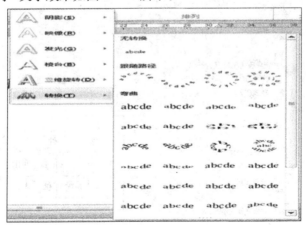

图6-70 "艺术字"文字效果

将艺术字的版式设为浮动型后,其周围将出现三种标志,拖动 8 个白色控点,可改变其大小,转动绿色旋转控点可对其进行旋转,拖动黄色菱形控点可改变其形状。此外,还可以利用"绘图工具栏"上的"填充颜色""线条颜色""线型""虚线线型""阴影样式""三维阴影样式"等按钮对艺术字进行修饰。

如果要删除艺术字,只要选中艺术字,按 Delete 键即可。

Word 中插入艺术字的效果如图 6-71 所示。

图 6-71 "艺术字"效果

6.5.3 SmartArt 图形

SmartArt 图形是信息和观点的视觉表示形式。可以通过从多种不同布局中来选择创建 SmartArt 图形,从而快速、轻松、有效地传达信息。

虽然插图和图形比文字更有助于读者理解和回忆信息,但大多数人仍创建仅包含文字的内容。创建具有设计师水准的插图很困难,尤其是当本人是非专业设计人员或者聘请专业设计人员过于昂贵时。如果使用早期版本的 Microsoft Office,用户可能无法专注于内容,而是要花费大量时间进行以下操作:使各个形状大小相同并且适当对齐;使文字正确显示;手动设置形状的格式以符合文档的总体样式。然而现在使用 SmartArt 图形和其他新功能,如"主题"(主题:主题颜色、主题字体和主题效果三者的组合。主题可以作为一套独立的选择方案应用于文件中),只需单击几下鼠标,即可创建具有设计师水准的插图。

Word 中插入 SmartArt 图形的方法:

(1) 切换到"插入"选项卡,在"插图"分组中单击 SmartArt 按钮。

(2) 在打开的"选择 SmartArt 图形"对话框中,如图 6-72 所示,单击左侧的类别名称选择合适的类别,然后在对话框右侧单击选择需要的 SmartArt 图形,并单击"确定"按钮。

(3) 在插入的 SmartArt 图形中单击文本占位符输入合适的文字即可。

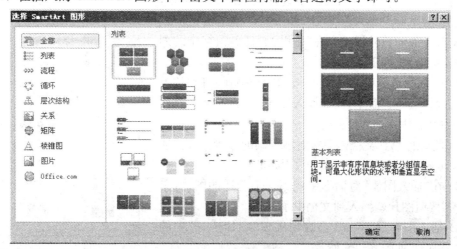

图 6-72 "选择 SmartArt 图形"对话框

插入 SmartArt 图形后，可以利用其"SmartArt 工具"选项卡完成设计和格式的编辑操作，如图 6-73 所示。

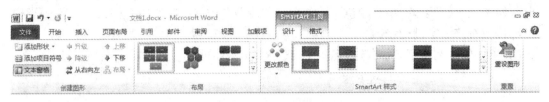

图 6-73 "SmartArt 工具"选项卡

6.5.4 图片

在文档的实际处理过程中，用户往往需要在文档中插入一些图片或剪贴画来修饰文档，增强文档视觉效果。文档中插入的图片主要来源有四个方面：
- 从图片剪辑库中插入剪贴画或图片；
- 通过扫描仪获取出版物上的图片；
- 来自数码相机所拍摄的照片；
- 从网络上下载的所需图片。

在 Word 2010 中可以插入多种格式的图片，如 bmp、jpg、tif、gif、png 等。

1. 插入剪贴画

Office 为用户提供了大量的剪贴画，并存储在剪辑管理器中。剪辑管理器中包含剪贴画、照片、影片、声音和其他媒体文件，统称为剪辑，用户可以将其插入到文档中。文档中插入剪贴画的方法如下：

（1）将光标移到文档需要放置剪贴画的位置，单击"插入"选项卡中的"插图"组中的"剪贴画"按钮 。窗口右侧将打开"剪贴画"任务窗格。

（2）在"搜索文字"文本框中输入剪贴画的关键字，如"pc"，在"结果类型"下拉列表框中选择搜索结果的类型，其中包括"剪贴画""照片""影片"和"声音"。单击"搜索"按钮，符合条件的剪贴画就会在"剪贴画"任务窗格中的列表框中显示出来，如图 6-74 所示。

（3）选择合适的剪贴画单击，或单击剪贴画右侧的下拉菜单，选择"插入"命令，完成插入任务。

2. 插入图片

（1）将光标移到文档需要放置剪贴画的位置，单击"插入"选项卡中的"插图"组中的"图片"按钮。

（2）在"插入图片"对话框中找到一个合适的图片，单击"插入"按钮图片就插入到文档中了。

（3）插入图片后，Word 会自动出现"图片工具"中的"格式"选项卡，如图 6-75 所示。

图 6-74 "剪贴画"对话框

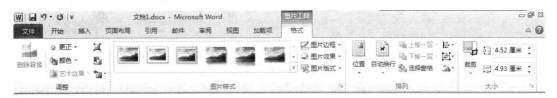

图 6-75 "图片工具"中的"格式"选项卡

"图片工具"功能中"格式"选项组各组的功能介绍如下。

（1）图片样式

在"格式"选项卡中"图片样式"组中包括"图片边框""图片效果"和"图片版式"。"图片样式库"中有许多内置样式，如图 6-76 所示，还可以通过以上三个按钮进行多方面属性的设置，对某图片设置图片样式后的效果如图 6-77 所示。

（2）大小

在"大小"选项组中单击"对话框启动器"按钮，打开如图 6-78 所示对话框，在"缩放比例"选项区域中，选中"锁定纵横比"复选框，只需要修改高度和宽度中的一项，另一项将会自动更改，如果需要改变原图片纵横的比例，则不能选中此项。

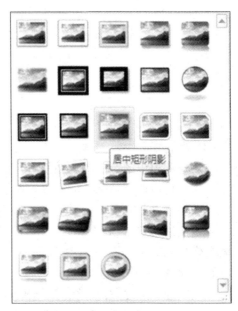

图 6-76 "图片样式库"

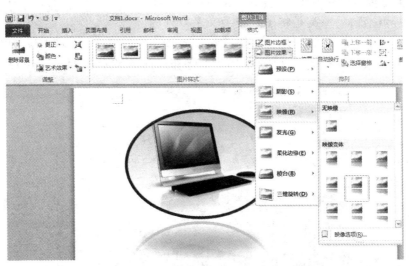

图 6-77 设置图片效果

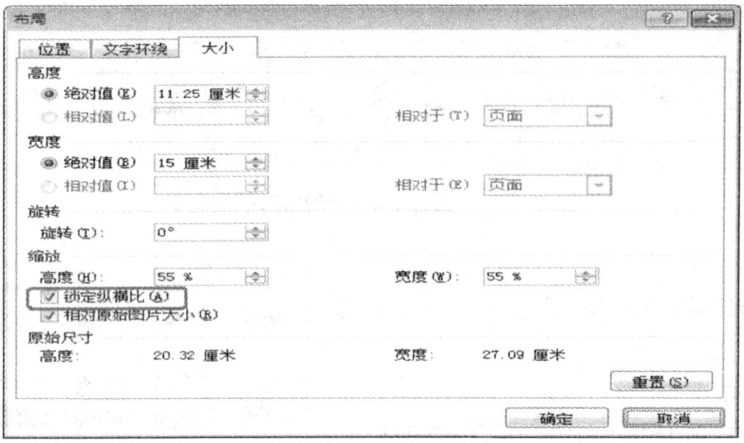

图 6-78 "大小"布局对话框

(3) 调整

在"调整"组中的"更正""颜色"和"艺术效果"按钮可以让用户自由地调节图片的亮度、对比度、清晰度以及艺术效果。这些之前只能通过专业图形图像编辑工具才可以达到的效果，在 Office 2010 中仅需要单击鼠标就能轻松完成了。

(4) "排列"组中的自动换行

文档中插入图片后，常常会把周围的正文"挤开"，形成文字对图片的环绕。文字对图片的环绕方式主要有两类：一类是将图片视为文字对象，与文档中的文字一样占有实际位置，另一类是将图片视为文字以外的

图 6-79 "自动换行"下拉菜单

外部对象。选中图片，单击"图片工具"中"格式"选项组中的"自动换行"下拉菜单，会出现如图 6-79 所示的文字环绕效果，单击其中的"其他布局选项"会弹出如图 6-80 所示对话框。

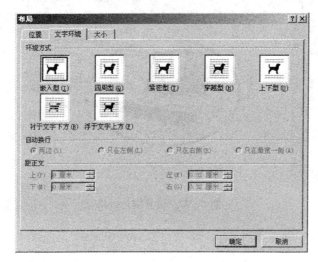

图 6-80 "文字环绕"布局对话框

不同环绕方式在文档中的布局效果如表 6-3 所描述。

表 6-3 环绕方式

环绕设置	在文档中的效果
嵌入型	插入到文字层，可以拖动图形，但只能从一个段落标记移动到另一个段落中，通常用在简单文档和正式报告中
四周型	文本中放置图形的位置会出现一个方形的"洞"，文字会环绕在图形周围，使文字和图形之间产生间隙，可将图形拖到文档中的任意位置。通常用在带有大片空白的新闻稿和传单中
紧密型	在文本放置图形的位置创建了一个形状与图形轮廓相同的"洞"，使文字环绕在图形周围，可以通过环绕顶点改变文字环绕的"洞"的形状，可将图形拖到文档中任何位置，通常用在纸张空间有限且可以接受不规则形状（甚至希望使用不规则形状）的出版物中
穿越型	文字围绕着图形的环绕顶点（环绕顶点可以调整），这种环绕样式产生的效果和表现的行为与"紧密型"相同
上下型	创建了一个与页边距等宽的矩形，文字位于图形的上方或下方，但不会在图形的旁边，可将图形拖动到文档的任何位置，当图形在文档中最重要的地方时会使用这种方式
衬于文字下方	嵌入在文档底部或下方的绘制层，可将图形拖到文档的任何位置，通常用作水印或页面背景图片，文字位于图形上方
衬于文字上方	嵌入在文档上方的绘制层，可将图形拖到文档的任何位置，文字位于图形下方，通常用在有意用某种方式来遮盖文字来实现某种特殊效果

（5）"排列"组中的位置

Word 2010 提供了可以便捷控制图片位置的工具，让用户可以合理地根据文档类型布局图片，单击"图片工具"中"格式"选项组中的"位置"下拉菜单，选择需要的位置效果，单击其中的"其他布局选项"会弹出如图 6-81 所示对话框。

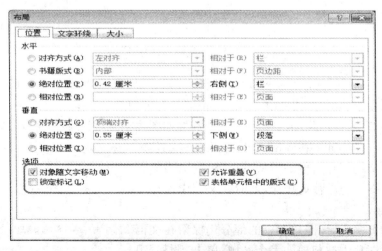

图 6-81 "位置"布局对话框

- 对象随文字移动:该设置将图片与特定的段落关联起来,使段落始终保持与图片显示在同一页面上。该设置只影响页面上的垂直位置;
- 锁定标记:该设置锁定图片在页面上的当前位置;
- 允许重叠:该设置允许图形对象相互覆盖;
- 表格单元格中的版式:该设置允许使用表格在页面上安排图片位置。

提示

图片所选的文字环绕方式不同将影响位置选项的可用性。

(6) 删除图片背景和裁剪图片

插入在文档中的图片,有时由于原始图片的大小、内容等因素不能满足需要,希望能对图片采取进一步的处理,Word 2010 提供了去除图片背景和对其进行裁剪的功能。

删除图片背景并裁剪的操作步骤如下:

① 选中图片,单击"格式"选项组中"调整"组的"删除背景"按钮,此时在图片上出现遮幅区域,如图 6-82 所示;

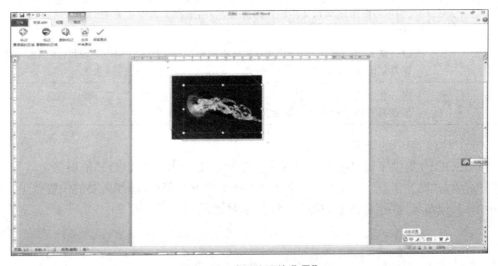

图 6-82 "删除图片背景"

② 在图片上调整选择区域拖动柄,使要保留的图片内容浮现出来,调整完成后,在"消除背景"选项卡中单击"保留更改"按钮,完成图片背景的消除工作。

虽然图片背景被消除,但是图片的大小和原始图片相同,因此希望将空白区域裁剪掉。

③ 在"格式"选项卡中单击"大小"组中的"裁剪"按钮,在图片上拖动图片边框的滑块,以调整到适当的图片大小,按 Esc 键退出裁剪操作,此时在文档中保存了合适的图片。

说明:裁剪完成后,图片多余的部分仍保留在文档中,彻底删除图片中被裁剪的多余区域,单击"调整"组中的"压缩图片"按钮,打开如图 6-83 所示对话框,选中"压缩选项"组中的"删除图片的裁剪区域"复选框,

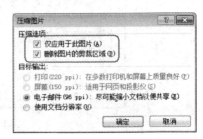

图 6-83 压缩图片

完成此项操作。

(7) 使用绘图画布

Word 中的绘图是指一个或一组图形对象(包括形状、图表、流程图、线条和艺术字等)，用户可以使用颜色、边框或其他效果对其进行设置。向 Word 文档插入图形对象时，可以将图形对象放置在绘图画布中。

绘图画布在绘图和文档的其他部分之间提供了一条框架式的边界。在默认情况下，绘图画布没有背景或边框，也可以像其他对象一样，进行格式设置。

绘图画布还能帮助用户将绘图的各个部分组合起来，适合于若干个形状组成的绘图情况。插入画布的方法：将光标插入到绘制画布的位置，单击"插入"选项卡中"插图"组中的"形状"按钮的下拉列表框中的"新建绘图画布"按钮，即可在插入的绘图画布中插入图形等相关对象。当选择绘图画布时，功能区会出现"格式"选项卡，可以利用提供的按钮实现对画布对象的设置。

如果用户要删除整个绘图或部分绘图，可选择绘图画布或要删除的图形对象，然后按 Delete 键删除。

6.5.5　公式

在编写论文或一些学术著作时，经常需要处理数学公式，利用 Word 2010 的公式编辑器，可以方便快捷地制作和编辑专业的数学公式。Word 2010 提供有创建空白公式对象的功能，用户可以根据实际需要在文档中灵活创建公式。

在文档合适的位置，单击"插入"选项组中的"符号"组中的"公式"按钮，可以使用下拉菜单中预定义好的公式，也可以选择"插入新公式"命令自定义公式，此时，在文档中会出现公式输入框，同时，功能区也会出现如图 6-84 所示的"公式工具"的"设计"选项卡。

图 6-84　"公式工具"的"设计"选项卡

在 Word 2010 文档中将创建一个空白公式框架，然后通过键盘或"公式工具/设计"功能区的"符号"分组输入公式内容。

> **小提示**
>
> 在"公式工具/设计"功能区的"符号"分组中，默认显示"基础数学"符号。除此之外，Word 2010 还提供了"希腊字母""字母类符号""运算符""箭头""求反关系运算符""手写体""几何学"等多种符号供用户使用。

> **注意**
> 在输入公式时,插入点光标的位置很重要,它决定了当前输入内容在公式中所处的位置,可通过在所需的位置处单击来改变光标位置。

6.5.6 文档封面

专业的文档要配以漂亮的封面才会更加完美,在 Word 2010 中,内置的"封面库"为用户封面的设计提供了充足的选择空间。

在文档中添加封面的操作方法:单击"插入"选项卡"页"组中的"封面"按钮,"封面库"以图示的方式列出了许多文档封面,用户单击任意需要的封面,该封面就会自动插入到当前文档的第一页,现有的文档内容会自动后移。单击"封面"中文本属性,输入相应的文字信息,一个漂亮的封面就制作完成了。

如果用户要删除该封面,可以在"插入"选项卡"页"组中的"封面"按钮,在下拉列表中单击"删除当前封面"命令即可。

如果用户自己设计了符合特定需要的封面,也可以将其保存在"封面库"中(使用文档构建),避免在下次使用时重新设计,浪费时间。

6.5.7 使用主题

在 Office 2010 中,主题功能简化了用户设置协调一致、美观专业的文档的操作过程,可以为表格、图表、形状和图示选择相同的颜色或样式,节省了时间。

文档主题是一套具有统一设计元素的格式选项,包括一组主题颜色(配色方案的集合)、一组主题字体(包括标题字体、正文文字)和一组主题效果(包括线条和填充效果)。通过应用文档主题,用户可以快速而轻松地设置整个文档的格式,使其外观专业和时尚。

文档主题可以在 Word、Excel 和 PowerPoint 应用程序之间共享,确保了应用相同主题的 Office 文档高度一致的外观。

文档中使用主题的方法:单击"页面布局"选项卡中"主题"组中的"主题"按钮,系统内置的"主题库"以图示的方式为用户罗列了 20 余种文档主题,用户可以在这些主题之间移动鼠标,通过实时预览功能试用每个主题的应用效果。单击一个符合用户需要的主题,即可完成文档主题的设置。

用户不仅可以应用预定义的文档主题,还能通过依照实际的使用需求创建自定义文档主题。要自定义文档主题,需要完成对主题颜色、主题字体和主题效果的设置工作。对一个或多个这样的主题组建所做的更改将影响当前文档的显示外观。如果要将这些更改应用到新文档中,可以将它们另存为自定义主题文档。

6.6 表格处理

文档中经常需要使用表格来组织有规律的文字和数字,有时还利用表格制作个人简历。表格具有分类清晰、简明直观、可控布局等优点。Word 2010 可以方便地处理各种表格,但在进行大量数据的计算和分析时,Excel 是更好的选择。表格按所需的内容项目画成格子,分别填写文字或数字的书面材料,便于统计查看。表格由一行或多行单元格组成,用于显示数字和其他项以便快速引用和分析。表格中的项被组织为行和列。表格由行、列、单元格(行和列的交叉处称为单元格)三个部分组成。单元格内可以输入字符、图形或另一个表格。Word 中的表格一般有 3 种:规则表格、不规则表格、文本转换表格,如图 6-85 所示。

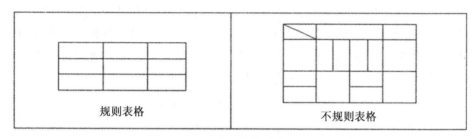

图 6-85　表格的类型

6.6.1　表格创建

1. 建立规则表格

方法 1:单击"插入"选项卡中的"表格"组中的"表格"下拉按钮,在下拉菜单中的虚拟表格里移动鼠标指针,经过需要插入的表格行列,确定后单击鼠标左键,即可创建一个规则表格;

方法 2:单击"插入"选项卡中的"表格"组中的"表格"下拉按钮,在下拉菜单中选择"插入表格"命令,弹出如图 6-86 所示的对话框,选择或直接输入所需的列数和行数,单击"确定"按钮,完成表格的创建。

图 6-86　"插入表格"对话框

2. 建立不规则表格

单击"插入"选项卡中的"表格"组中的"表格"下拉按钮,在下拉菜单中选择"绘制表格"命令,此时,光标呈铅笔状,可直接绘制表格外框、行列线和斜线(在线段的起点单击并拖拽至终点释放),绘制完成后,单击"表格工具"选项卡中的"设计"中的"绘制表格"按钮,取消选定状态或按 Esc 键。也可以在绘制完规则图形后,利用"绘制表格"功能实现单元格的拆分、画斜线,利用"擦除"按钮实现单元格的合并,用鼠标沿表格线拖拽或单击即可。

3. 文本和表格的相互转换

Word可以实现文档中的文字与表格间的相互转换，比如可以一次性将多行文字转换为表格的形式，或将表格形式转换为文字形式。按规律分隔的文本可以转换成表格，文本的分隔符可以是空格、制表符、逗号或其他符号等。

(1) 文本转换成表格

选中所需转换的文本，然后单击"插入"选项卡中的"表格"按钮，在下拉菜单中选择"文本转换成表格"命令，弹出"将文字转换成表格"对话框。在"列数"微调框中输入所需的列数，在"自动调整操作"选项组中选中"固定列宽"单选按钮，在"文字分隔位置"选项组中选中"制表符"单选按钮，如图6-87所示，单击"确定"按钮即可。

图6-87 "将文字转换成表格"对话框

> **提示**
> 如果在转换的过程中，表格的列数始终是一列的话，说明文字分隔符的选择不正确，根据原文档中分隔数据用的符号，可以是段落标记、逗号、空格、制表符，也可以是其他字符，选择不同的符号，看表格的列数是否发生更改，如果没有任何变化，可以在其他字符后填入文档中出现的字符。

(2) 表格转换成文本

选中要转换的表格，单击"布局"选项卡中的"转换为文本"按钮 。在弹出的"表格转换为文本"对话框中选中"制表符"选项，如图6-88所示，单击"确定"按钮，表格即变成文本形式了。

将图6-89所示的表格转换为文本后的效果如图6-90所示。如果选择逗号，效果如图6-91所示。

图6-88 选中"制表符"单选按钮

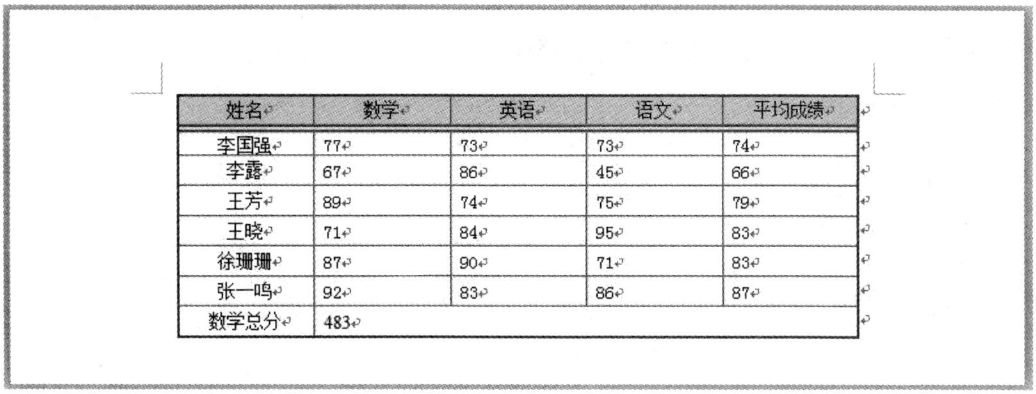

姓名	数学	英语	语文	平均成绩
李国强	77	73	73	74
李露	67	86	45	66
王芳	89	74	75	79
王晓	71	84	95	83
徐珊珊	87	90	71	83
张一鸣	92	83	86	87
数学总分	483			

图 6-89　原表格数据

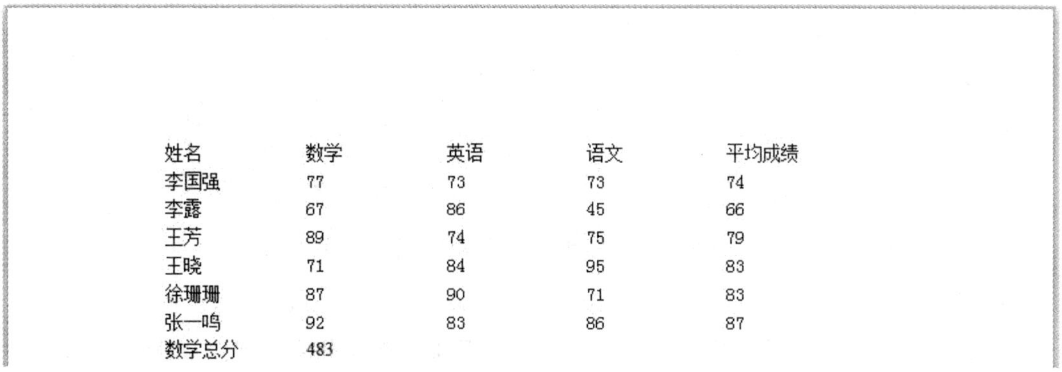

```
姓名      数学      英语      语文      平均成绩
李国强    77        73        73        74
李露      67        86        45        66
王芳      89        74        75        79
王晓      71        84        95        83
徐珊珊    87        90        71        83
张一鸣    92        83        86        87
数学总分  483
```

图 6-90　表格转换为文本后数据

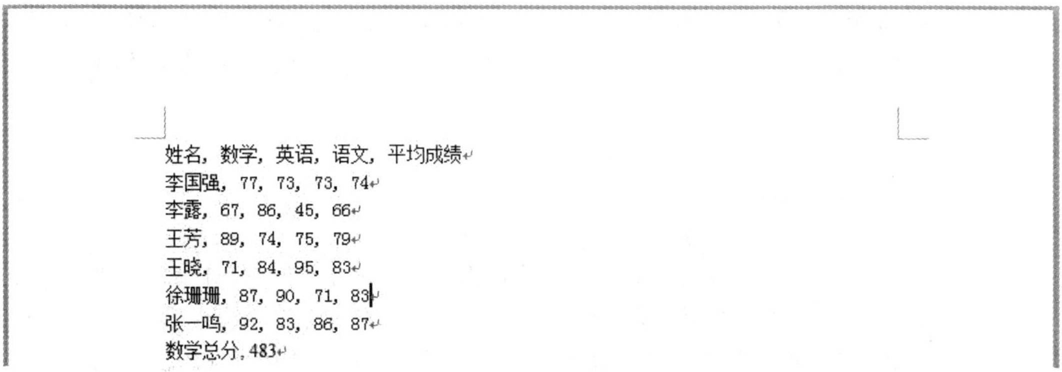

```
姓名, 数学, 英语, 语文, 平均成绩
李国强, 77, 73, 73, 74
李露, 67, 86, 45, 66
王芳, 89, 74, 75, 79
王晓, 71, 84, 95, 83
徐珊珊, 87, 90, 71, 83
张一鸣, 92, 83, 86, 87
数学总分, 483
```

图 6-91　逗号分隔符效果

4. 使用快速表格

快速表格是作为构建基块存储在库中的表格，可以随时被访问和重用。Word 2010 提供了一个"快速表格库"，其中包含一组预先设计好格式的表格，用户可以从中选择实现快速表格的创建，可以节省创建表格的时间和减少工作量，使表格的操作变得很轻松。

快速表格创建的方法：在"插入"选项卡"表格"组中单击"表格"按钮，在下拉列表中选择"快速表格"命令，打开系统内置的"快速表格库"，从中选择合适的表格。

6.6.2 表格编辑

表格创建后就会出现，如图 6-92 和图 6-93 所示的选项卡，表格的编辑操作遵守"先选定，后执行"的原则。

图 6-92 "表格工具"的"设计"选项卡

图 6-93 "表格工具"的"布局"选项卡

1. 向表格中输入内容

表格建立后，每一个格就默认为一个段落。向表格中输入内容时，先将文档光标移到要输入内容的格子中，然后再进行输入。可以输入文字、图片、图形、图表或表格等。

在单元格中输入文字的操作和其他文本段落一样，单元格的边界作为文本的边界，当输入内容达到单元格右边界时，文本自动换行，行高也自动调整。输入时，按 Tab 键使光标往下一个单元格移动，按 Shift+Tab 使光标往前移动一个单元格。按上、下方向键可将光标移到上、下一行。也可以直接用鼠标选择需要的单元格。

2. 选定表格

选定表格的方法有三种。

(1) 用鼠标选定单元格、行或列

- 选定单元格或单元格区域：鼠标指针移动到要选定的单元格的选择区（单元格的选择区在单元格左边框靠内一侧），当指针由变成斜向上的黑色实心箭头形状时，单击鼠标选定单元格，向上、下、左、右拖动鼠标选定相邻多个单元格即单元格区域。
- 选定行：鼠标指针移动到文本选择区，鼠标左键单击需要选定的行的位置，按住鼠标左键向上或向下选定表中相邻的多行。
- 选定列：鼠标指针移到表格最上面的边框线上，指针指向要选定的列，当鼠标指针变成向下的黑色实心箭头形状时，单击鼠标选定一列；向左或向右拖动鼠标选定表中相邻的多列。
- 选定不连续的单元格：Word 允许选定多个不连续的区域，按住 Ctrl 键，依次选中多个不连续的区域。

- 选定整个表格：单击表格左上角的移动控制点⊞可以迅速选定整个表格。

(2) 用键盘选定单元格、行或列
- 按 Ctrl+A 选定插入点所在的整个表格。
- 按 Tab 选定插入点的后一个单元格中的内容。
- 按 Shift+Tab 选定插入点的前一个单元格中的内容。
- 按 Shift+End 选定插入点所在单元格的内容。
- 按 Shift+方向箭头选定包括插入点所在单元格在内的相邻单元格。

(3) 用"表格工具"的"布局"选项卡"表"组中"选择"下拉菜单选定单元格、行或列
- 选定行：将插入点置于所选行的任一单元格，单击"表格工具"的"布局"选项卡"表"组中的"选择"下拉菜单下的"选择行"命令选定插入点所在行。
- 选定列：将插入点置于所选列的任一单元格，单击"表格工具"的"布局"选项卡"表"组中的"选择"下拉菜单下的"选择列"命令选定插入点所在列。
- 选定整个表格：将插入点置于所选表格的任一单元格，单击"表格工具"的"布局"选项卡"表"组中的"选择"下拉菜单下的"选择表格"命令选定插入点所在全表。

3. 插入或删除

在已有的表格中，有时需要增加或删除一些空白的行列或者单元格，方法如下。

(1) 插入行：将光标移到任意一行的末尾（表格外），按一次回车键，表格增加一行；或单击"表格工具"的"布局"选项卡"行和列"组中的"在上方插入行"或"在下方插入行"命令按钮。

(2) 插入列：单击"表格工具"的"布局"选项卡"行和列"组中的"在左侧插入列"或"在右侧插入列"命令按钮。

(3) 插入单元格：单击"表格工具"的"布局"选项卡"行和列"组中的"表格中插入单元格"命令按钮，打开如图 6-94 所示的对话框，根据需要选择相应的操作。
① 活动单元格右移：在选定的单元格的左侧插入新的单元格；
② 活动单元格下移：在选定的单元格的上方插入新的单元格。

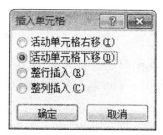
图 6-94 "插入单元格"对话框

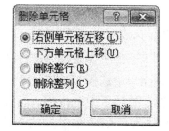
图 6-95 "删除单元格"对话框

(4) 删除行、列、单元格或整个表格：如果想删除表格中的行、列、单元格或整个表格，先选定要删除的对象，单击"表格工具"的"布局"选项卡"行和列"组中的"删除"命令按钮即可。其中有四个选项"删除单元格""删除行""删除列"和"删除整个表格"。当要删除单元格时，点击"删除单元格"命令，会弹出如图 6-95 所示的对话框，根据需要进行选择。

4. 合并或拆分

在规则表格的基础上，可以通过对单元格的合并或拆分构造比较复杂的不规则的表格。

(1) 合并单元格

单元格的合并是指多个相邻的单元格合并成一个单元格。在表格中按住鼠标左键,从一个单元格拖到另一个单元格可以选中连续的单元格,如果要选中整行,可在行的左边界外,鼠标箭头右斜时点击左键,按住拖动可选中连续数行。在选中若干个连续单元格的情况下,单击按"表格工具"的"布局"选项卡的"合并"组中的"合并单元格"按钮,则选定的单元格合并为一个单元格。合并单元格也可采用擦除单元格之间的线条或用鼠标右键来实现。

(2) 拆分单元格

单元格的拆分是指将单元格拆分成多行多列的多个单元格。拆分的单元格不仅是一个单元格,也可以是一组单元格,还可以是一行或一列,拆分前先要选中要拆分的单元格。在选中单元格的情况下,单击按"表格工具"的"布局"选项卡的"合并"组中的"拆分单元格"按钮,在弹出的"拆分单元格"对话框中设置拆分的行数和列数即可。

(3) 表格的拆分和合并

拆分表格时,将光标置于拆分后成为新表格的第一行的任意单元格中,单击"表格工具"的"布局"选项卡的"合并"组中的"拆分表格"按钮,这样就在光标所在的行的上方插入一空白段,把表格拆分成两张表格。合并的话,只要删除两表格之间的换行符即可。

5. 缩放表格

当鼠标位于表格中时,在表格的右下角会出现 的句柄,将鼠标移动到句柄上,当鼠标变成 时,拖动鼠标可以缩放表格。

6. 移动表格

在表格的左上角有一个小十字箭头标记,用鼠标左键按住它拖动可移动表格的位置。在表格的右下角有一个小方块标记,用鼠标左键按住它拖动可改变表格的大小。用这个功能可将整个表格调整到文档的居中位置,并使表格大小合适。

7. 调整行高和列宽

- 局部调整:将鼠标指向表格中的任意一条线上,鼠标的标志将变成双箭头形状,这时按住鼠标左键拖动,就可改变行或列的宽度。注意,横线上下移动,竖线左右移动。行列宽度的调整也可在横竖标尺上进行。
- 精确调整:选定表格,在"表格工具"的"布局"选项卡中的"单元格大小"组中的"高度"和"宽度"文本框中设置具体的行高和列宽。或单击"表"组中的"属性"按钮 ,或在右键快捷菜单中选择"表格属性"命令,打开如图 6-96 所示的"表格属性"对话框,在"行"和"列"选项卡中进行相应设置。
- 自动调整:选定表格,单击"表格工具"的"布局"选项卡中的"单元格大小"组中的"自动调整"下拉按钮,在下拉菜单中根据需要选择"根据内容自动调整表格""根据窗口自动调整表格""固定列宽"。或在右键快捷菜单中选择"自动调整"中的相应命令。

图 6-96 "表格属性"对话框的行和列选项卡

6.6.3 表格格式设置

1. 自动套用格式

除默认的网格式表格外,Word 2010 还提供了 90 余种表格样式,这些表格样式包括边框、底纹、字体、颜色的设置等,使用样式可以快速格式化表格。通过"表格工具"的"设计"选项卡中的"表格样式"组中的相应按钮来实现,图 6-97 列出了内置的表格样式。

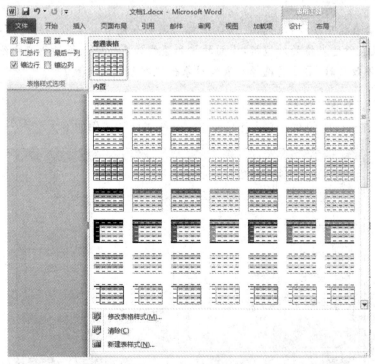

图 6-97 表格样式列表框

2. 边框和底纹

自定义表格外观,最常用的是为表格添加边框和底纹。使用边框和底纹可以使每个单元格或行、列呈现出不同的风格,使表格更加清晰、明了。可以通过"表格工具"的"设计"选项卡中的"表格样式"组中的"边框"下拉按钮,在下拉菜单中选择"边框和底纹"命令,打开如图 6-98 所示的"边框和底纹"对话框进行设置。设置方法和文字与段落的边框和底纹的设置类似,只是"应用于"的选项应设为"表格"。利用对话框中的自动设置,可以随心所欲地设置表格的边框格式,同时要注意预览的效果。

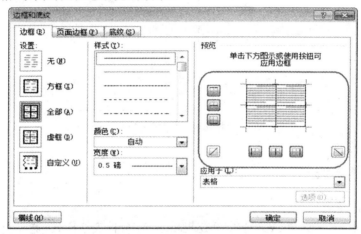

图 6-98 "边框和底纹"对话框

> **提示**
> 无论选择表格中多少行、列,在预览中都只显示如图 6-98 所示的"田"字样式,上、下、左和右代表所选表格的外边框,中间的横和竖线代表所选表格的所有内线,对表格设置不同的边框效果时,要注意选择的表格对象出现在预览的位置。

3. 表格在页面中的位置

设置表格在页面中的对齐方式和是否文字环绕表格的操作如下:

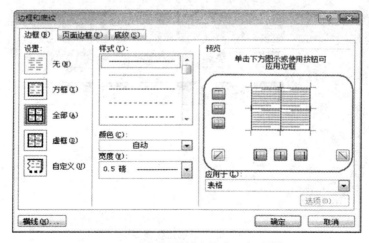

图 6-99 "表格属性"表格选项卡对话框

将光标插入到表格中的任意位置,单击"表格工具"的"布局"选项卡的"表"组中"属性"命令,打开如图 6-99 所示的对话框,在"表格"选项卡中,选择"指定宽度"复选框,可设定表格的宽度,其中的对齐方式和文字环绕指的是表格的位置。

4. 表格中文本格式的设置

表格中的文本同样可以设置字体、字号、字形、颜色和对齐方式等。还可以单击"表格工具"的"布局"选项卡的"对齐方式"组中的"对齐"按钮,如图 6-100 所示。

图 6-100 "对齐方式"功能

> **注意**
> 文本在表格中的对齐方式有两种:一种是水平对齐方式,包括左对齐、右对齐、居中对齐、两端对齐和分散对齐;另一种是垂直对齐方式,包括上对齐、居中对齐和底端对齐三种。如图 6-101 所示是单元格的垂直对齐方式,水平对齐方式的设置要通过"开始"选项卡的"段落"组中的"对齐"按钮来设置。

图 6-101 "表格属性"的单元格设置对话框

5. 标题行跨页重复

当表格很长或表格正好处于两页的分界处时,表格会被分隔成两部分,即出现跨页的情况。Word 提供了两种处理跨页表格的方法:一种是跨页分断表格,使下页中的表格仍然保留上页表格中的标题(适用于大表格);另一种是禁止表格分页(适用小表格),让表格处在同一页上。

表格跨页操作方法是:单击"表格工具"的"布局"选项卡的"表"组中的"属性"按钮,打开

"表格属性"对话框,在"行"选项卡中选择"允许跨页断行"复选框。跨页分断表格还可以通过单击"表格工具"的"布局"选项卡的"数据"组中"重复标题行"按钮来实现。

> **注意**
> "重复标题行"按钮如果是灰色的,则需要用鼠标选中要重复的内容,则此按钮就可以使用了。

6.6.4 表格数据的计算和排序

1. 计算

在 Word 中对表格数据进行求和、求平均等常用的计算功能可以通过 Word 提供的函数快速实现。但是,与 Excel 电子表格相比,Word 的表格计算自动化能力差,当不同单元格进行同种功能的统计时,必须重复编辑公式,而且,当单元格的数据发生变化时,结果不能自动重新计算,必须利用 F9 或单击鼠标右键的"更新域"来实现。

在 Word 2010 中,单击"表格工具"的"布局"选项卡中的"数据"组中的"公式"按钮 f_x,在弹出的如图 6-102 所示的对话框中,可以从"粘贴函数"中选择合适的公式或输入公式,设置结果的编号格式。常用的函数有求和(SUM)、平均值(AVERAGE)、最大值(MAX)、最小值(MIN)、计数(COUNT)、条件统计(IF)等。

图 6-102 公式计算对话框

在计算过程中,常用到单元格地址,它用字母后面加数字的方式来表示。其中字母表示单元格所在的列号,数字表示所在的行号,和在 Excel 中表示单元格位置的方法一样。如 C5 表示从标题行开始的第 3 列第 5 行的单元格。在函数中可以出现的、对单元格的引用的表示方法见表 6-4 所示。

表 6-4 单元格引用表示方法

函数中的引用	含义
LEFT	左边所有单元格
ABOVE	上边所有单元格
单元格1:单元格2	从单元格1到单元格2矩形区域内的所有单元格
单元格1,单元格2,…	所有列出的单元格1,单元格2,…中的数据

> **注意**
> 其中":"和","必须是英文的标点符号,否则函数会报错。

2. 排序

Word 可以根据数值、笔画、拼音、日期等方式对表格数据按升序或降序排列。表格排序的关键字最多有三个:主关键字、次关键字和第三关键字。只有当主关键字排序遇到相同的数据时,才会根据次关键字排序,如果次关键字也相同,则看第三关键字。单击"表格工具"的"布局"选项卡中的"数据"组中的"排序"按钮,弹出如图 6-103 所示的"排序"对话框。

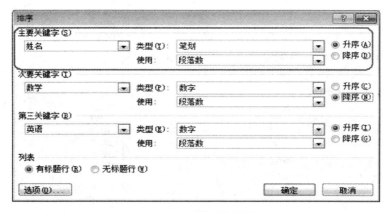

图 6-103 "排序"对话框

6.7 高级应用

6.7.1 样式的定义和使用

样式是指用有意义的名称保存的字符格式和段落格式的集合,这样,在编排重复格式时,先创建一个该格式的样式,然后在需要的地方套用这种样式,就无须一次次地对它们进行重复的格式化操作。样式是 Word 中的重要功能,可以帮助用户快速格式化 Word 文档。例如,一篇文档有各级标题、正文、页眉页脚等,它们分别有各自的字符格式和段落格式,并各以其样式名存储,以便使用。

使用样式有两个好处:
- 可以轻松快捷地编排具有统一格式的段落,使文档格式严格保持一致,而且,样式便于修改,如果文档中多个段落使用了同一样式,只要修改样式,就可以修改文档中所有使用此样式的段落。
- 样式有助于长文档构造大纲和创建目录。

Word 2010 中不仅预定义了很多标准样式,用户还可以根据自己的需要,修改标准样式或自定义新样式。

1. 使用已有样式

选定需要使用样式的段落,单击"开始"选项卡中的"样式"组中的"快速样式库",如图6-104所示,选择已有的样式,或单击"样式"组中的对话框启动器,打开如图6-105所示的样式任务窗格,在列表中选择需要的样式。

图6-104 快速样式库

图6-105 "样式"任务窗格

2. 新建样式

当Word提供的样式不能满足用户的需要时,用户可以自己创建新样式。

创建新样式的方法是:单击"样式"任务窗格左下角的"新建样式"按钮,打开如图6-106所示的对话框。

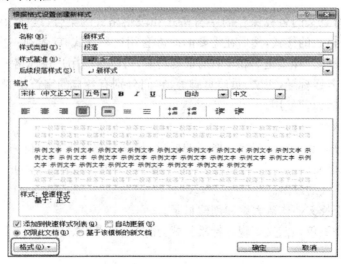

图6-106 "新建样式"对话框

在该对话框的名称文本框中输入样式名称,选择样式类型、样式基准,像设置文本的字符和段落的格式一样,设置新样式的格式,格式设置完成并保存后,就可以直接使用了。

3. 修改和删除样式

如果对已有的样式不满意,可以进行修改和删除操作,更改样式后,所有应用了此样式的文本都会随之修改。

修改样式的方法:在"样式"任务窗格中,右键需要修改的样式名,在快捷菜单中选择"修改"命令,在打开的"修改样式"对话框中设置所需的格式即可。

删除样式的操作方法和上面类似,不同的是在右键快捷菜单中选择删除样式命令即可,此时,所有应用该样式的文本段落自动应用"正文样式"。

6.7.2 目录的创建

目录是书籍正文前所载的目次,是揭示和报道图书的工具;目录记录图书的书名、著者、出版与收藏等情况,按照一定的次序编排而成,方便读者阅读和了解文档的层次结构及主要内容。除了手工录入目录以外,Word 2010 还提供了自动生成目录的功能。

要在较长的 Word 文档中添加目录,应正确采用带有级别的样式,如"标题1"~"标题9"样式。尽管也有其他的方法可以添加目录,但采用带级别的样式是最方便的一种。带有级别的样式一种可以将文档中的各级标题用快速样式库中的标题样式统一格式化,另一种是在不修改文本段落格式的前提下,使用"段落"对话框中的 1~9 级的大纲级别设置需要在目录中出现的段落,如图 6-107 所示。

图 6-107 "段落"对话框设置大纲级别

一般情况下,目录分为三级,设置好文本段落的级别后,定位到需要插入目录的位置,单击"引用"选项卡"目录"组中的"目录"下拉按钮,在下拉菜单中选择"自动目录 1"或"自动目录 2"。如果没有需要的目录格式,可以在下拉菜单中选择"插入目录"命令,弹出如图 6-108所示的对话框,在"目录"选项卡中自定义目录格式。

目录是以"域"的方式插入到文档中(会显示灰色底纹),因此可以进行更新。

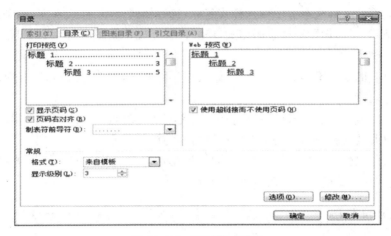

图 6-108 "目录"对话框

当文档中的内容或页码发生变化时，可在目录中的任意位置单击鼠标右键，选择"更新域"命令，显示"更新目录"对话框。如果只是页码发生改变，可选择"只更新页码"。如果有标题内容的修改或增减，可选择"更新整个目录"。

设置好标题样式或大纲级别后，可以生成如图 6-109 所示的目录。

图 6-109 生成的目录样式

6.7.3 文档内容的引用

1. 插入题注

题注就是为图片、表格、图表、公式等项目添加的名称和编号。例如，在本书的图片中，就在图片下面输入了图序和图题，这可以方便读者的查找和阅读。

使用题注功能可以保证长文档中图片、表格或图表等项目能够顺序地自动编号。如果移动、插入或删除带题注的项目时，Word 可以自动更新题注的编号。而且一旦某一项目带有题注，还可以对其进行交叉引用。

在 Word 中,可以在插入表格、图片、公式等项目时自动添加题注,也可以在已有的表格、图片、公式等项目中添加题注。

在文档中定义并插入题注的操作方法如下:选择要添加题注的位置,单击"引用"选项卡中的"题注"组中的"插入题注"命令按钮,弹出如图 6-110 所示的对话框,在该对话框中,可以根据添加题注对象的不同,在"选项"区域的下拉列表中选择不同的标签类型,如"图 6-""表 6-"等,如果希望在文档中使用自定义标签的显示方式,可以单击"新建标签"按钮,为新标签命名后,新的标签样式将出现在"标签"下拉列表中,同时还可以为该标签设置位置与标号类型,如图 6-111 所示,一旦编号类型发生改变,文档也随之改变。

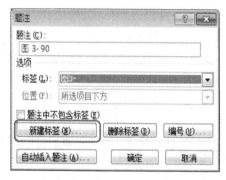
图 6-110 "题注"对话框

图 6-111 "题注编号"对话框

文档中的文字描述经常出现"如图所示",为了正确的引用图的编号,可以使用 Word 提供的"交叉引用"的功能,选择要添加题注的位置,单击"引用"选项卡中的"题注"组中的"插入题注"命令按钮,弹出如图 6-112 所示的对话框,先选择"引用类型",再选择"引用内容",引用内容包括:"整项题目""只有标签和编号""只有题注和文字""页眉""见上方/下方""根据实际需要进行选择"。

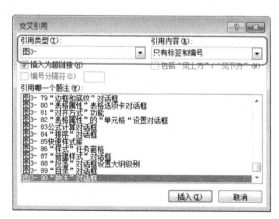
图 6-112 "交叉引用"对话框

> **注意**
> 当题注的交叉引用发生变化后,不会自动调整,需要用户自己更新域,域的更新方法如下:右击该域,在快捷菜单中选择"更新域"命令,即可自动更新域中的自动编号。若有多处,可以全选后再更新。更新域也可以用 F9 功能键。

2. 标记并创建索引

索引是用于列出一篇文档中讨论的术语和主题,以及他们出现的页码。要创建索引可以通过提供文档中主索引项的名称和交叉引用来标记索引项,然后生成索引。

在文档中加入索引之前,应当先标记组成文档索引的诸如单词、短语和符号(也可以是包含延续页的主题)之类的全部索引项。索引项是用于标记索引中的特定文字的域代码,当用户选择文本并将其标记为索引项时,Word 会添加一个特殊的 XE(索引项)域,该域包括已标记好的主索引项以及用户选择包含的任何交叉引用信息。还可以创建引用其他索引项的索引。

创建索引的方法是:

(1) 选择 Word 中要作为索引项的文本,单击"引用"选项卡中的"索引"组中的"标记索引项"按钮,会弹出如图 6-113 所示的对话框,所选的索引文本自动出现在"主索引项"文本框中。根据需要还可以创建次索引项、第三级索引项和另一个索引项的交叉引用。

- 次索引项:在对话框的"次索引项"中直接输入文本,是对索引对象的更深一层限制。
- 第三级索引项:在此索引项文本后输入英文冒号(:),再输入第三级索引项文本。
- 另一个索引项的交叉引用:在对话框的"选项"区域中选中"交叉引用"单选按钮,在文本框中输入索引项文本。

(2) 单击"标记"按钮,标记索引项,单击"标记全部"按钮可实现对文档中所有标记项的标记。

(3) "标记索引项"对话框中的"取消"按钮变为"关闭",单击"关闭"完成对索引项的标记任务。

图 6-113 "标记索引项"对话框

在标记了索引项后,用户可以在不关闭对话框的情况下,继续标记其他索引项。用户看到的索引项实际上只是域代码,在文档打印的过程中是不显示的。

索引可以是书中的一处,也可以是书中相同内容的全部。如果标记了书中同一内容的所有索引项,可选择一种索引格式并编制完成,此后 Word 将收集索引项,按照字母顺序排序,引用页码,并会自动查找并删除同一页中的相同项,然后在文档中显示索引。

索引一般出现在文章末尾,生成索引的方法如下:将光标移到文档最后,单击"引用"选项卡中的"索引"组中的"插入索引"按钮,弹出如图 6-114 所示对话框,根据需要选择页码的对齐方式、类型、栏数和排序依据。排序方式有"笔画"和"拼音"两种,默认项是"笔画"。单击"确定"按钮,创建的索引就出现在文档中。如图 6-115 所示是创建了"Word 2010"和"Excel 2010"索引项后插入索引的结果。

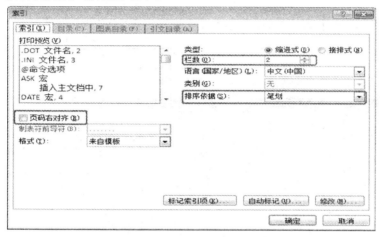

图 6-114　生成索引对话框

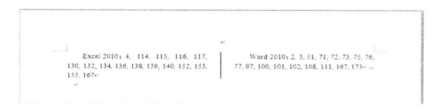

图 6-115　创建索引结果

6.7.4　宏

在文字处理时,可能经常需要重复某些操作,这时,使用宏来自动执行这些操作能提高工作效率。宏是一系列的操作命令组合在一起形成的一个总命令,可以达到多指令一步自动完成的效果。创建宏可以通过"视图"选项卡中的"宏"组中的"宏"按钮来实现。

1. 录制宏

录制宏就是把操作过程录制下来。单击"视图"选项卡中的"宏"组中的"宏"下拉按钮,在下拉菜单中选择"录制宏"命令,打开如图 6-116 所示的对话框,指定宏名和运行方式(指定到工具栏或者键盘),然后录制记录包含宏内的操作。当单击"将宏指定到按钮"操作后,单击确定按钮,会弹出如图 6-117 所示的对话框,指定宏在工具栏中的位置,在此对话框中,可以修改宏的图标和标识的名称。当鼠标指针变为录制器形状时,表示宏正在录制。

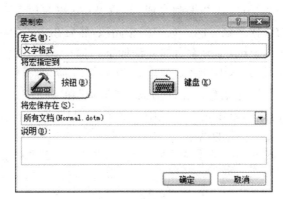

图 6-116 "录制宏"对话框

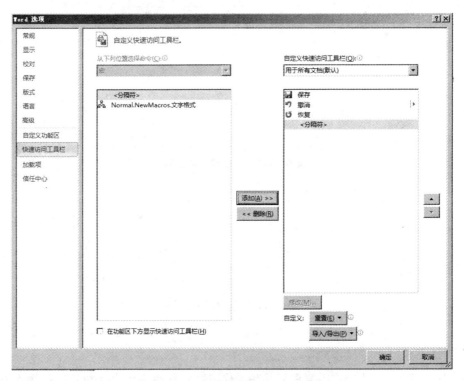

图 6-117 控制宏按钮位置对话框

2. 停止录制

单击"视图"选项卡中的"宏"组中的"宏"下拉按钮,在下拉菜单中选择"暂停录制"命令,宏录制完成。

3. 查看宏

宏录制完成后,可以进行运行、编辑、创建、删除和管理等操作。

6.7.5 邮件合并

Word 2010 提供了强大的右键合并功能,用户希望批量创建一组相似文档(如寄给多个客户的套用信函或录取通知书等),可以用右键合并来实现此功能,该功能具有很好的实用性和便捷性。

在 Word 中，邮件合并需要两个文档(一个主文档，一个最终文档)和一个数据源。

1. 创建主文档

主文档是用于创建输出文档的"蓝图"，其中包含了所有文档共有内容，如信件的信头、主体以及落款等。另外还有一系列指令(称为合并域)，用于插入在每个输出文档中都要发生变化的文本，如收信人的姓名和地址等。

2. 选择数据源

数据源实际上是一个数据列表，其中包含了用户希望合并到输出文档的数据。通常它保存了姓名、通信地址、电子邮件、电话号码等数据字段。Word 的邮件合并支持很多不同类型的数据源：

Office 地址列表：在邮件合并中，"邮件合并"任务窗格为用户提供了创建简单"office 地址列表"的机会，用户可以在新建的列表中填写收件人的姓名和地址等相关信息。此方法适用于不经常使用的小型、简单列表。

Word 数据源：可以使用只包含一个表格 Word 文档，该表格的第一行必须用于存放标题，其他行必须包含邮件合并所需要的数据记录。

Excel 工作表：可以从工作簿内的任意工作表或命名区域选择数据。

Outlook 联系人列表：可以在"Outlook 联系人列表"中直接检索联系人信息。

Access 数据库：可以是 Access 数据库中任意一张数据表。

HTML 文件：可以使用只包含一个表格 HTML 文件，该表格的第一行必须用于存放标题，其他行必须包含邮件合并所需要的数据记录。

3. 邮件合并的最终文档

邮件合并的最终文档包含了所有的输出结果，其中，某些文本内容在输出文档中都是相同的，而有些会随着收件人的不同而发生变化。

4. 邮件合并的应用领域编辑

- 批量打印信封：按统一的格式，将电子表格中的邮编、收件人地址和收件人打印出来。
- 批量打印信件/请柬：主要是从电子表格中调用收件人，换一下称谓，信件内容基本固定不变。
- 批量打印工资条：从电子表格中调用数据。
- 批量打印个人简历：从电子表格中调用不同字段数据，每人一页，对应不同信息。
- 批量打印学生成绩单：从电子表格成绩中取出个人信息，并设置评语字段，编写不同评语。
- 批量打印各类获奖证书：在电子表格中设置姓名、获奖名称等，在 Word 中设置打印格式，可以打印众多证书。
- 批量打印准考证、明信片、信封等个人报表。

总之，只要有数据源(电子表格、数据库)等，只要是一个标准的二维数表，就可以很方便地按一个记录一页的方式从 Word 中用邮件合并功能打印出来！

在 Word 2010 中使用"邮件合并向导"创建邮件合并信函的操作步骤如下：

(1) 单击"邮件"选项卡，在"开始邮件合并"组中单击"开始邮件合并"按钮，并在打开的菜单中选择"邮件合并分步向导"命令，打开如图 6-119 所示的向导页。

(2) 在"选择文档类型"向导页中,选中"信函"单选框,并单击"下一步:正在启动文档"超链接,打开如图 6-119 所示的向导页。

(3) 在打开的"选择开始文档"向导页中,选中"使用当前文档"单选框,并单击"下一步:选取收件人"超链接,打开如图 6-120 所示的向导页。

图 6-118 "选择文档类型"向导页

图 6-119 "选择开始文档"向导页

(4) 在打开的"选择收件人"向导页,选中"使用现有列表"单选框,并单击"使用现有列表"中的"浏览"超链接,完成工作表的连接,选择好数据源后的"选择收件人"向导页,如图 6-120 所示。单击"浏览"按钮后,如图 6-121 所示,在打开的如图 6-122 所示的对话框中选择数据源。选择保存了数据的 Excel 工作表文件,然后单击"打开"按钮,此时打开如图 6-123 所示的"选择表格"对话框,选择保存数据的工作表的名称,单击"确定"后,在如图 6-124 显示的对话框中,单击"确定"按钮,完成数据源的选择。

图 6-120 "选择收件人"向导页

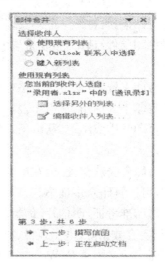

图 6-121 "浏览"列表

图 6-122 "选取数据源"对话框

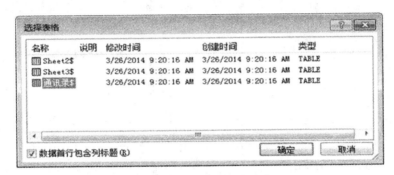

图 6-123 选择数据工作表

图 6-124 邮件合并收件人信息

(5) 在"选择收件人"向导页中单击"下一步：撰写信函"超链接，打开如图6-125所示的向导页，将插入点光标定位到 Word 2010 文档顶部，然后根据需要单击"地址块""问候语"等超链接，并根据需要撰写信函内容。当单击"其他项目"超链接时，会打开如图6-126所示的对话框。

(6) 在"插入合并域"对话框中的"域"列表框中，选择要添加到文档中的插入域，单击"插入"按钮，完成域的插入任务（也可以通过"邮件"选项卡中的"编写和插入域"组中的"插入合并域"实现域的插入任务），同时，文档中相应的位置就会出现已插入的域标记。

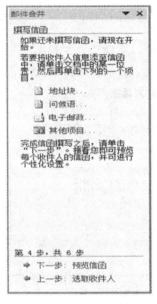 

图6-125 "撰写信函"向导页　　图6-126 "插入合并域"对话框

(7) 在"邮件"选项卡中的"编写和插入域"组中，单击"规则"下拉按钮中的"如果…那么…否则…"命令，打开"插入 Word 域"对话框，在"域名"下拉列表框中选择"性别"，在"比较条件"下拉列表框中选择"等于"，在"比较对象"文本框中输入"女"，在"则插入此文字"文本框中输入"女士"，在"否则插入此文字"文本框中输入"男士"，如图6-127所示，单击"确定"按钮，这样，就可以使插入姓名的称谓与性别建立关联。撰写完成后，单击"下一步：预览信函"超链接。

图6-127 "插入 Word 域"对话框

(8) 在打开的"撰写信函"向导页，单击"下一步：预览信函"超链接，打开如图 6-129 所示的向导页，在"预览信函"选项区域中，单击"<<"或">>"按钮，查看具有不同姓名和称谓的信函，效果如图 6-128 所示。

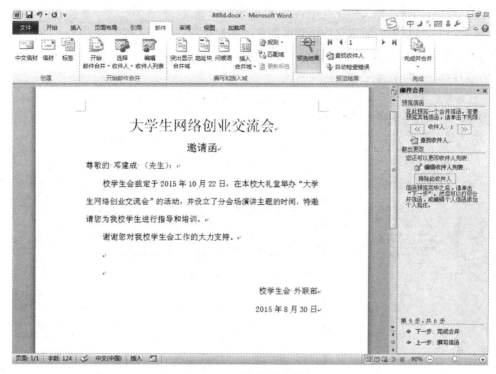

图 6-128　"预览信函"效果

(9) 预览并处理输出文档后，确认无误后，单击"下一步：完成合并"超链接，则打开如图 6-129 所示的"完成合并"向导页，用户既可以单击"打印"超链接开始打印信函，也可以单击"编辑单个信函"超链接针对个别信函进行再编辑操作。

图 6-129　"预览信函"向导页　　　图 6-130　"完成合并"向导页

（10）单击"编辑单个信函"超链接后，弹出如图 6-131 所示的"合并到新文档"对话框，在"合并记录"选项区域中选中"全部"单选按钮，单击"确定"按钮，这样 Word 会将 Excel 中存储的信息自动添加到文档正文中，合并并生成一个新文档，在该文档中，每页中的域信息均由数据源自动创建生成。合并后的文档如图 6-132 所示，将此文档单独保存，即完成邮件的合并。

图 6-131 "合并到新文档"对话框

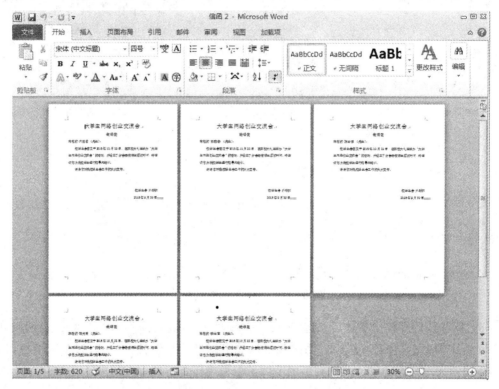

图 6-132 批量生成文档

6.8 文档的修订和共享

在与他人共同处理文档的过程中，审阅、跟踪文档的修订状况将成为最重要的环节，用户需要及时了解其他用户更改了文档的哪些内容，以及为何要进行这些修改。

6.8.1 审阅与修订文档

Word 2010 提供了多种方式来协助用户完成文档审阅的相关操作，同时，用户还可以通过新的审阅窗格来快速对比、查看、合并同一文档的多个修订版本。

1. 修订文档

当用户在修订状态下，Word 应用程序将跟踪文档中所有内容的变化情况，同时会将用户在当前文档中修改、删除、插入的每一项内容都标记下来。

用户打开所要修订的内容,单击"审阅"选项卡"修订"组中"修订"按钮,即可开启文档的修订状态。

用户在修订状态下直接插入的文档内容会通过颜色和下划线标记下来,删除的内容可以在右侧的页边空白处显示出来,如图 6-133 所示。

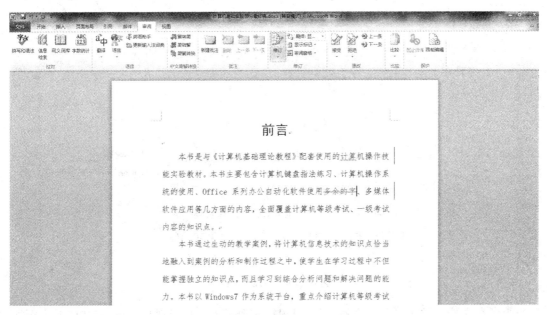

图 6-133 修订和批注文档

当多个用户同时参与同一文档的修订时,文档将通过不同的颜色来区分不同用户的修订内容,很好地体现不同用户的修订内容,相互之间不产生混乱。此外,Word 2010 还允许用户对修订内容的样式进行自定义设置,操作方法如下:单击"审阅"选项卡"修订"组中"修订"下拉按钮,在下拉菜单中选择"修订选项"命令,弹出如图 6-134 所示对话框,用户根据自己的需要在"标记""移动""表单元格突出显示""格式""批注框"五个区域中设置修订内容的显示情况。

图 6-134 "修订选项"对话框

2. 添加批注

在多人审阅文档时,彼此间要对文档内容的修改情况做出解释,或者向文档作者询问一些问题,可以在文档中插入"批注"信息。"批注"和"修订"的不同在于"批注"并不在原文的基础上进行修改,而是在文档页面的空白处添加相关的注释信息,并用有颜色的方框标注起来。

添加批注的方法：单击"审阅"选项卡"批注"组中"新建批注"按钮，然后直接输入批注信息即可。添加批注后效果如图6-135所示。

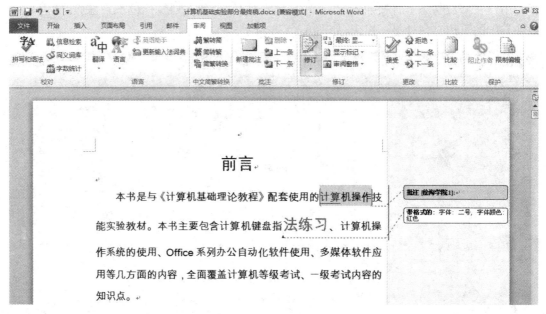

图 6-135 添加批注

除了在文档中插入文本批注外，还可以根据需要插入音频或视频批注，使文档形式更加丰富、更加实用。

用户要删除文档的批注信息时，在批注的所在位置，单击鼠标右键，在快捷菜单中单击"删除批注"命令即可。如果要删除文档中所有的批注，先单击文档中的任意批注，然后执行"审阅"选项卡"批注"组中的"删除"下拉按钮中的"删除文档中的所有批注"命令即可。

当文档被多人修订或批注后，用户可以单击"审阅"选项卡中"修订"组中"显示标记"下拉按钮，在下拉菜单中单击"审阅者"命令，在显示的列表中将显示出所有该文档进行过修订或批注操作的人员名单，如图6-136所示，可以通过选择审阅者姓名前面的复选框，查看不同用户对文档的修订或批注意见。

图 6-136 审阅者名单

3. 审阅修订和批注

文档内容修订完成后，用户还需要对文档的修订和批注状况进行最终审阅，确定最终的版本。当审阅修订和批注时，可以接受或拒绝文档内容的更改。

操作方法如下：在"审阅"选项卡中"更改"组中单击"上一条"（或"下一条"），可以定位到文档中的上一条（下一条）修订或批注，单击"更改"组中的"拒绝"或"接受"按钮选项，来拒绝或接受当前对文档的修改，批注可以直接删除。对修订和批注的内容一条一条确认，直到全部完成。如果要拒绝对当前文档做出的所有修订，可以单击"更改"组中"拒绝"下拉按钮，在下拉菜单中单击"拒绝对文档的所有修订"，用类似的方法可以接受文档的所有修订。

6.8.2 快速比较文档

文档经过最终审阅后，用户可以通过 Word 2010 提供的"精确比较"功能查看修订前后的两个文档变化情况，显示两个文档的差异。

单击"审阅"选项卡"比较"组中的"比较"下拉按钮，在下拉菜单中选择"精确比较"命令，弹出如图 6-137 所示对话框，通过浏览选择原文档和修订文档的位置，单击"确定"按钮，此时，两个文档之间的不同之处将突出显示在"比较结果"文档的中间，供用户查看。在文档比较视图左侧的审阅窗格中，自动统计了原文档与修订文档之间的具体差异情况。

图 6-137　比较文档

6.8.3 删除文档的个人信息

文档的最终版本确定以后，如果希望将 Word 文档的电子副本共享给其他用户，最好先检查一下该文档是否包含隐藏数据或个人信息，这些信息可能存储在文档本身或文档属性中，而且有可能会透漏一些隐私信息，因此，有必要在共享文档副本之前删除这些隐藏信息。Word 为用户提供的"文档检查器"工具，可以帮助用户查找并删除 Word 中的隐藏数据和个人信息。

操作方法如下：单击"文件"选项卡，单击"信息"中的"检查问题"的"检查文档"命令，打开"文档检查器"对话框，如图 6-138 所示，检查结束后，弹出如图 6-139 所示的对话框，并在所要删除的内容类型旁边单击"全部删除"按钮即可。

图 6-138　文档检查器

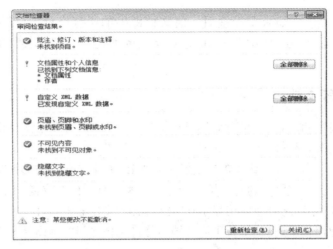

图 6‑139　审阅检查结果

6.8.4　构建和使用文档部件

文档部件实际上就是对某一段指定文档内容(文本、图片、表格、段落等文档对象)的封装手段,也可以将其理解为对这段文档内容的保存和重复使用,为文档中共享已有的设计或内容提供了高效的手段。

选中要存为文档部件的对象,切换到"插入"选项卡的"文本"组中,单击"文档部件"按钮,并在打开的菜单中选择"将所选内容保存到文档部件库"命令,打开"新建构建基块"对话框,用户可以自定义构建基块名称,并选择构建基块保存到的库。默认情况下将保存到"文档部件"库中,当然也可以选择保存到"页眉""页脚""文本框"等库中。选择保存到哪个库后,在使用该构建基块时,就需要到相应的库中查找。其他选项保持默认设置,并单击"确定"按钮。如图 6‑140 所示是将艺术字作为构建基块加入文档部件中。

图 6‑140　设置文档部件的相关属性

在功能区单击相应的库名称(如此例中的"插入"选项卡中"文本"组中的"文档部件"库),可以在库列表中看到新建的构建基块,如图 6‑141 所示。

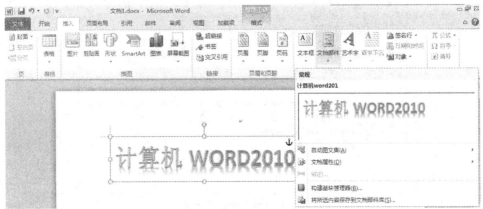

图 6‑141　使用已创建的文档部件

6.8.5 与他人共享文档

Word 文档除了可以打印出来供他人审阅外,还可以根据不同的需要,通过多种电子化的方式完成与他人的共享。

如果希望将编辑完成的文档通过电子邮件的方式发送给对方,可以选择"文件"选项卡,单击"保存并发送"命令,在右边窗口的选项中有"使用电子邮件发送",单击"作为附件发送"命令,如图 6-142 所示。

图 6-142 电子邮件发送文档

用户还可以将文档保存为 PDF 格式,这样既保证了文档的只读性,又可以使那些没有安装 Microsoft Office 产品的用户能够正常浏览文档。

【微信扫码】
相关资源 & 拓展阅读

第 7 章 电子表格处理软件 Excel 2010

Excel 是微软公司的办公自动化软件 Office 的一个重要组成部分，它以一种直观的表格形式展现在用户面前，使得用户操作起来非常方便。同时，Excel 提供了强大的表格制作、数据处理、数据分析和图表制作功能，利用它可以进行各种数据的处理、统计分析和辅助决策操作，被广泛应用于管理、统计、财经、金融等众多领域。本章是以 Excel 2010 为例，介绍电子表格处理软件的基本功能和使用方法。

本章学习目标与要求：
1. Excel 2010 的基础知识、启动和退出、基本操作
2. 工作表的建立与编辑
3. 数据的输入、编辑和单元格格式设置
4. 利用公式和函数进行数据运算
5. 单元格的引用
6. 图表的组成、建立、编辑与格式化
7. 数据的排序、分类汇总和筛选
8. 工作簿的管理

7.1 Excel 2010 的基础知识

Excel 2010 是 Microsoft(微软)公司推出的 Office 2010 系列办公软件中的重要组件之一，是一款专业的电子表格处理软件，它可以进行各种数据的处理、统计、分析和辅助决策操作。

7.1.1 Excel 2010 的启动

启动 Excel 2010 有三种常用方法：

7.1.1.1 通过"开始"菜单启动

当计算机中安装好 Office 2010 软件后，Office 2010 程序就会出现在"开始"菜单中的"所有程序"列表中，启动方式如下：

(1) 单击桌面左下方的"开始"按钮，在弹出的"开始"菜单中依次选择"所有程序"→Microsoft Office→Microsoft Office Excel 2010 命令。

(2) 启动 Excel 2010，同时自动创建一个名为"工作簿 1"的空白电子表格作为打开后的 Excel 2010 工作窗口。

7.1.1.2 通过桌面快捷图标启动

建立 Excel 2010 桌面快捷图标的步骤：依次选择"开始"→"所有程序"→Microsoft Office→Microsoft Excel 2010 命令，在 Microsoft Word 2010 命令上右击，在弹出的快捷菜

单中依次选择"发送到"→"桌面快捷方式"命令。此时,桌面上就会出现 Excel 2010 的快捷图标,就可通过双击该快捷方式图标来启动 Excel 2010。

7.1.1.3 通过已存在的 Excel 文档启动

选中任意一个已经存在的 Excel 文档,鼠标左键直接双击启动 Excel 2010。

7.1.2 Excel 2010 的退出

要退出 Excel 2010 可采用以下几种方法:
(1) 单击标题栏右上角"关闭"按钮 ✕ ,关闭程序。
(2) 单击"文件"菜单,在打开的菜单中选择"退出"命令。
(3) 双击 Excel 窗口左上角的图标 关闭。
(4) 右键单击标题栏选择关闭菜单。
(5) 右键单击任务栏上对应的窗口按钮,在弹出的控制菜单中,选择"关闭"。
(6) 按快捷键"ALT+F4"关闭。

> **注意**
> 如果对打开的 Excel 2010 文档进行了相应的修改,则在退出时,系统会弹出对话框提示是否需要保存修改,请根据需要进行相应的选择。

7.1.3 Excel 2010 工作窗口的组成及其功能

7.1.3.1 Excel 2010 工作窗口的组成及其功能

和 Word 2010 一样,Excel 2010 同样取消了传统的菜单操作方式,取而代之的是功能区和选项卡,这样的操作界面设计更具人性化,使用起来也更加方便。启动 Excel 2010 后出现的就是它的标准工作窗口界面,如图 7-1 所示。

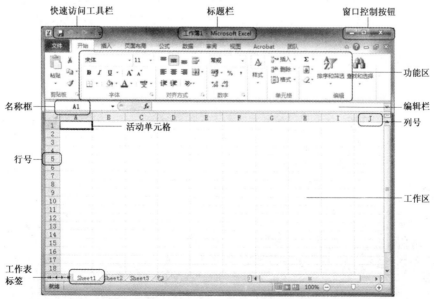

图 7-1 Excel 2010 工作窗口

Excel 2010 的工作窗口实际上是由 Excel 2010 的应用程序窗口和最大化后的 Excel 文档窗口(工作簿窗口)组合而成的。用户可以单击功能区右上侧的文档窗口按钮中的"还原"按钮,就可以看到独立的文档窗口。下面简单介绍 Excel 文档窗口中各组成部分及其功能。

1. 快速访问工具栏

与 Word 中的快速访问工具栏类似,Excel 中的快速访问工具栏也主要用于放置一些常用按钮,只要在其图标上单击就可以实现相应的操作,默认情况下包括"保存""撤销"和"恢复",用户可以根据自己的需要自定义添加。

2. 标题栏

标题栏位于程序窗口的最上方,在标题上显示正在运行的应用程序名称和当前 Excel 文档(当前工作簿)的名称。第一次打开 Excel 时,默认打开的文档名为"工作簿 1"。Excel 的应用程序窗口和文档窗口各有一个标题,分别是"Microsoft Excel"和"工作簿 1"。Excel 2010 文档默认的扩展名为".xlsx"。

3. 编辑栏

编辑栏位于功能区的下方,是 Excel 窗口特有的,用来显示和编辑数据、公式。编辑栏由三部分组成:左端是名称框,当选定某个单元格或多个单元格组成的区域时,相应的地址或区域名称就会显示在名称框内;右端是数据编辑框,在单元格中编辑数据时,其内容同时会出现在编辑框中。编辑栏的中间是编辑按钮部分,由三个按钮组成,分别是"取消""输入"和"插入函数"。单击"取消"按钮则取消用户在单元格中所做的操作;单击"输入"操作按钮则确认用户对单元格的编辑操作;单击"插入函数"按钮则弹出"插入函数"对话框,用户可以在此对话框中编辑函数。

4. 选项卡和功能区

Excel 2010 改变了传统的菜单栏和工具栏,取而代之的是选项卡和功能区。选项卡位于标题栏的下面,它是各种命令的集合,将各种命令分门别类地组合在一起,只要切换到某个选项卡,该选项卡中的命令就会在工具栏中显现。功能区位于窗口上方,看起来像菜单的名称,实则是功能区的名称,当单击这些名称时,并不是打开菜单,而是切换到与之相对应的功能区面板,每个功能区根据功能的不同又分为若干个组。选项卡和功能区的命令的组合方式更加合理直观,给用户使用提供方便。

(1)"开始"选项卡

"开始"选项卡中包括剪贴板、字体、对齐方式、数字、样式、单元格和编辑等七个功能组,主要用于帮助用户对 Excel 2010 文档进行文字、数字编辑和对齐方式、样式、单元格格式设置,是用户最常用的功能区,如图 7-2 所示。

图 7-2 "开始"选项卡

(2)"插入"选项卡

"插入"选项卡包括表格、插图、图表、迷你图、筛选器、链接、文本和符号等功能组,主要用于在 Excel 2010 文档中插入各种元素,其中最重要的是插入图表功能。如图 7-3 所示。

图 7-3 "插入"选项卡

(3)"页面布局"选项卡

"页面布局"选项卡包括主题、页面设置、调整为合适大小、工作表选项和排列等功能组,用于帮助用户设置 Excel 2010 文档页面样式,如图 7-4 所示。

图 7-4 "页面布局"选项卡

(4)"公式"选项卡

"公式"选项卡包括函数库、定义的名称、公式审核和计算等功能组,用于在 Excel 2010 文档中插入函数以及和公式相关的其他项目,如图 7-5 所示。

图 7-5 "公式"选项卡

(5)"数据"选项卡

"数据"选项卡包括获取外部数据、连接、排序和筛选、数据工具、分级显示等功能组,用于对 Excel 2010 中数据的相关操作,实现外部数据导入或对数据的排序与筛选功能等,如图 7-6 所示。

图 7-6 "数据"选项卡

（6）"审阅"选项卡

"审阅"选项卡包括校对、中文简繁转换、语言、批注和更改等功能组，主要用于对 Excel 2010 文档进行校对等操作，如图 7-7 所示。

图 7-7 "审阅"选项卡

（7）"视图"选项卡

"视图"选项卡包括工作簿视图、显示、显示比例、窗口和宏等功能组，主要用于帮助用户设置 Excel 2010 操作窗口的视图类型，如图 7-8 所示。

图 7-8 "视图"选项卡

选项卡和功能区显示的内容可以根据应用程序的宽窄情况自动调整，当窗口较窄时，一些图标会相应缩小以节省空间，如果窗口进一步变窄，某些命令分组就会只显示图标，而不显示命令名称。

5. 状态栏

状态栏位于 Excel 2010 窗口的底部，提供有关选定命令或操作进行的信息。如图 7-9 中显示当前状态为"输入"，可以在活动单元格中进行输入操作。在状态栏的右端可以设置工作表显示的方式：普通、页面布局、分页浏览方式，还可以设置整个窗口的显示比例。

图 7-9 工具栏

7.1.3.2 工作簿窗口

1. 工作簿

工作簿是用来存储和处理数据的文件，其中可以包含一张或多张工作表。工作簿就像一个文件夹，把相关的工作表或图表存放在一起，便于处理。默认情况下，一个工作簿由三张工作表组成，这三张工作表的名称分别为 Sheet1、Sheet2 和 Sheet3，用户可以对其更改名称。工作表的数目可以增加或删除，最多可达 255 个。Excel 可同时打开若干个工作簿，在工作区中重叠排列。

2. 工作表

工作表相当于二维表格，以行和列的形式组织和存放数据，工作表由单元格组成。每一张工作表都通过工作表标签来标识。用户可以根据需要，单击工作表标签在不同的工作表间进行切换，也可以对工作表进行重命名等操作。

3. 单元格

工作表中行和列的交汇处的小方格称为单元格。任何属于工作簿或工作表的数据都是存放在单元格中的,单元格中可以存放不同类型的数据。如数字、文本、日期等,它是 Excel 工作表的最小单位。

单元格的地址指的是其所处的列号和行号,列号在前,行号在后。单元格列号用大写英文字母来表示,分别是 A、B、C、…、Z、AA、AB、AC、…、IV 等,单元格的行号用阿拉伯数字表示,分别是 1、2、3、…、1 048 576。例如,D5 表示的是第 D 列和第 5 行的交叉位置单元格的地址,在公式中如果要引用到这个单元格时,就要用到它的地址。

活动单元格(当前单元格)指的是工作表中当前正在使用的单元格,它的标志是其四周加有黑色的粗线边框。活动单元格的地址显示在编辑栏的名称框中,而活动单元格的内容同时显示在活动单元格和数据编辑区域中。

单元格的高度和宽度、格式等都可以根据实际需要进行修改。

7.2　Excel 2010 基本操作

Excel 2010 的基本操作主要是对工作簿及工作表的操作,包括工作簿的新建、保存、打开和保护以及对工作表的选择、重命名、插入和删除、移动、复制和保护等。

7.2.1　工作簿的基本操作

7.2.1.1　新建工作簿

启动 Excel 2010 后,系统会自动创建一个名为"工作簿 1"的空白工作簿,用户还可以自行创建一个新的工作簿,有三种方法分别如下:

(1) 单击"文件"选项卡,在打开的后台视图中执行"新建"命令,在可用模板中选择"空白工作簿",然后单击右下方的"创建"按钮,即可新建一个空白工作簿,如图 7-10 所示。

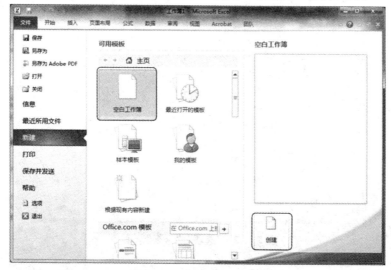

图 7-10　创建空白工作簿

(2) Excel 也可以根据工作簿模板来建立新的工作簿,其操作与 Word 类似。

(3) 另外一种新建工作簿的方法如下:打开目标文件夹,然后在空白处右键单击,选择"新建"/"Microsoft Excel 工作表",则在目标文件夹中出现一个名为"新建 Microsoft Excel 工作表.xlsx"且高亮显示的 Excel 文件,输入新的文件名即可,如图 7-11 所示。

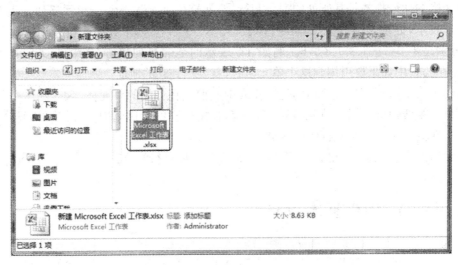

图 7-11　新建与保存 Excel 文档

新建工作簿默认包含三张初始工作表,这个数量是可以更改的。方法如下:单击"文件"菜单中的"选项"命令,打开 Excel 选项对话框,单击"常规"按钮,在新建工作簿时包含的工作表数中进行相关设置即可,如图 7-12 所示。除了初始工作表数目,还可以在此选项卡中设置新建工作簿的使用字体、字号和默认视图等。

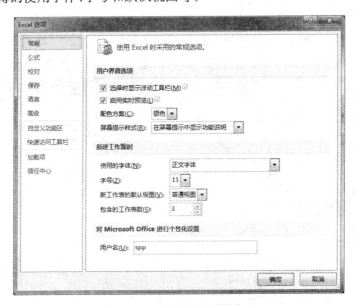

图 7-12　"选项"/"常规"选项

7.2.1.2 保存工作簿

当完成一个工作簿的建立与编辑后,需要将其保存在磁盘中,以便以后再次修改或使用。常用的保存方法有以下三种:

(1) 单击快速访问工具栏上的"保存"按钮。

(2) 单击"文件"选项卡中的"保存"命令。

(3) 按快捷键"Ctrl+S"。

如果工作簿刚刚新建,还没有被保存过,则会出现"另存为"对话框,如图7-13所示。

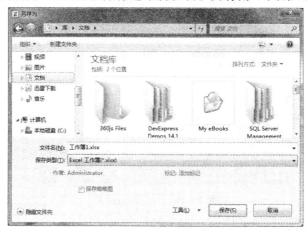

图7-13 工作簿"另存为"窗口

在"另存为"对话框中可以选择存放工作簿文档的目标文件夹,在位置预览区域选择相应的位置即可;在"文件名"栏中输入工作簿的文件名;在"保存类型"下拉列表框中,选择文件的保存类型,一般不需要修改此项,若此工作簿要在 Excel 2003 环境下打开,则需要改变保存类型为"Excel 97-2003 工作簿(.xls)",最后单击保存按钮即可。

如果该工作簿文档已经被保存过,则不会弹出"另存为"对话框,同时也不必执行后面的操作,系统会按该文档的路径和文件名存盘。

当需要将一个文件以另外一个名称保存或更改文档的保存路径时,应选择"文件"选项卡中的"另存为"命令,在弹出的"另存为"对话框中,输入新文件名或选择新的保存位置后单击"保存"即可。

> **注意**
> 在编辑过程中,有时会出现死机或者停电等意外事故,从而丢失已经完成的工作,为了减少不必要的损失,可以使用 Excel 2010 的自动保存功能,其操作方法如下:单击"文件"选项卡→选择"选项"命令→在弹出的"选项"对话框选择"保存"标签→选择"自动保存时间间隔"→输入合理的时间间隔→单击"确定"按钮。此后,每隔相应的时间间隔,Excel 2010 会自动保存一次文档。

7.2.1.3 打开工作簿

打开一个已经存在的工作簿,可以使用以下方法:

(1) 选中要打开的工作簿文档,双击鼠标左键打开。

(2)选中要打开的工作簿文档,右键快捷菜单中选择"打开"。

(3)在打开 Excel 文档的前提下,选择"文件"选项卡的"打开"命令,弹出如图 7-14 所示的对话框,查找文档所在位置,选择文档的类型,根据需要选择要打开的文档。

(4)在 Excel 窗口中,使用快捷键:Ctrl+O,在弹出如图 7-14 所示对话框中选择要打开的文件。

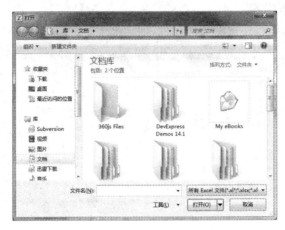

图 7-14 "打开"对话框

(5)打开最近使用文件

单击"文件"选项卡中的"最近使用文件"命令,在出现如图 7-15 所示的右边的区域中,分别单击"最近的位置"和"最近使用的文档"栏目中所需要文件夹和 Excel 文档名,即可打开用户指定的 Excel 工作簿文档。

图 7-15 "最近使用文件"命令

7.2.1.4 保护工作簿

对于一些重要或机密的 Excel 文档,为了防止其他用户查看或更改文档中的内容,可以通过加密来实现对工作簿的保护。操作方法如下:单击"文件"选项卡中的"信息"界面,单击"保护工作簿"下拉按钮,在展开的下拉菜单中选择"用密码进行加密"命令,如图 7-16 所示。在弹出的对话框中连续两次输入相同的密码,即完成了"打开权限密码"设置。

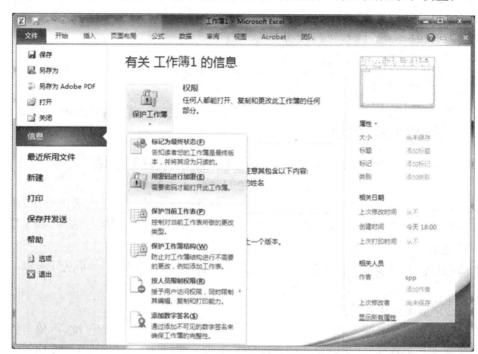

图 7-16 工作簿加密

在对工作簿设置"打开权限密码"后,别人在没有密码的情况下无法打开工作簿。如果工作簿允许别人查看,但禁止修改,可以给该文档加一个"修改权限密码"。对设置了"修改权限密码"的文档,别人可以在不知道密码的情况下以"只读"方式查看它,但无法修改。操作方法如下:

(1) 单击"文件"选项卡中的"另存为"按钮,打开"另存为"对话框。

(2) 在"另存为"对话框中选择"工具"下拉列表中的"常规选项"命令,打开"常规选项"对话框,如图 7-17 所示,在打开文件时的密码中输入设定的密码。

(3) 单击"确定"按钮,会弹出一个"确认密码"对话框,用户再次键入所设置的密码并单击"确定"按钮,返回"另存为"对话框,单击"保存"按钮即可。

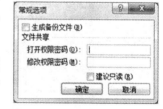

图 7-17 "常规选项"对话框

若要设置修改权限密码,则在"常规选项"对话框的修改文件时的密码中设定相应密码即可。

此外,也可以实现对工作簿结构和窗口的保护,操作方法如下:

(1) 单击"文件"选项卡中的"信息"按钮,打开信息界面。

(2) 单击信息界面中的"保护工作簿"的下拉按钮,在下拉菜单中选择"保护工作簿结构",在弹出的对话窗口选择"结构"或"窗口",输入密码后单击"确定"。

(3) 再次输入密码后单击"确定"即可。

在设置了对工作簿结构的保护后,用户就不能在工作簿进行插入、删除、重命名、移动和复制工作表等操作,也不能改变工作簿窗口的大小。"保护结构和窗口"对话框如图7-18所示。

当不需要保护工作簿时,可以依次单击"文件"/"信息"/"保护工作簿"/"保护工作簿结构",在弹出的"撤销工作簿保护"对话框中键入之前设定的密码,即可完成撤销操作。

图7-18 "保护结构和窗口"对话框

7.2.2 工作表的基本操作

工作表的基本操作包括:选择、重命名、插入和删除、复制和移动、保护等。

7.2.2.1 工作表的选择

在编辑工作表之前,必须先选定它,使之成为当前工作表。选定工作表的方法:单击目标工作表标签,则该工作表成为当前工作表。当某个工作表成为当前工作表后,其工作表标签以白底显示。

如果需要同时对多张工作表进行操作,则需要先选定多张工作表。可以分为以下两种情况。

(1) 选定多张连续的工作表

单击要选定的这几张工作表中的第一张工作表标签,同时按住Shift键,再单击要选择的最后一张工作表标签,则可选定这些连续的工作表。此时这几张工作表标签均以白底显示,工作簿窗口标题栏上会出现"[工作组]"字样。

(2) 选定多张不连续的工作表

按住Ctrl键同时用鼠标单击要选定的每一张工作表标签,此时工作簿窗口标题栏上也会出现"[工作组]"字样。如图7-19所示。

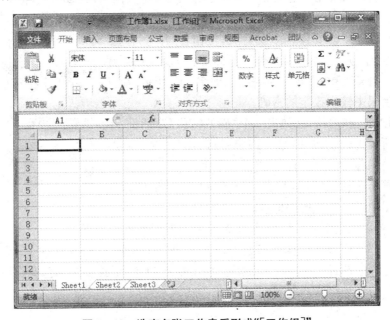

图7-19 选定多张工作表后形成"[工作组]"

7.2.2.2 工作表重命名

为了直观表达工作表的内容,做到"望名知意",往往不采用默认的工作表的名字"Sheet1""Sheet2""Sheet3"等,而需要重新给工作表命名。对工作表重命名有以下两种方法:

(1) 右键单击需要重命名的工作表标签,然后在弹出的快捷菜单中选择"重命名"命令,最后输入新的工作表名称。

(2) 双击需要重命名的工作表标签,然后输入新的工作表名称。

7.2.2.3 插入和删除工作表

新建的工作簿文件默认包含了三张工作表,在实际工作中可以根据需要增加新的工作表,也可以删除多余的工作表。

(1) 插入工作表

要插入新的工作表,主要有如下三种方法:

① 在选定的工作表的标签上右键单击,在弹出的快捷菜单中选择"插入"命令,将出现"插入"对话框,选择"工作表"后单击确定按钮,可在当前工作表之前插入一张新的工作表,如图 7-20 所示。

图 7-20 插入工作表对话框

② 单击最后一张工作表标签后的"插入工作表"按钮,可在其后插入一张新的工作表。

③ 单击"开始"选项卡,单击"单元格"选项组中的"插入"按钮,在弹出的下拉菜单中选择"插入工作表"命令即可。如图 7-21 所示。

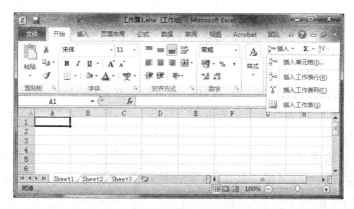

图 7-21 "开始"/"插入"/"插入工作表"

(2) 删除工作表

可用如下两种方法来删除工作表：

① 选择要确定删除的工作表标签，单击鼠标右键，在弹出的快捷菜单中选择"删除"命令，如图7-22所示。

图7-22 通过快捷键删除工作表

② 单击要删除的工作表标签，单击"开始"选项卡，单击"单元格"选项组中的"删除"命令即可。如图7-23所示。

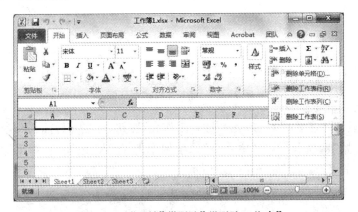

图7-23 "开始"/"删除"/"删除工作表"

7.2.2.4 移动和复制工作表

在实际工作中，工作表在工作簿的次序可能需要调整，有时也会遇到某些表格十分相似的情况，这两种情况下，就需要移动或者复制工作表。

(1) 移动工作表

移动工作表的操作方法如下：把鼠标指针移动到待移动的工作表标签处，按住鼠标左键，当鼠标指针变成 形状时拖动鼠标，在拖动过程中，工作表标签位置会出现 图标，指示工作表要移动到的位置，当到达目的位置后，松开鼠标即可。

(2) 复制工作表

在移动工作表的同时,按住 Ctrl 键,这样就可以实现工作表的复制。

移动或复制工作表也可以通过快捷方式进行操作,方法如下:右键单击待移动的工作表标签,在弹出的快捷菜单中选择"移动或复制工作表",在弹出的对话框中,选择该工作表要移动的目标位置,如果需要复制,则应同时选中"建立副本"复选框。这种方法可以把工作表移动或复制到另一个工作簿中,只需要在"工作簿"下拉列边框中选择目标工作簿即可。如图 7-24 所示。

图 7-24 "移动或复制工作表"对话框

7.2.2.5 保护工作表

如果工作簿中有部分工作表需要提高数据的安全性,防止其他用户更改单元格的内容和格式、已定义的方案和图形对象等,可利用 Excel 2010 提供的工作表保护功能。

要实现工作表的保护,其操作方法如下:单击"文件"选项卡→选择"信息"→选择"保护工作簿",在其下拉列表中选择"保护当前工作表"命令,弹出如图 7-25 所示的"保护工作表"对话框。用户从中选择要保护工作表中的相关内容,然后在密码框中输入密码,单击"确定"按钮,再次输入密码确定即可。

当不需要保护工作表时,可以单击"文件"选项卡→选择"信息"→选择"保护工作簿",在其下拉列表中选择"保护当前工作表"命令,在弹出的"撤销工作表保护"对话框中输入之前设定的密码就可以撤销对工作表的保护。

图 7-25 "保护工作表"对话框

7.3 工作表的编辑

对工作表的编辑操作主要包括:工作表数据的输入,单元格的表示与选择,单元格内容的移动、复制与删除,单元格的删除与插入,行、列的删除与插入等。

7.3.1 工作表数据的输入

Excel 工作表中的单元格中可以输入不同类型的数据,如字符型、数值型、日期时间型和逻辑性等。

输入数据时,先单击目标单元格,使其成为活动单元格,然后开始输入数据,这时输入数据会同时显示在该单元格和编辑框中,输完数据之后,可按 Enter 回车键或 ✓ 来确认输入,也可以按 Tab 键,上下左右光标移动键以及用鼠标激活其他单元格等方式确认。默认情况下,按 Enter 键,当前单元格的下方单元格将成为下一个活动单元格;而按 Tab 键,当前单元格的右边单元格将成为下一个活动单元格；↑、↓、←、→光标移动键使当前单元格的相邻单元格成为下一个活动单元格。为了加快输入速度,可灵活地选择多种方式对输入内容进行确认。

当输入数据有错误时,就需要修改数据,常用方法有如下两种：

(1) 选择待修改的单元格,在编辑栏的编辑区单击鼠标,当插入点出现后修改数据。

(2) 双击待修改的单元格,当插入点出现后在单元格中修改数据

如果修改数据时出现错误,可以选择单击常用工具栏中"撤销"按钮,或使用组合键"Ctrl+Z"来恢复修改前的状态。

7.3.1.1 输入字符型数据

字符型数据包括汉字、字母、数字和其他特殊字符的任意组合,如"徐海学院""Number""@&￥#％""22081234""0516-88888888"等形式的数据。字符型数据以ASCII码或者内码的形式保存在单元格中。

默认情况下,字符型数据的对齐方式是左对齐。

当用户输入的字符长度大于单元格的宽度时,文字将溢出到下一个单元格显示；若右侧的单元格中有数据,Excel将截断输入文字的显示,但被截断的文字仍然存在。

当用户需要在单元格中输入多行文字时,可以在每一行输入结束后按"Alt+Enter"键实现换行。

> **注意**
> 通常,学生的学号、电话号码、邮政编码等数字需要作为字符型数据来处理,用户需要在输入的数字前面加上一个英文单引号,例如：'22081234。数字字符串不参加计算。

7.3.1.2 输入数值型数据

数值型数据是类似于"123""3.141 592 6""-2.618""1.23*10^5"等形式的数据,它表示一个数量的概念。在Excel中,数值型常量通常只包含这些符号：0～9、+、-、( )、/、$、％、.、E、e,其中的正号(+)会被忽略。数据形式可以是：符号数(如-123.456),加货币符号(￥1,000.00或$1,000.00),加百分号(如25％),加千位分隔符(1,234.57),科学计数法(1.23E+05)以及分数(0 1/3)。

默认情况下,数值型数据的对齐方式是右对齐。

当用户输入的数据长度超过单元格宽度时(多于15位的数字,包括小数点和类似"E"和"+"等),Excel会自动以科学计数法表示。

输入数值时,有时会发现单元格中出现符号"＃＃＃",这是因为单元格列宽不够,不足以显示全部数值的缘故,此时加大单元格列宽即可。

> **注意**
> Excel中,分数的输入需要特别注意：对整数部分非零的分数,应在整数和分数之间输入一个空格,如"1 1/2"；对于整数部分为零的分数,需要在分数前输入一个"0(零)"和一个空格,如键入"0 1/2"。这样可以避免Excel将输入的分数当成其他类型的数据。

7.3.1.3 输入日期和时间型数据

日期时间型数据有严格的格式要求。通常,日期型数据用连字符"—"或斜杠"/"分隔,格式为"年/月/日"或"年-月-日",如"2008-10-12","2009/4/6";时间型数据以":"分隔,格式为"时:分:秒",如"17:37:45"。Excel 默认以 24 小时计时,若想采用 12 小时制,时间后带后缀 AM 或 PM,如 5:37:45 PM。

日期时间型数据的默认对齐方式是右对齐。

(1) 输入日期

按日期型数据的格式进行输入即可,以 2009 年 4 月 6 日为例,用户可按以下形式进行输入:

09/4/6 或 2009/04/06,2009-4-6,6-Apr-09,06/Apr/09

按快捷键"Ctrl+分号"可输入当天的日期。

要注意的是,为了得到正确的日期值,应输入四位年号。日期型数据在 Excel 系统内部是用 1900 年 1 月 1 日起至该日期的天数存储的。当某个单元格中首次输入的是日期,则该单元格就格式化为日期格式,以后再输入数值仍然会转换成日期,而且是 1900 年 1 月 1 日开始算起。例如:某单元格中第一次输入 2009/04/06 并确认之后,再输入 10 确认后,单元格中不是 10 而是"1900-1-10"。

(2) 输入时间

按时间型数据的格式进行输入即可,以 18:10:30 为例,用户可按以下形式进行输入:

18:10:30,6:10:30PM,18 时 10 分 30 秒,下午 6 时 10 分 30 秒

按快捷键"Ctrl+Shift+分号"可输入当前的时间。

(3) 日期与时间组合输入

在日期和时间之间用空格分隔即可,如 2009/04/06 18:10:30。

> **注意**
> 当输入的日期时间太长,超过单元格列宽时,会显示"####",说明当前列宽太窄,适当调整列宽后就能完全显示数据。

7.3.1.4 输入逻辑型数据

如果在单元格中输入 true 或 false,则 Excel 将其看作逻辑型数据。

逻辑型数据的默认对齐方式是居中,在单元格内总显示为大写字母,不区分用户输入的大小写。如图 7-26 所示给出了几种不同类型数据的输入例子。

	A	B	C	D	E	F	G	H	I
1	字符型	长字符型数据扩展到右边列中			长字符型数据的截断显示			数字前加单引号	
2		学生成绩登记表			学生成绩登Hello			01102	
3									
4	数值型	用0 1/2表示的分数			长数字用科学计数法表示				
5		1/2			5E-14				
6									
7	日期时间型	1/2被识别为日期			缺少空格被当做文本处理				
8		1月2日			10:00AM				

图 7-26 不同类型数据的输入方法示例

7.3.1.5 数据的自动填充

对于相邻单元格中要输入相同数据或按某种规律排列的数据时,利用 Excel 2010 的智能填充功能,可以实现快速输入。例如,需要在相邻的单元格中填入学生的班级序号 1、2、3……,或者是第一季、第二季……,或是 3,6,9,12……等按规律排列的序列。

进行填充时,需要按住填充柄,当前活动单元格右下角的小黑块就是填充柄。

1. 自动填充

自动填充是根据初始值决定以后的填充项,将鼠标指针指向填充柄,指针变成一个细实线的"+"符号,此时沿着要填充的区域拖动鼠标左键,即可完成自动填充。自动填充分为以下几种情况。

(1) 初始值为纯字符或纯数字,填充相当于复制。

(2) 初始值为字符和数字的混合体,填充时文字不变,最右边的数字递增。如初始值为 A1,则填充为 A2,A3,……

(3) 初始值为 Excel 2010 预设的自动填充序列中的一员,则按预设序列填充。如初始值为星期日,填充为星期一,星期二,……

2. 建立数据序列

Excel 2010 可自定义等差序列,等比序列,日期序列,自动填充序列等多种类型的填充序列。在 Excel 2010 中,用户可利用鼠标拖动来建立序列,也可使用"序列"对话框来建立序列。

(1) 拖动鼠标建立序列

① 选定一个单元格,输入序列填充的第一个数据。

② 将鼠标指向单元格填充柄,当指针变成十字光标后,沿着要填充的方向按住鼠标左键拖动填充柄。

③ 拖到适当位置松开鼠标时,数据便填入拖动过的区域中,同时在填充柄的右下方出现"自动填充选项"按钮,单击该按钮将出现相应的选项,如图 7-27 所示。

图 7-27 鼠标拖动建立序列

(2) 使用填充命令输入序列

用鼠标输入的序列范围比较小,如果要求输入的序列比较特殊,就要用到填充命令进行填充,使用填充命令填充序列的步骤如下。

① 在第一个单元格中输入序列起始值,并选中该单元格。
② 单击"开始"选项卡中的"编辑"选项组的"填充"命令,在下拉列表中选择"系列"按钮,弹出"序列"对话框,如图 7-28 所示。

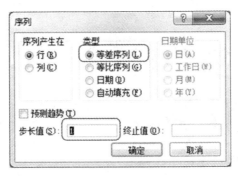

图 7-28 序列对话框

③ 在对话框的"序列产生在"栏中指定数据序列是按"行"还是按"列"填充;在"类型"栏中选择需要的序列类型,然后单击"确定"按钮。

(3) 创建自定义序列

在实际工作中,经常需要输入单位部门设置、商品名称、课程科目等,可以将这些有序数据自定义为序列,从而减少输入的工作量,提高效率。Excel 中已定义的各种填充序列有:日期序列、时间序列和数据值序列。分别示例如下:

Sun,Mon,Tue,Wed,Thu,Fri,Sat

Sunday,Monday,Tuesday,Wednesday,……,Saturday

Jan,Feb,Mar,……,Dec

January,February,March,……,December

日,一,二,三,四,五,六

星期日,星期一,星期二,星期三,……,星期六

一月,二月,三月,……,十二月

第一季,第二季,第三季,第四季

正月,二月,三月,……,十一月,腊月

子,丑,寅,卯,辰,巳,午,未,申,酉,戌,亥

甲,乙,丙,丁,戊,己,庚,辛,壬,癸

用户也可根据需要创建自定义序列,步骤如下:

① 单击"文件"选项卡中的"选项"按钮,打开"Excel 选项"对话框,单击"高级"标签,在右边的"常规"栏中单击"编辑自定义列表"按钮,打开"自定义序列"对话框。
② 可以看到左边的"自定义序列"框中显示了上面所列的 Excel 事先已定义的各种填充序列,单击"新序列"在"输入序列"框中输入填充序列,例如:系列 1,系列 2,……,系列 4。
③ 单击"添加"按钮,则刚才定义的新填充序列已出现在"自定义序列"中,如图 7-29 所示。
④ 单击确定按钮即可。

用户也可以从工作表中直接导入来创建自定义的序列,只需在"自定义序列"对话框中

单击折叠对话框按钮 ![], 然后用鼠标选中工作表中的这一系列数据,最后单击"导入"按钮即可。

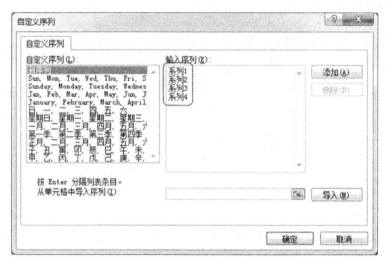

图 7-29　自定义填充序列

7.3.2　单元格的表示与选择

7.3.2.1　单元格区域的表示

单元格区域的表示,可以用该区域左上角和右下角的单元格名称来表示,中间用冒号":"来分隔,如 B3:B8 表示 B 列中从行号为 3 的单元格到行号为 8 的单元格区域;D4:F4 表示在行号为 4 的第 4 行中,从 D 列到 F 列的 3 个单元格;F6:F12 表示一个从单元格 F6 到单元格 F12 区域,以上几个单元格区域如图 7-30 所示。

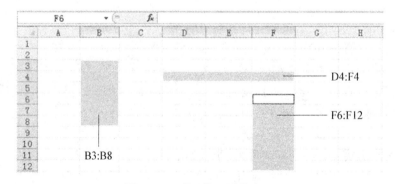

图 7-30　单元格区域的表示

7.3.2.2　单元格的选择

选择单元格区域是许多编辑操作的基础,单元格区域的选择方法如下:

(1) 选择一个或多个单元格

选择独立的单元格有多种不同的方法,下面介绍最常用的一种方法。

使用鼠标选择单个单元格:将鼠标指针指向某个单元格,单击鼠标左键就可以选定这个单元格,该单元格被一个粗框包围,也称为活动单元格,其行号上的数字和列号上的字母都会突出显示。

选择一个矩形区域内多个相邻单元格：如果所有待选择单元格在窗口中可见，则可以在矩形区域的某一角位置按下鼠标左键，然后沿矩形对角线拖动鼠标进行选取操作；如果部分待选择单元格在窗口中不可见，则可以在矩形区域的第一个单元格上单击鼠标左键，然后拖动滚动条使矩形对角线位置的单元格可见，然后按住 Shift 键，并单击矩形对角线位置单元格即可完成区域的选取。

选择多个不相邻的单元格：首先选择一个单元格，然后按住 Ctrl 键，单击其他单元格。

(2) 选择一行或多行

选择一行：单击行号。

选择相邻多行：可以在行号上拖动鼠标，或者单击连续多行中的第一行的行号，然后按住 Shift 键再单击最后一行的行号。

选择不相邻的多行：先单击其中一行的行号，然后按住 Ctrl 键，单击其他行的行号。

(3) 选择一列或多列

选择一列：单击列标。

选择相邻多列：在列标上拖动鼠标；或者单击连续多列中的第一列的列号，然后按住 Shift 键再单击最后一列的列号。

选择不相邻的多列：先单击其中一列的列标，然后按住 Ctrl 键，单击其他列的列标。

(4) 选择工作表中所有单元格

每一张工作表都有一个"全选框"按钮，位于 A1 单元格的左上角，单击该按钮即可选定整个工作表。当需要对整个工作表进行修改时，如把整个工作表的字体设为"宋体"，此时应先通过单击"全选框"按钮将整个工作表选中再进行字体设置操作。

7.3.3 单元格内容的移动、复制与删除

单元格内容的移动和复制，常用的方法有鼠标拖动和使用剪贴板两种。

7.3.3.1 使用鼠标拖动进行移动、复制

(1) 选择要移动或复制的单元格区域。

(2) 将光标移动到所选单元格区域的下侧或右侧边线上，出现箭头状光标时，用鼠标拖动单元格到新的位置即可完成移动；而在移动的同时，按住 Ctrl 键则可完成复制操作。

7.3.3.2 使用剪贴板进行移动、复制

(1) 选择要移动或复制的单元格区域。

(2) 如需移动操作，单击"开始"选项卡中的"剪贴板"选项组中的"剪切"按钮（或按组合键"CTRL+X"）；若需要复制操作，单击"复制"按钮（或按组合键"CTRL+C"）。所选单元格区域周围出现一个闪动的虚线框，意味着所选内容已放入剪贴板中。

(3) 单击目标位置的第一个单元格，再单击"开始"选项卡中的"剪贴板"选项组中的"粘贴"按钮（或按组合键"CTRL+V"），即可完成移动或复制操作。

> **注意**
> 在操作过程中，如果想取消操作，按 Esc 键可取消选择区的虚线框；或双击任一非选择单元格，也可取消选择区域。

7.3.3.3 单元格内容的删除

(1) 选择要删除内容的单元格。

(2) 单"开始"选项卡中的"单元格"选项组中的"清除"命令,在其下拉菜单中选择要删除的内容(有"全部""格式""内容""批注"和"超链接"五项)。"内容"选项后有 Del,意思是按下 Del 键,其功能和清除内容一样,只删除了单元格的文本内容,而没有清除单元格的格式。

7.3.4 单元格的插入与删除

7.3.4.1 删除单元格

如果用户需要把整个单元格(包括单元格内容)删除,则 Excel 会将其右侧或下方单元格自动左移或上移。删除单元格的方法如下:

(1) 选择待删除的单元格。

(2) 选择"开始"选项卡中的"单元格"选项组中的"删除"命令,弹出如图 7-31 所示的"删除"对话框,根据需要,在四个选项中进行相应的选择,然后单击确定按钮,即可完成删除单元格的操作。

7.3.4.2 插入单元格

(1) 选择插入位置。

(2) 选择"开始"选项卡中的"单元格"选项组中的"插入"命令,弹出如图 7-32 所示的"插入"对话框,根据需要,在四个选项中进行相应的选择,然后单击确定按钮,即可完成插入单元格的操作。

图 7-31 "删除"对话框

图 7-32 "插入"对话框

7.3.5 单元格的合并

Excel 将两个或多个位于同一行或者同一列的单元格合并成一个单元格,这样的操作就叫作合并单元格。

7.3.5.1 合并单元格

合并单元格需要用到"合并单元格"命令。操作方法如下:

(1) 选中要合并的单元格。

(2) 单击"开始"选项卡中的"对齐方式"选项组中的"合并后居中"后的下拉列表,选择其中的"合并单元格"命令即可完成。如图 7-33 所示。

图 7-33 合并单元格操作

7.3.5.2 跨越合并

跨越合并操作是 Excel 2007 之后的版本新增加的功能。跨越合并会在当前选中区域内按行合并,同时会沿用合并前每行第一个单元格的格式。例如,选中 A1:B3 单元格,再选择跨越合并,那么 A1:B1,A2:B2,A3:B3 分别合并。若是普通的单元格合并,A1:B3 整个区域就都合并为一整个单元格。

7.3.5.3 合并后居中

合并后居中操作是使用频率非常高的一项操作。合并后居中的操作结构是将选中的单元格先合并,然后将单元格的内容在水平与垂直方向都居中对齐。合并后居中相当于是单元格合并与调整单元格内容对齐方式的结合。

7.3.6 行、列的插入与删除

7.3.6.1 删除行或列

(1) 单击所要删除的行的行号或列的列标,即可选定该行或列。

(2) 选择"开始"选项卡中的"单元格"选项组中的"删除"命令(或在选中的区域单击鼠标右键,在出现的快捷菜单中选择"删除"命令),即可完成该行或该列的删除。

若需同时删除多行或多列,则应先选择待删除的这些行或列,然后通过上述方法进行删除操作即可。

7.3.6.2 插入行或列

(1) 单击要插入行或列所在任一单元格,或选定要插入行的行号或列的列标。

(2) 单击"开始"选项卡中的"单元格"选项组中的"插入"命令,在其下拉菜单中选择"插入工作表行"或"插入工作表列"命令(也可在选定区域单击右键,在出现的快捷菜单中选择"插入"命令),则在当前位置插入整行或整列。

若需同时插入多行或多列,则可先在相应的插入位置选择同样数量的多行或多列,然后通过上述方法进行操作,即可在该处插入多行或多列。

7.4 工作表中数据的计算

Excel 具有强大的数据统计计算功能,这一优越性主要是通过引进公式得以体现的。用户利用 Excel 提供的运算符和函数构造计算公式,Excel 会自动根据计算公式进行计算,并将计算结果反映在表格中,再结合 Excel 的自动填充功能,可自动完成对其他数据的相应计算,从而节省时间,提高工作效率。

7.4.1 使用公式

7.4.1.1 公式的输入

Excel 中的公式必须遵守以下规则:

(1) 公式必须以等号"="开始,其语法可表示为:=表达式。

(2) 表达式由运算数和运算符组成。运算数可以是常量、单元格的引用地址或区域的引用地址、函数等;而运算符把公式中各运算数连接起来。如=A1+A2+A3、=A1□2、=Average(C1:H1)+3 都是合法的公式。

7.4.1.2 运算符

Excel 公式中使用的运算符主要有四类:算术运算符、文本运算符、比较运算符和引用运算符,见表 7-1 所示。

表 7-1 Excel 公式中的运算符

类型	运算符	含义	示例	结果类型
算术运算符	-	求负运算	-6	数值型
	%	百分比	18%	
	^	乘方	2^3	
	*	乘	2*5	
	/	除	8/4	
	+	加	2+5.6	
	-	减	7-3	
文本运算符	&	连接两个或多个字符串	"矿大"&"CUMT"得到"矿大 CUMT"	文本型
比较运算符	=	等于	A1=A2	逻辑型: 比较结果为"真", 显示为"TRUE"; 比较结果为"假", 显示为"FALSE"
	>	大于	A1>A2	
	>=	大于等于	A1>=A2	
	<	小于	A1<A2	
	<=	小于等于	A1<=A2	
	<>	不等于	A1<>A2	

(续表)

类型	运算符	含义	示例	结果类型
引用运算符	:（冒号）	区域运算符	SUM(A1:C3)	对单元格进行合并运算
	,（逗号）	联合运算符	SUM(A1:C3,F1:H3)	
	（空格）	交叉运算符	SUM(A1:C3 F1:H3)	

需要注意的几个问题：

(1) 优先级问题

算术运算符的运算优先次序是：(−)求负运算，(％)百分比运算，(^)乘方运算，(＊)(/)乘除运算，(＋)(−)加减运算。相同级别运算符从左到右依次计算，用户也可以根据需要使用"()"更改运算符的运算次序。

四类运算符的优先级为：引用运算符最高，算术运算符次之，文本运算符再次之，比较运算符最低。

(2) 文本运算符应注意的问题

文本运算符(&)既可用于连接字符串，也可以连接数字。连接字符串时，字符串的两边都必须加上英文的双引号("")，否则公式将返回错误值；连接数字时，数字可不加双引号。

(3) 比较运算符应注意的问题

当比较运算符对西文字符进行比较时，按照西文字符的 ASCII 码值进行比较，但是在 Excel 中同一字母的大写和小写 ASCII 码值是一样的，所以"A"="a"的值应为 TRUE，而"A">"a"的值应为 FALSE。

当比较运算符对中文字符进行比较时，采用汉字内码进行比较。

当比较运算符对日期时间型数据进行比较时，采用先后顺序(后者为大)，如 2009-6-1>2009-5-31，结果为 TRUE。

(4) 引用运算符应注意的问题

区域运算符(冒号)：表示对两个引用之间(包括两个引用在内)的所有单元格进行引用。

联合运算符(逗号)：表示将多个引用合并为一个引用。

交叉运算符(空格)：交叉运算符产生对两个引用共有的单元格的引用。例如：(B6:D6 C6:C8)

7.4.1.3 单元格的引用

单元格引用用于标识工作表中单元格或单元格区域，它在公式或函数中指明了公式所使用数据的位置。在 Excel 中，单元格引用分为相对引用、绝对引用和混合引用，它们有各自的适用场合。

(1) 相对引用

Excel 默认的单元格引用方式为相对引用。相对引用指对公式进行复制或移动时，该地址相对于目标单元格位置变化而变化。相对引用由单元格的行号和列号构成。例如，公式"=D3+E3+F3+G3+H3"中的 D3、E3、F3 等。

(2) 绝对引用

除了相对引用，有的时候需要用到绝对引用。绝对引用是指对公式进行复制或移动时，公式中单元格的地址是其在工作表中的绝对位置，该地址不会相对于目标单元格位置发生变化。绝对引用的形式是在行号和列号前面各加一个"＄"符号(相当于给行号和列号加了一把锁,把该单元格地址给固定住了)。分数运算时,固定分母的单元格地址应该使用绝对引用。如图 7-34 所示,要计算每个季度产值占总产值的百分比,可以在 B4 单元格中输入公式"＝B3/＄F＄3",再向右填充至 F4 单元格,则 C4、D4、E4 单元格中的公式会相应变为"＝C3/＄F＄3""＝D3/＄F＄3""＝E3/＄F＄3",可见分子用的是相对引用,公式填充到其他单元格中,该地址发生了相应变化,而分母用的是绝对引用,公式填充到其他单元格中,该地址不会发生变化。

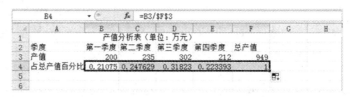

图 7-34 绝对引用实例

(3) 混合引用

在引用单元格地址时,一部分为相对引用,另一部分为绝对引用,则该引用称为混合引用。如 B＄5 表示列号是相对引用,列的位置将随目标单元格的变化而变化,行号是绝对引用,行的位置是"绝对不变"的;而 ＄C4 表示行号是相对引用,行的位置将随目标单元格的变化而变化,列号是绝对引用,列的位置是"绝对不变"的。

(4) 外部引用(链接)

在 Excel 中,除了需要引用同一工作表中的单元格(称之为"内部引用")之外,有时候还需引用同一工作簿中不同工作表中的单元格,或引用不同工作簿中的工作表单元格(称之为"外部引用"或"链接")。

引用同一工作簿中不同工作表中的单元格,需要指明此单元格属于哪个工作表,用"!"来说明,其引用格式如下:"工作表名!单元格地址"。如"＝Sheet1！B5＋Sheet2！B5",Sheet1！B5 表示对 Sheet1 工作表中的 B5 单元格的引用,而 Sheet2！B5 表示对 Sheet2 工作表中的 B5 单元格的引用。

引用不同工作簿中的工作表单元格,需要指明此单元格属于哪个工作簿的哪个工作表,其引用格式为:[工作簿名称]工作表名！单元格名称。如[工作簿 2]Sheet1！B3 表示引用了文件名为工作簿 2 的工作簿的 Sheet1 工作表中的 B3 单元格的数据。

7.4.1.4 公式的自动填充

在一个单元格中输入公式后,如果相邻的单元格中需要进行相同的计算,可以利用公式的自动填充功能。其操作步骤如下:选择公式所在的单元格,移动鼠标到单元格的右下角黑方块处,即"填充柄"。当鼠标变为小黑十字时,按住鼠标左键,拖动填充柄到目标区域,放开鼠标左键,公式自动填充完毕。

例如,求每个学生的总成绩,可首先在 I3 单元格中输入公式"＝D3＋E3＋F3＋G3＋H3",确认输入后,I3 单元格中即显示包大鹏同学的总成绩;接下来按住 I3 单元格的填充柄,向下填充至 I10 单元格,可把其他同学的总成绩自动计算出来并显示在相应的单元格中。如求每个学生的平均成绩,可在 J3 单元格中输入公式"＝(D3＋E3＋F3＋G3＋H3)/5",确认输入后,J3 单元格中即显示包大鹏同学的各科平均分;同样利用 Excel 的自动填充功能可快速计算出其他同学的平均分。计算结果如图 7 - 35 所示。

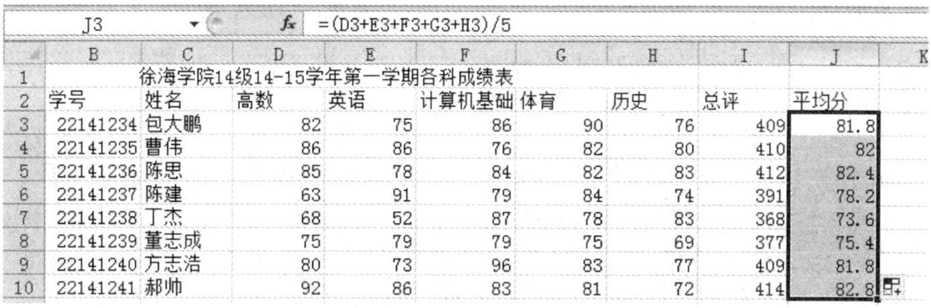

J3　=(D3+E3+F3+G3+H3)/5

	B	C	D	E	F	G	H	I	J
1		徐海学院14级14-15学年第一学期各科成绩表							
2	学号	姓名	高数	英语	计算机基础	体育	历史	总评	平均分
3	22141234	包大鹏	82	75	86	90	76	409	81.8
4	22141235	曹伟	86	86	76	82	80	410	82
5	22141236	陈思	85	78	84	82	83	412	82.4
6	22141237	陈建	63	91	79	84	74	391	78.2
7	22141238	丁杰	68	52	87	78	83	368	73.6
8	22141239	董志成	75	79	79	75	69	377	75.4
9	22141240	方志浩	80	73	96	83	77	409	81.8
10	22141241	郝帅	92	86	83	81	72	414	82.8

图 7 - 35　利用公式自动填充求得计算结果

7.4.1.5　公式的移动、复制

公式的移动、复制是指把公式从一个单元格中移动或复制到目标单元格中，操作方法与单元格内容的移动方法相同，但内涵有所不同。

公式的移动不会改变公式中单元格引用的信息，即原单元格或区域内容被原封不动地搬到目标位置，所以移动后公式的计算结果不会发生变化

公式的复制与单元格内容复制所不同的是：当公式中含有单元格的相对引用或混合引用，则复制后公式中的参数会根据新的位置相对于原位置发生相应的变化，从而得出相应的计算结果。

7.4.2　使用函数

函数是 Excel 中预先定义好的、经常使用的一种公式。Excel 提供了 11 类函数，每一类包含了若干个不同的函数，为数据运算和统计分析带来极大的方便。需要时，可根据函数的格式直接引用。Excel 提供的函数类别见表 7 - 2。

表 7 - 2　Excel 2010 函数类别

函数类别	常用函数示例及说明
财务函数	NPV(rate,value1,[value2],…)通过使用贴现率以及一系列未来支出和收入，返回一项投资的净现值
日期和时间函数	YEAR(serial_number)返回某日期对应的年份
数学和三角函数	INT(number)将数字向下舍入到最接近的整数
统计函数	AVERAGE(number1,[number2],…)返回参数的算术平均值
查找和引用函数	VLOOKUP(lookup_value,table_array,col_index_num,[range_lookup])搜索某个单元格区域的第一列，然后返回该区域相同行上任何单元格中的值。
数据库函数	DCOUNTA(database,field,criteria)返回列表或数据库中满足指定条件的记录字段(列)中的非空单元格的个数
文本函数	MID(text,start_num,num_chars)返回文本字符串中从指定位置开始的特定数目的字符，该数目由用户指定

(续表)

函数类别	常用函数示例及说明
逻辑函数	IF(logical-test,value-if-true,value-if-false)如果指定条件的计算结果为 TRUE,IF 函数将返回某个值;如果该条件的计算结果为 FALSE,则返回另一个值
信息函数	ISBLANK(value)检验单元格值是否为空,若为空则返回 TRUE
工程函数	CONVERT(number,from_unit,to_unit)将数字从一个度量系统转换到另一个度量系统中。例如,函数 CONVERT 可以将一个以"英里"为单位的距离表转换成一个以"公里"为单位的距离表
兼容性函数	RANK(number,ref,[order])返回一个数字在数字列表中的排位
多维数据集函数	CUBEVALUE(connection,member_expression1,number_expression2…)从多维数据集中返回汇总值

7.4.2.1 函数的形式

函数由函数名和参数组成,其形式为:函数名([参数 1],[参数 2…])。

可见,函数的形式以函数名开始,后面紧跟左圆括号,然后是以英文逗号分隔的参数和右圆括号。圆括号中的参数有的是可选的,所以用[]括起来,表示该参数可以不出现。所以函数的参数可以有一个或多个,也可以没有,但要注意的是,不管有没有参数,函数名后的一对圆括号都是必需的。

另外函数名不区分大小写,参数可以是文本、数字、逻辑值或单元格引用,以及区域引用等。

例如:SUM(B2:E2,B4:E4),其中"SUM"就是函数名,"B2:E2,B4:E4"是两个参数,表示函数运算所引用的数据。

PI()返回 π 的值(3.141 592 6),其中 PI 是函数名,该函数没有参数。

7.4.2.2 常用函数

工作中常用的函数包括:SUM( )函数、AVERAGE( )函数、COUNT( )函数、MAX( )函数、MIN( )函数以及 If( )函数。

(1) SUM( )函数:求和函数

语法:SUM(Number1,Number2,…,Number n)

其中 Number1,Number2,…,Number n 为 1 到 n 个需要求和的参数,这些参数可以是数值常量、含有数值的单个单元格引用或者区域引用。

功能:返回参数中所有数值之和。

(2) AVERAGE( )函数:求平均值函数

语法:AVERAGE(Number1,Number2,…,Number n)

其中 Number1,Number2,…,Number n 为 1 到 n 个需要求平均值的参数,这些参数可以是数值常量、含有数值的单个单元格引用或者区域引用。

功能:返回参数中所有数值的平均值。

(3) COUNT( )函数:计数函数

语法:COUNT(Number1,Number2,…,Number n)

其中 Number1,Number2,…,Number n 为 1 到 n 个参数,但只对数值类型的数据进行统计。

功能:返回参数中的数值参数和包含数值参数的个数。

(4) MAX( )函数:求最大值函数

语法:MAX(Number1,Number2,…,Number n)

其中 Number1,Number2,…,Number n 为 1 到 n 个需要求最大值的参数,这些参数可以是数值常量、含有数值的单个单元格引用或者区域引用。

功能:返回参数中所有数值的最大值。

(5) MIN( )函数:求最小值函数

语法:MIN(Number1,Number2,…,Number n)

其中 Number1,Number2,…,Number n 为 1 到 n 个需要求最小值的参数,这些参数可以是数值常量、含有数值的单个单元格引用或者区域引用。

功能:返回参数中所有数值的最小值。

(6) IF( ):判断函数

语法:IF(logical-test,value-if-true,value-if-false)

其中 logical-test 是任何计算结果为 TRUE 或 FALSE 的数值或表达式;value-if-true 是 logical-test 为 TRUE 时函数的返回值,如果 logical-test 为 TRUE 时并且省略 value-if-true,则返回 TRUE;value-if-false 是 logical-test 为 FALSE 时函数的返回值,如果 logical-test 为 FALSE 时并且省略 value-if-false,则返回 FALSE。

功能:指定要执行的逻辑检验。

(7) SUMIF( ):条件求和函数

语法:SUMIF(range,criteria,[sum_range])

功能:对指定单元格区域中符合指定条件的值求和。

> **提示**
> 在函数中任何文本条件或任何含有逻辑或数学符号的条件都必须使用双引号(")括起来。如果条件为数字,则无须使用双引号。

例如:=SUMIF(B2:B25,">5")表示对 B2:B25 区域大于 5 的数值进行相加;=SUMIF(B2:B5,"John",C2:C5),表示对单元格区域 C2:C5 中与单元格区域 B2:B5 中等于"John"的单元格对应的单元格中的值求和。

(8) ROUND(number,num_digits):四舍五入函数

功能:将指定数值 number 按指定的位数 num_digits 进行四舍五入。

例如:"=ROUND(30.7735,2)"表示将数值 30.7735 四舍五入为小数点后两位,结果为 30.77。

> **提示**
> 如果希望始终向上舍入,可使用 ROUNDUP 函数;如果希望始终进行向下舍入,则应使用 ROUNDDOWN 函数。

(9) VLOOKUP(lookup_value,table_array,col_index_num,[range_lookup]):垂直查询函数

功能：搜索指定单元格区域的第一列，然后返回该区域相同行上任何指定单元格中的值。

参数说明：

lookup_value 必需，要在表格或区域的第一列中搜索到的值。

table_array 必需，要查找的数据所在的单元格区域，table_array 第一列中就是 look_value 要搜索的值。

col_index_num 必需，最终返回数据所在的列号。col_index_num 为 1 时，返回 table_array 第一列的值；col_index_num 为 2 时，返回返回 table_array 第二列的值，以此类推。如果 col_index_num 参数小于 1，则 VLOOKUP 返回错误值♯VALUE！；如果 col_index_num 大于 table_array 的列数，则 VLOOKUP 返回值♯REF！。

range_lookup 可选，是一个逻辑值，取值为 TRUE 或 FALSE，指定希望 VLOOKUP 查找精确匹配值还是近似匹配值；如果 range_lookup 为 TRUE 或被省略，则返回近似匹配值。如果找不到精确匹配值，则返回小于 look_value 的最大值。如果 range_lookup 为 FALSE，VLOOKUP 将只查找精确匹配值。如果 table_array 的第一列中有两个或更多值与 look_value 匹配，则使用第一个找到的值。如果找不到精确匹配值，则返回错误值♯N/A。

> **提示**
> 如果 range_lookup 为 TRUE 或被省略，则必须按升序排列 table_array 第一列中的值；否则，VLOOKUP 可能无法返回正确的值。如果 range_lookup 为 FALSE，则不需要对 table_array 第一列中的值进行排序。

例如：=VLOOKUP(1,A2:C10,2)要查找的区域为 A2:C10，因此 A 列为第 1 列，B 列为第 2 列，C 列则为第 3 列。表示使用近似匹配搜索 A 列（第 1 列）中的值 1，如果在 A 列中没有 1，则近似找到 A 列中与 1 最接近的值，然后返回同一行中 B 列（第 2 列）的值。

=VLOOKUP(0.7,A2:C10,3,FALSE)表示使用精确匹配在 A 列中搜索值 0.7。如果 A 列中没有 0.7 这个值，则所以返回一个错误♯N/A。

7.4.2.3　函数的输入

(1) 手工输入

对于一些比较简单的函数，用户可以采用手工输入函数。在目标单元格中直接输入"=SUM(D5:H5)"，然后按回车键确认即可得到单元格 D5 至 H5 中各数据的和。

(2) 使用"插入函数"输入

对于参数较多或比较复杂的函数，系统提供了粘贴函数的命令和工具按钮，一般采用"插入函数"按钮来输入。操作步骤如下：

① 选定要插入函数的单元格。

② 单击"插入"菜单中的"函数"命令，或单击常用工具栏中的"插入函数"按钮，弹出如图 7-36 所示的"插入函数"对话框。

③ 从"选择类别"列表框中，选择要输入的函数分类，再从"函数"列表框中选择所需要的函数。

④ 单击"确定"按钮，弹出如图 7-37 所示的"函数参数"对话框。

图 7-36 "插入函数"对话框

图 7-37 "函数参数"对话框

⑤ 在对话框中,输入所选函数要求的参数(可以是数值、引用、名字、公式和其他函数)。如果要将单元格引用作为参数,可单击参数框右侧的"暂时隐藏对话框"按钮,这样,只在工作表上方显示参数编辑框。再从工作表上单击相应的单元格,然后再次单击"暂时隐藏对话框"按钮,恢复"输入参数"对话框。

⑥ 选择确定按钮即可完成函数的功能,并得到相应的计算结果。

(3) 使用"常用"工具栏上的"自动求和"按钮输入

Excel"常用"工具栏中提供了一个"自动求和"按钮 Σ ▾,单击黑色小三角 ▾,会弹出一个下拉列边框,其中有"求和""平均值""计数""最大值""最小值"五个常用的函数,可根据需要,进行相应的选择,如需选择其他函数,可单击"其他函数(F)…"按钮进行相应的选择,选择函数后输入参数,即可完成函数的功能,并得到相应的计算结果。如图 7-38 所示是使用"平均值函数"按钮插入函数的操作界面。

注:在对连续单元格的数据进行计算时,如果在最后一个单元格的后面再添加一项新的数据,Excel 会自动地将公式内的数据范围往下延伸,包含新增的单元格。

另外还需注意的是:如果直接单击"自动求和"按钮(不是黑色小三角下拉按钮),则 Excel 将进行求和操作,即自动选择参与计算的数据区域进行求和运算。

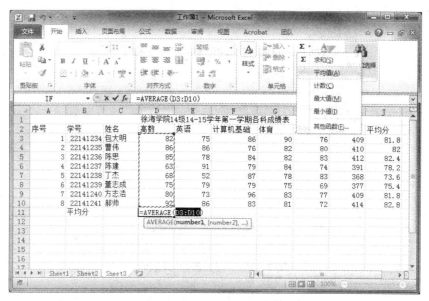

图 7-38　使用"自动求和"按钮输入函数

7.5 工作表的格式化设置

Excel 除了提供功能强大的函数用于处理工作表中的数据，也提供了十分丰富的格式化命令，来解决行高和列宽的调整、数字的显示、文本的对齐、字体边框颜色的设置等格式化问题，从而制作出各种美观的表格。

7.5.1 调整行高和列宽

Excel 为工作表设置了缺省的行高和列宽，默认的单元格行高是 13.5，列宽是 8.38。如果输入的文字超过了默认的宽度，且其右边单元格中没有内容，则该单元格中的内容就会溢出到右边的单元格内；如果右边单元格中有内容，则会截断显示；如果是数值型内容，单元格宽度太小，则无法以规定的格式将数字显示出来，单元格会用"♯"号填满，把单元格的宽度加宽，就可使数字显示出来。一般情况下，行高会随着输入数据发生变化，并不需要调整，但有些时候文字如果设置为倾斜，就需要调整行高。

改变选定区域的行高和列宽有两种方法：使用"开始"选项卡的单元格选项组的"格式"按钮和使用鼠标调整。

7.5.1.1 使用"开始"选项卡的单元格选项组的"格式"按钮改变行高和列宽

使用"开始"选项卡的单元格选项组的"格式"按钮改变行高和列宽的操作步骤如下。

① 选定要改变行高（列宽）的单元格区域。

② 单击"开始"选项卡，单击单元格选项组中的"格式"按钮右侧的下拉列表，选择"行高（列宽）"命令，弹出"行高（列宽）"对话框，在"行高（列宽）"文本框中输入需要的数值。如图 7-39 和图 7-40 所示。

③ 单击确定按钮。

图7-39 "行高"对话框

图7-40 "列宽"对话框

7.5.1.2 使用鼠标改变行高和列宽

① 改变行高：把鼠标指针移动到该行与上下行的边界处，当鼠标指针变成黑十字形状时，拖动鼠标调整行高，这时 Excel 将会自动显示行的高度值。如果要同时更改多行的高度，可以先选定要更改的所有行，然后拖动其一个行标题的下边界，即可调整所有已经选择的行的行高。

② 改变列宽：把鼠标指针移动到该列与左右列的边界处，当鼠标指针变成黑十字形状时，拖动鼠标调整列宽，这时 Excel 将会自动显示列的宽度值。

7.5.2 单元格的格式化

单元格的格式化包括单元格的数字、对齐、字体以及边框和底纹等内容的设置。这些格式都可以在"设置单元格格式"对话框里进行设置。

"设置单元格格式"对话框可通过以下步骤调出：

① 先选中要进行格式化的目标区域；

② 单击"开始"选项卡中的"单元格"选项组中的"格式"按钮的下拉菜单中的"设置单元格格式"。如图7-41所示。

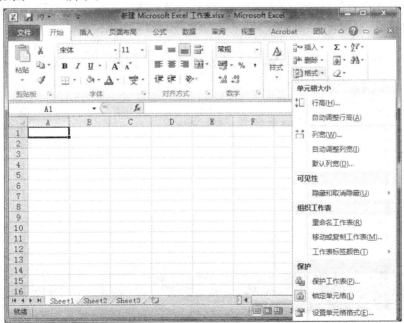
图7-41 "设置单元格格式"对话框的调出方法

除了上述方法之外,还可以通过其他方式打开"设置单元格格式"对话框。选定要进行格式化设置的区域后,鼠标右键单击,在弹出的快捷菜单中选择"设置单元格格式"命令,也可以打开它。如图7-42所示。

图7-42 通过快捷菜单打开"设置单元格格式"对话框

如图7-43所示是"设置单元格格式"对话框。Excel将对单元格与格式设置相关的所有常用操作都汇集在了此对话框中,用户打开此对话框后,可以进行单元格格式设置。对单元格的格式操作主要包括设置单元格的数字格式、单元格的文本对齐方式、单元格中数据的字体、单元格的边框和底纹等。

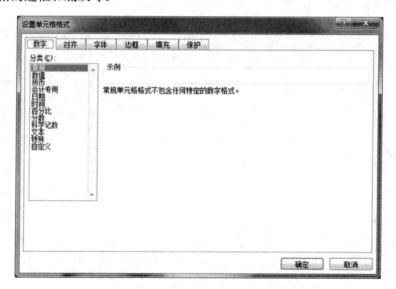

图7-43 "设置单元格格式"对话框

7.5.2.1 设置单元格的数字格式

Excel 中对数字进行格式化指的是：设置单元格中与数字相关的格式，主要包括数值型的数字的小数位数、是否使用千位分隔符，货币型数字的小数位数、选择货币符号的国家或地区、日期型数据与时间型数据等各种不同类型的选择。

设置单元格数字的格式，可以使用以下两种方法：

(1) 用功能区中的"数字选项组"中的按钮设置

① 选定要进行数字格式化的目标单元格。

② 利用"格式"工具栏中提供的"货币样式"按钮、"百分比样式"按钮、"千位分隔样式"按钮、"增加小数位数"按钮、"减少小数位数"按钮，设置数字格式。如图 7-44 所示。

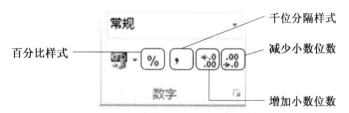

图 7-44 用功能区中的按钮格式化数字

(2) 使用菜单命令格式化数字

① 选定要进行数字格式化的目标单元格。

② 用上述三种方法之一调出"设置单元格格式"对话框，选择"数字"选项，在分类中选择"数值"，如图 7-45 所示，根据需要进行相应设置后，单击确定按钮即可。

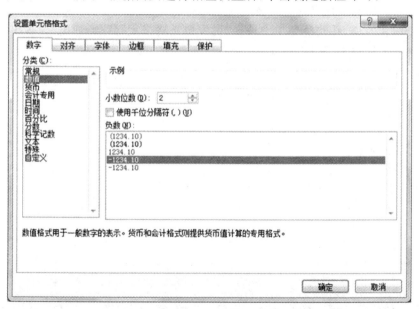

图 7-45 在"设置单元格格式"对话框中格式化数字

7.5.2.2 标题居中与单元格数据的对齐方式

在 7.3.1 节中已经讲过，Excel 中单元格内容的水平对齐方式默认为：文本左对齐、数字右对齐、逻辑值居中对齐;垂直对齐方式默认为靠下对齐。用户可以根据需要设置不同的对齐方式,以使版面更加美观。

(1) 用功能区的按钮改变数据的对齐方式

① 选定要设置对齐方式的单元格。

② 利用"开始"选项卡中"对齐方式"选项组中的"左对齐""右对齐""居中对齐""合并及居中""减少缩进量""增加缩进量"按钮设置对齐方式。如图7-46所示。

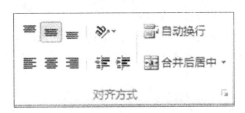

图 7-46 用功能区"对齐方式"选项组的按钮设置对齐方式

> **注意**
>
> 一般情况下,表格的标题都是在第一个单元格中输入,可以用 Excel 提供的"合并后居中"命令,把表格的标题设置成为按表格的宽度跨单元格居中,操作步骤如下:
>
> ① 把标题所在行,标题表格宽度内的单元格全部选中;
>
> ② 单击"开始"选项卡中的"单元格"选项组中的"合并后居中"按钮即可。

(2) 用"设置单元格格式"对话框改变对齐方式

① 选定要设置对齐方式的单元格区域。

② 单击鼠标右键,在快捷菜单中选择"设置单元格格式"命令,弹出"设置单元格格式"对话框,选择"对齐"选项,如图7-47所示。

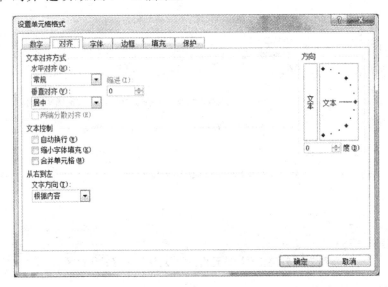

图 7-47 在"设置单元格格式"对话框中设置对齐方式

③ 在"文本对齐方式"下设置水平和垂直方向的对齐方式，其中水平对齐方式包括常规、靠左(缩进)、居中、靠右(缩进)、填充、两端对齐、跨列居中、分散对齐(缩进)等方式，垂直对齐方式包括靠上、居中、靠下、两端对齐、分散对齐等方式。在"方向"列表框中，用户可以改变单元格内容的显示方向(如文本倾斜 45°或－45°)；另外还可以在文本控制下进行相应设置，如选中"自动换行"复选框，则当单元格中的内容宽度大于列宽时，会自动换行(另外也可按"Alt＋Enter"快捷键进行强行换行)；如选中"缩小字体填充"复选框，则当单元格中的内容宽度大于列宽时，会缩小字体以适应单元格的宽度；如选中"合并单元格"复选框，则会把选中的多个单元格合并为一个单元格，且只保留最左上角单元格中的内容。

7.5.2.3 设置单元格字体格式

用户可以根据需要重新设置字体的格式，如对字体、字形、字号、下划线、颜色以及特殊效果等进行设置。其操作方法与在 Word 中进行字体设置相同。

(1) 用功能区"字体"选项组中的命令设置数据的字体格式

"开始"选项卡中的"字体"选项组提供了常用的字体设置命令，包括字体，字号，加粗，倾斜，下划线以及字体颜色的设置命令，如图 7-48 所示。

图 7-48 "字体"选项组中字体格式命令

(2) 用"设置单元格格式"对话框改变数据的字体格式

选中要改变字体格式的单元格区域，右键单击，在弹出的快捷菜单中选择"设置单元格格式"，弹出"设置单元格格式"对话框，选择"字体"选项，如图 7-49 所示，在相应选项中对字体格式进行设置。

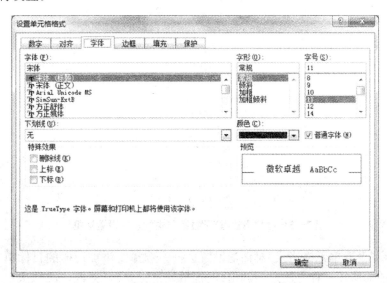

图 7-49 在"设置单元格格式"对话框中设置字体

7.5.2.4 网格线和边框线的设置

(1) 网格线的隐藏与显示

Excel 工作表中显示的网格线是为输入、编辑方便而预设置的,如果需要,可以将这些网格线隐藏起来。操作方法如下:

① 单击"视图"选项卡,然后找到"显示"选项组中的"网格线"复选框。如图 7-50 所示。

② 用鼠标单击"网格线"复选框(去掉√),即可隐藏工作表中的网格线。

如果需要再显示网格线,可重复上述步骤,只需把"显示"选项组中的"网格线"复选框选中(显示√)。

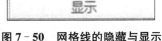

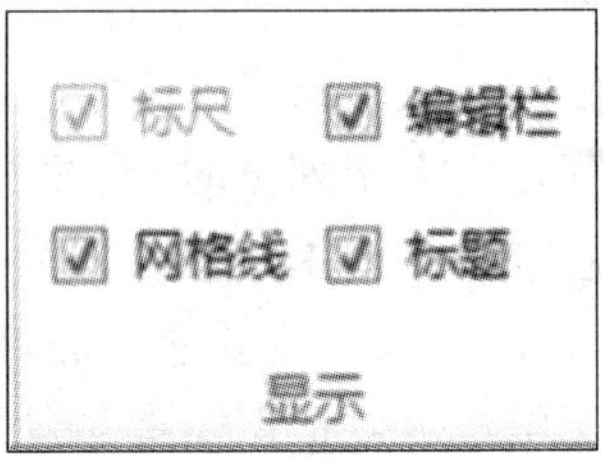

(2) 边框线的设置

图 7-50 网格线的隐藏与显示

在 Excel 工作表中显示的灰色网格线不是实际表格线,为了强调、突出其中的数据,使表格显得更加美观,用户可使用以下两种方法给工作表加边框。

方法一:用工具栏按钮设置边框。选择要添加边框的目标单元格或单元格区域,单击"开始"选项卡中的"字体"选项组的"下边框"下拉菜单,如图 7-51 所示,在其中选择所需的边框线即可。

图 7-51 用"下边框"下拉菜单中的按钮设置边框

方法二:用"设置单元格格式"对话框设置边框。选择要添加边框的目标单元格或单元格区域,通过前面所述三种方法之一调出"设置单元格格式"对话框,选择"边框"选项,如图 7-52 所示。在边框、线型和颜色中选择合适的边框。需要注意的是,设置边框应先选择

"线条样式"和"颜色",再选择"预置"和"边框"中的部位,这样,线条样式和颜色才能生效,反之则不行。

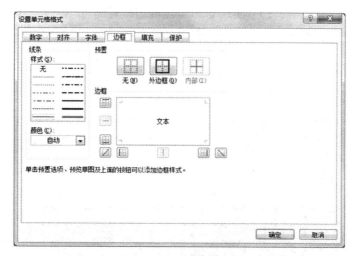

图 7-52　在"设置单元格格式"对话框中设置边框

7.5.2.5　设置单元格的底纹

Excel 工作表中,可以给单元格区域设置底纹图案和颜色以美化表格。同样可以使用"设置单元格格式"对话框进行设置单元格的底纹。方法如下:

选中要进行底纹设置的单元格或单元格区域,然后单击右键在快捷菜单中选择"设置单元格格式"命令,弹出"设置单元格格式"对话框,并选中"填充"选项,然后可以按要求进行相应设置,如图 7-53 所示。

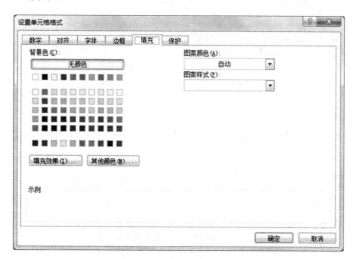

图 7-53　在"设置单元格格式"对话框中设置底纹

7.5.2.6　自动套用格式

"自动套用格式"是一种可以迅速应用于某一数据区域的格式设置集合,内含的格式包括数字、字体、边框、图案、对齐方式、列宽/行高。Excel 提供了多种多样的"自动套用格式"。自动套用格式的操作方法如下:

① 选择要格式化的单元格区域。
② 单击"开始"选项卡中的"样式"选项组中的"套用表格格式"下拉按钮。
③ 在对话框中选择需要使用的格式后,单击确定按钮即可。

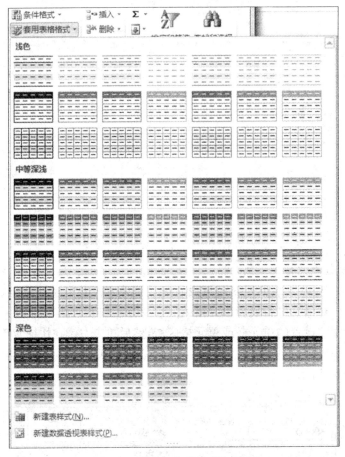

图 7-54 "自动套用格式"对话框

7.5.2.7 条件格式

Excel 提供了"条件格式"功能,该功能使得只有当单元格中的内容满足一定的条件后才按预先设置好的格式显示,否则不按设定格式显示。条件格式功能的操作如下:

① 选定要设置格式的单元格区域(注意不要选中列名单元格)。

② 单击"开始"选项卡中的"样式"选项组中的"条件格式"下拉按钮,在下拉菜单中选择要设置的单元格条件,在打开的对话框中进行设置,然后单击确定按钮。如图 7-55 和图 7-56所示。

图 7-55 设置"条件格式"

图 7-56 "大于"对话框

7.5.3 格式的复制和删除

单元格的格式是多种多样的,这些格式可以被复制,也可以被删除。

7.5.3.1 格式的复制

选择含有需要复制格式的单元格或单元格区域,单击"开始"选项卡中的"剪贴板"选项组中的"格式刷"按钮,鼠标将变成小刷子形状,然后选择要设置新格式的单元格或单元格区域,就可以实现格式的复制。

如果需要使用"格式刷"按钮实现多次复制,则在选择含有需要复制格式的单元格或单元格区域后双击"格式刷"按钮,此时可以进行多次的格式复制操作。当格式复制结束后,可以再次单击"格式刷"按钮取消复制功能。

7.5.3.2 格式的删除

首先选择需要删除格式的单元格或单元格区域,然后单击"开始"选项卡中的"编辑"选项组中的"清除"下拉按钮,在其下拉菜单中点击"清除格式",此时单元格或单元格区域就恢复成常规样式。如图 7-57 所示。

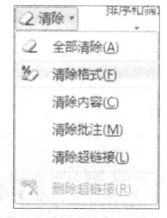

图 7-57 "清除"按钮下"清除格式"

7.6 图表的创建与编辑

Excel 能够将电子表格中的数据转换成各种类型的统计图表,更直观地揭示数据之间的关系,反映数据的变化规律和发展趋势,使用户能一目了然地进行数据分析。当工作表中的数据发生变化时,图表会相应改变,不需要重新绘制。

Excel 2010 提供了 11 种图表类型,每一类又有若干种子类型,并且有很多二维和三维类型可供选择。常用的图表类型有柱形图、条形图、折线图、面积图、饼图、XY 散点图、圆环图、气泡图、雷达图、迷你图等。用户可以根据需要,选择合适的图表类型。Excel 的默认图表类型为柱形图。

7.6.1 图表的组成

Excel 中的图表是根据工作表中的数据创建起来的。一般来说,图表包括两区(图表区、绘图区)三标题(图表标题、分类轴标题、数值轴标题)两轴(分类轴和数值轴)和一图例,这些都是一个独立项,称之为图表项,简称为图项。如图 7-58 所示是生成的一张图表。

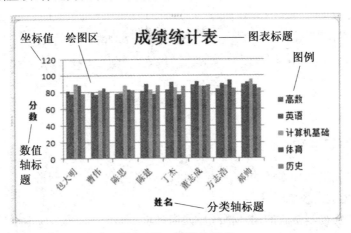

图 7-58 图表的组成

从上图中可以很清楚地认识图表的各个组成部分。

例 7-6:使用"徐海学院 14 级 14～15 学年第一学期各科成绩表"中的学生姓名和各科成绩数据,通过使用图表向导建立簇状柱形图表,要求:

(1) 图表标题为"成绩统计表",分类轴标题为"姓名",数值轴标题为"分数",图例显示在右边;

(2) 将图表嵌入"徐海学院 14 级 14～15 学年第一学期各科成绩表"中 A15:H30 的区域;

(3) 设置图表格式:

① 图表区背景设置为填充效果设置为纸莎草纸;

② 绘图区背景设置为白色;

③ 图例字体设置为隶书,加粗,10 号字体;

④ 数值坐标轴刻度最大值设置为 100,次要刻度单位设置为 5。

7.6.2 图表的创建

了解了图表的一般构成之后,下面讲解图 7-58 所示的图表是如何创建出来的。

Excel 中的图表分为两种,一种称之为嵌入式图表,它和创建图表的数据源放置在同一张工作表中,打印的时候一同被打印出来;而另一种称之为独立的工作表图表,它是一张独立的图表工作表,打印的时候与数据表分开打印。

在 Excel 中,用户可使用三种不同的方法来创建图表。

7.6.2.1 利用"插入图表"对话框创建图表

"插入图表"对话框的调出方法如下:点击"插入"选项卡中的"图表"选项组的 ,弹出"插入图表"对话框。"插入图表"对话框如图 7-59 所示。

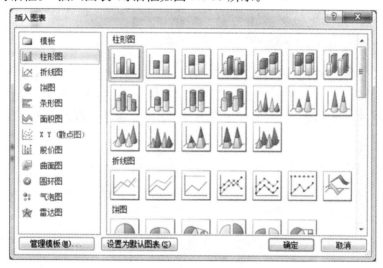

图 7-59 "插入图表"对话框

7.6.2.2 利用"图表"选项组创建图表

先选择创建图表的数据区域,然后点击"插入"选项卡中的"图表"选项组中的某一种图表类型。如图 7-60 所示。

图 7-60 "图表"选项组

7.6.2.3 使用 F11 快捷键或"Alt+F1"组合键创建图表

值得注意的是,使用 F11 快捷键或"Alt+F1"组合键创建的图表是独立的图表工作表,并自动以"Chart1""Chart2"……命名。

不管使用哪种方法创建图表,一般都需先正确选定创建图表所使用的数据区域,这是能否创建图表的关键步骤。选定的数据区可以连续,也可以不连续。

具体操作步骤如下:

(1) 选定用于创建图表的数据区域

本例中应选择学生姓名和各科成绩作为数据源区域,即 A1:F9 区域,如图 7-61 所示。

	A	B	C	D	E	F
1	姓名	高数	英语	计算机基础	体育	历史
2	包大明	92	85	86	89	85
3	曹伟	93	88	85	90	82
4	陈思	85	86	82	92	87
5	陈建	82	85	87	91	78
6	丁杰	80	82	84	93	76
7	董志成	92	76	81	91	64
8	方志浩	95	92	83	94	85
9	郝帅	91	85	86	92	89

图 7-61 选择数据区域

(2) 选择图表类型

单击"插入"选项卡中的"图表"选项组中的图表类型,在"图表类型"对话框中选择图表类型和子图表类型。选择子图表类型时,系统会给出各子图表的提示信息,提示信息中显示相关图表的特点,方便使用。按照要求选择一种图表的子类型即可创建图表,如图 7-62 和图 7-63 所示。

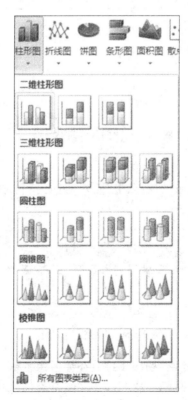

图 7-62 在"图表"选项组中选择一种图表子类型

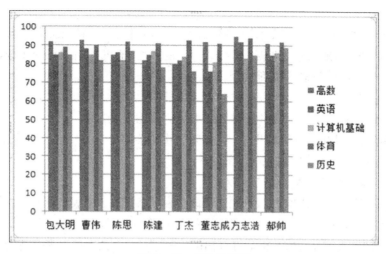

图 7-63　创建的图表

(3) 设定图表选项

在图表工具功能卡的"布局"选项卡中有"标签"组和"坐标轴"组。图表的选项包括"图表标题""坐标轴标题""图例""数据标签""模拟运算表""坐标轴"和"网格线",如图 7-64 所示。可以根据需要分别进行设置。本例中应将横轴(分类轴)设为"姓名",将纵轴(数值轴)设为"成绩",整个图表的名称设为"学生成绩表",默认情况下在右侧显示图例。

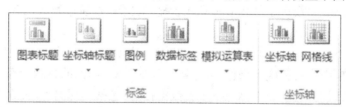

图 7-64　"标签"与"坐标轴"

7.6.3　图表的编辑与格式化设置

在 7.6.1 节中已经介绍了 Excel 图表的各个组成部分,图表中的图表区、绘图区、标题、数据系列、坐标轴、图例等图表项都可以分别进行加工;图表生成后,也可以对"图表向导"创建整个图表过程中的四个步骤进行相应地修改,还可以对图表进行编辑与格式化操作。

如果对图表进行编辑或格式化操作,首先得选中图表。单击图表区域的空白处,即选中了该图表,图表边框将出现八个小黑点,这时候的系统菜单也将发生相应变化,"图表"菜单将替换原来的"数据"菜单,其他几个菜单下的命令选项和工具栏也都相应发生变化。

如果是对图表项进行操作,则必须单击相应的图表项位置区域来激活该图表项。

总体来说,对图表或图表项进行编辑与格式化操作,有两种方式:一是选中待编辑的目标对象后,通过选择"图表"菜单,在其下拉菜单中选择相应的功能进行操作;一是鼠标右键单击待编辑的目标对象后,在出现的快捷菜单中选择相应的选项进行操作。

7.6.3.1　图表的缩放、移动、复制与删除

图表的缩放:选中图表后,通过对图表四周八个黑色控点方块的拖动,可以对图表进行

缩放操作。

图表的移动：移动鼠标指针到图表中任意空白区域，按住鼠标左键就可拖动图表在工作表中移动。如果要将图表嵌入到某一区域，即可在拖动图表的同时按住 Alt 键，让图表的边线和目标单元格区域的边框线精确重合。

图表的复制：在移动的同时，按住 Ctrl 键或者选中待复制图表后按"Ctrl+C"组合键，然后在目标位置按"Ctrl+V"组合键进行粘贴，即可完成图表的复制。

图表的删除：右键单击待删除图表，在弹出的快捷菜单中选择"清除"命令或选中待删除图表后，按 Delete 键都可删除该图表。

7.6.3.2 修改图表类型

当生成的图表类型需要改变时，可先选中该图表，然后单击"图表"选项卡中的"图表类型"命令，在弹出的"插入图表"对话框中选择合适的图表类型；也可右键单击目标图表，在弹出的快捷菜单中选择"图表类型"命令，然后在弹出的"图表类型"对话框中选择合适的图表类型。

7.6.3.3 修改图表源数据

当需要修改已生成图表的源数据时，可先选中该图表，然后单击"图表"选项卡中的"源数据"命令，在弹出的"源数据"对话框中进行数据系列的增加或删除以及调整数据系列排列次序等操作；也可右键单击目标图表，在弹出的快捷菜单中选择"源数据"命令，然后在弹出的"源数据"对话框中进行相应的操作。

7.6.3.4 修改图表选项

有时候生成图表时没有添加相应标题或者显示图例，可通过修改图表选项来进行相应的添加操作。

操作方法如下：先选中该图表，然后单击"图表"选项卡中的"图表选项"命令，在弹出的"图表选项"对话框中进行相应的操作（如标题的添加删除、图例的显示与否及显示位置的设置、坐标轴与网格线的设置、数据标志下设置数据标签，包括系列名称、类别名称或值等）；另一种方法是右键单击目标图表，在弹出的快捷菜单中选择"图表选项"命令，然后在弹出的"图表选项"对话框中进行上述操作。

7.6.3.5 修改图表位置

修改图表位置的方法同上，既可以通过选中目标图表后再利用"图表"选项卡中的"图表位置"命令来进行操作，也可以通过右键单击目标图表，在弹出的快捷菜单中选择"图表位置"命令来进行操作。

7.6.3.6 图表的格式化

图表的格式化包括对图表的外观、颜色、图案、文字和数字等的格式设置。

图表格式的设置可以使用"格式"选项中的"图表区"命令，或者右键单击目标图表，然后选择快捷菜单中的"图表区格式"命令。这两种方法进行操作都可弹出"图表区格式"对话框，如图 7-65 所示。

图 7-65 "图表区格式"功能区

按 7.6.1 节中要求把图表区的背景设置为填充效果纸莎草纸,在"格式"选项卡中的"形状填充"下拉按钮,在其下拉菜单中选择"纹理"菜单中继续选择纸莎草纸,如图 7-66 所示。

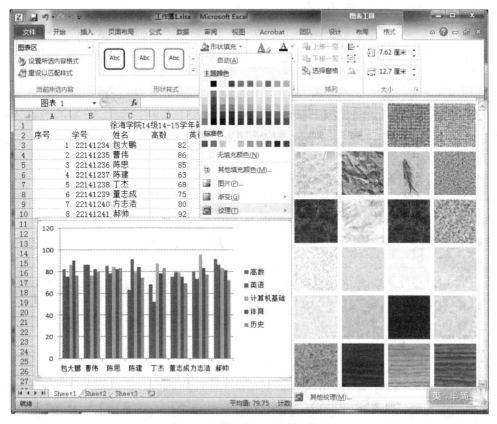

图 7-66 设置图表的背景纹理

全部设置完成后,实际效果如图 7-67 所示。

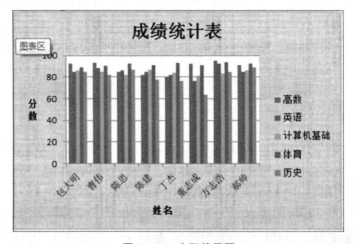

图 7-67 实际效果图

7.7 数据的管理与分析

数据的管理与分析功能是 Excel 的重要功能,具体包括对工作表中的数据进行排序、筛选、分类汇总等操作。

使用 Excel 的数据管理功能时,要求工作表是一个规则的二维数据列表。即工作表中的数据由若干列组成,每一列称为一个字段,列标题称为字段名,一般来说每个字段的数据类型必须一致;数据列表中的每一行数据称之为一条记录。规则的二维数据列表中应避免空白行和空白列,且单元格不要以空格开头。

例 7-7:新建名为"成绩分析统计表"的工作表,把"徐海学院 14 级 14~15 学年第一学期各科成绩表"中 A1:J10 数据复制到新建的工作表中,在姓名后增加一列数据,列标题为"性别",输入相应的数据,然后按要求进行以下操作:

(1) 以"总评"作为主要排序关键字,"高数"作为次要排序关键字,对学生成绩进行降序排序;

(2) 使用高级筛选功能,把总评成绩在 430 分以下的男生记录筛选出来,筛选条件置于 A12 开始的位置,筛选结果置于第 15 行后;

(3) 分类汇总男女生平均成绩。

7.7.1 合并计算

若要汇总和报告多个单独工作表中的数据的结果,可以将各个单独工作表中的数据合并到一个主工作表。被合并的工作表可以与合并后的主工作表位于同一工作簿,也可以位于其他工作簿中。多表合并基本操作如下:

① 打开要进行合并计算的工作簿。

② 切换到放置合并后数据的主工作表中,在要显示合并数据的单元格区域中,单击左上方的单元格。

③ 在"数据"选项卡上的"数据工具"组中,单击"合并计算"按钮,打开"合并计算"对话框,如图 7-68 所示。

④ 在"函数"下拉框中,选择一个汇总函数。

⑤ 在"引用位置"框中单击鼠标,然后在包含要对其进行合并计算的数据的工作表中选择合并区域。

⑥ 在"合并计算"对话框中,单击"添加"按钮,选定的合并计算区域显示在"所引用的位置"列表框中。

⑦ 重复步骤 5 和步骤 6 以添加其他的合并数据区域。

⑧ 在"标签位置"组下,按照需要单击选中表示标签在源数据区域中所在位置的复选框,可以只选一个,也可以两者都选。如果选中"首行"或"最左列",Excel 将对相同的行标题或列标题中的数据进行合并计算。

⑨ 单击"确定"按钮,完成数据合并。

⑩ 对合并后的数据进行修改完善,如进行格式化、输入相关数据等。

图 7‑68　打开"合并计算"对话框

7.7.2　数据排序

在实际工作中,常需要对表格中的数据按某个依据进行排序,如一张学生成绩表中,常需要对学生的总成绩进行排序,以便加快对数据的查找速度,方便进行对比分析。Excel 提供了数据排序的功能方便用户对数据进行排序管理。Excel 既可以对二维表中的数据进行按列排序,也可以进行按行排序。总体来说,Excel 中数据的排序依据是:数值型或日期时间型数据按照数据大小进行排序;字符型数据、英文字符按照 ASCII 码排序,汉字按照汉字机内码或者笔画排序。

Excel 中常用的排序方法有两种:

7.7.2.1　使用"开始"选项卡中的排序按钮排序

如果排序依据为单个字段,利用"开始"选项卡中的"编辑"选项组中的排序按钮可以对工作表中的数据进行快速排序。如例 7‑7 第(1)题中只要求以"总评"作为排序依据,则具体操作步骤为:

(1) 将光标定位在工作表区域作为排序依据的那一列的任一单元格,本例中应将光标定位在"总评"这一列的任意单元格中。

(2) 单击"开始"选项卡中的"升序排序"按钮或"降序排序"按钮,数据清单中的记录就会按要求进行升序或降序排列,本例中应单击"降序排序"按钮。

7.7.2.2　使用"数据"选项卡中的"排序"命令排序

有时候需要多个排序依据,如例 7‑7 中,要求当两个同学的总评相同时,可再依据他们的高数成绩进行降序排序。这时需要用到"数据"选项卡中的"排序"命令进行排序,具体操作步骤如下:

① 单击数据列表中的任一单元格。

② 单击"数据"选项卡,选择"排序"命令,Excel 会自动选择整个记录区域,弹出"排序"对话框。

③ 在"排序"对话框中进行相应的排序设置,如本例中,"主要关键字"应选择总评,降序排列;次要关键字选择"高数",降序排列;

④ 单击确定按钮完成排序。

若原有工作表中有列标题,则在排序对话框中最好选择"有标题行",以免标题行本身参与排序。

此外应注意的是，"排序"对话框中的"选项"按钮既可以设置排序的方向，如"按列排序"或"按行排序"；也可以设置字符型数据的排序规则，如按"字母排序"或"笔画排序"。"排序选项"对话框如图7-69所示。

图7-69 "排序"对话框

7.7.3 数据筛选

在数据表中，有时候有成百上千条数据记录，但需要关注的可能只是其中的一部分记录，为了提高操作速度，可以将不需要关注的或者与操作无关的记录先隐藏起来，而只将要操作的记录筛选出来。

数据筛选的含义是只显示符合条件的记录，隐藏不符合条件的记录。

Excel 提供了"自动筛选"和"高级筛选"两种方法。

7.7.3.1 自动筛选

在例7-7中要求筛选符合条件的记录，下面以筛选男生的记录为例，讲解自动筛选的操作步骤：

① 单击数据列表中的任一单元格；

② 依次单击"数据"选项卡→"排序和筛选"选项组→"自动筛选"命令，这时，工作表标题行上增加了下拉式箭头按钮；

③ 单击某数据列的筛选箭头按钮，在打开的下拉列表中设置筛选条件，本例中应选择"性别"列，然后选取"男"作为筛选条件的值，如图7-70所示。

这时 Excel 就会根据设置的筛选条件，只显示满足条件的记录。如果对所列记录还有其他筛选要求，则可以重复上述步骤③继续筛选。

在设置筛选条件时，可以选择"自定义"条件来设置复杂的条件，如要完成例7-7中的第(2)题，即筛选出总评成绩在430分以下的男生记录，则可以在筛选出男生记录的基础上再对"总评"字段进行自定义筛选，如图7-71和图7-72所示。

图 7-70　自动筛选

图 7-71　调出自定义筛选对话框

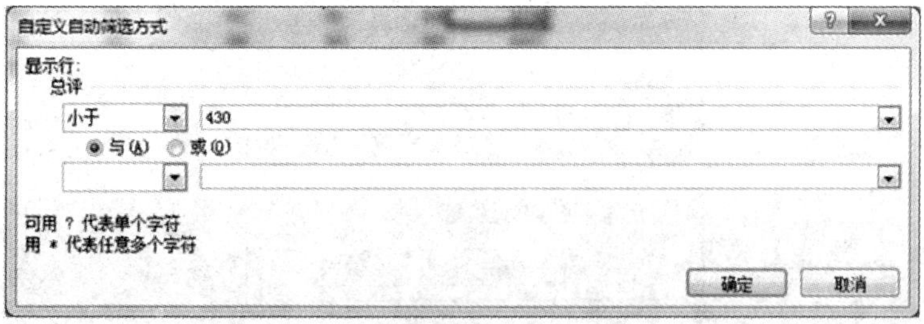

图 7-72　"自定义自动筛选方式"对话框

7.7.3.2 高级筛选

从上述用自动筛选完成的操作中可以得出，如果筛选条件涉及多个字段，用自动筛选实现比较麻烦(筛选了两次)，而使用 Excel 的“高级筛选”功能可一次就完成操作。

下面以实例 7－7 第(2)题为例，讲解高级筛选的具体步骤：

(1) 构造筛选条件

在指定条件区域，根据条件在相应位置输入字段名，并在刚输入的字段名下方输入筛选条件，注意条件区域的空行个数要能容纳所有条件。用同样方法构造其他筛选条件。多个筛选条件之间无外乎存在两种关系：“与”关系(表示两个筛选条件必须同时满足)和“或”关系(表示满足两个筛选条件之一即可)。这两种关系可用如下方法表示：

① “与”关系的条件必须出现在同一行

本例中要求筛选出总评成绩在 430 分以下的男生记录，筛选条件置于 A12 开始的位置，则可以在 A12 单元格中输入字段名“性别”，在 B12 单元格中输入字段名“总评”，然后在 A13 单元格中输入条件“男”，在 B13 单元格中输入条件“＜430”，如图 7－73 所示。

② “或”关系的条件必须错开

如果把题目要求改为“筛选出男生记录或总评成绩在 430 分以下的学生记录”，筛选条件置于 D12 开始的位置，则应在 D12 单元格中输入字段名“性别”，在 E12 单元格中输入字段名“总评”，然后在 D13 单元格中输入条件“男”，在 E14 单元格中输入条件“＜430”，如图 7－74所示。

12	性别	总评
13	男	<430

图 7－73 “与”关系条件设置

12	性别	总评
13	男	
14		<430

图 7－74 “或”关系条件设置

(2) 执行高级筛选

筛选条件构造好了之后，把鼠标定位到目标数据区域中任一单元格，然后依次选择“数据”选项卡→“排序和筛选”选项组→“高级”选项 高级 ，则该数据区域被自动选中，且会弹出“高级筛选”对话框，如图 7－75 所示。

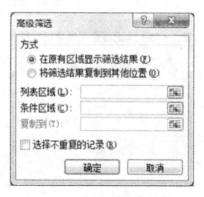

图 7－75 “高级筛选”对话框

从该对话框中可以得出,有两种方式放置筛选结果,一种是"在原有区域显示筛选结果",则筛选了之后,在原数据区域只显示符合条件的记录;另一种是"将筛选结果复制到其他位置",此时可把筛选结果复制到任意指定位置显示,原来的数据区域不变。

例7-7第(2)题中应选择"将筛选结果复制到其他位置"。

接下来应设置"列表区域",一般情况下会自动把目标数据区域的地址显示在列表区域框中,如果列表区域不符合要求,可单击"折叠对话框"按钮重新选取所需数据区域,本例中"列表区域"为＄A＄2:＄K＄10;同样设置"条件区域",一般条件区域在第一步就已经设置好,本例"条件区域"为＄A＄12:＄B＄13;最后指定区域放置筛选结果,本例中要求把筛选结果放置在第15行之后,则应在"复制到"框中输入目标地址"＄A＄15"(也可单击"折叠对话框"按钮,选择单元格A15后,再次单击"折叠对话框"按钮,则"复制到"框中将自动出现＄A＄15)。

若需要把重复记录去掉,可把"选择不重复的记录"前面的复选框打上√。

最后单击确定按钮即可按要求完成高级筛选的步骤。

例7-7第(2)题完成后,实际效果如图7-76所示。

	A	B	C	D	E	F	G	H
1	姓名	性别	高数	英语	计算机基础	体育	历史	总评
2	方志浩	男	95	92	83	94	85	449
3	曹伟	女	93	88	85	90	82	438
4	包大明	男	92	85	86	89	85	437
5	董志成	男	92	76	81	91	64	404
6	郝帅	男	91	85	86	92	89	443
7	陈思	女	85	85	82	92	87	432
8	陈建	男	82	85	87	91	78	423
9	丁杰	女	80	82	84	93	76	415
10								
11								
12	性别	总评						
13	男	<430						
14								
15	姓名	性别	高数	英语	计算机基础	体育	历史	总评
16	董志成	男	92	76	81	91	64	404
17	陈建	男	82	85	87	91	78	423

图7-76 例7-7第(2)题实际效果图

7.7.4 数据分类汇总

假如把徐海学院所有大一学生的成绩混合在一张工作表中(2 000多条记录),现要求按系进行统计每个系学生的平均成绩,如果一个个地按系把学生的记录复制出去再进行统计,工作量显然是很大的。好在Excel提供了分类汇总的功能,使用该功能,这样的工作轻而易举就能完成。

分类汇总是分析数据表常用的方法,其含义是首先对记录按照某一字段的内容(如此处应为"系")进行分类,然后计算每一类记录指定字段的汇总值,如总和、平均值等(此处应为平均值)。

例7-7第(3)题中,要求分类汇总男女生平均成绩,以此为例讲解分类汇总的具体操作步骤:

① 对数据区域中的记录按分类字段进行排序,本例中因为要统计的是男生和女生各自的平均成绩,则应先按"性别"字段进行排序,把男生和女生的记录分开来,即男生的记录排在一起,女生的记录排在一起。

② 单击数据区域中的任一单元格。

③ 依次选择"数据"选项卡中的"分级显示"选项组中的"分类汇总"按钮,弹出"分类汇总"对话框,如图 7-77 所示。

④ 在"分类字段"下拉列表中,选择进行分类的字段名(所选字段必须与排序字段相同),本例中应选择"性别"字段。

⑤ 在"汇总方式"下拉列表中,单击所需的用于计算分类汇总的方式,如求和、求平均、求最大值、求最小值等,本例中应选择"平均值"。

⑥ 在"选定汇总项"列表框中,选择要进行汇总的数值字段(可以是一个或多个),本例中应选择"平均分"。

若要求用多种方式对不同字段进行分类汇总,则需要进行多次分类汇总操作,此时应保留上次汇总数据,"替换当前分类汇总"复选框中的√应去掉;若不保留原来的汇总数据,可选中该项(打√)。

若选定"每组数据分页"复选框(打√),则每类汇总数据将独占一页。

若选定"汇总结果显示在数据下方"复选框(打√),则每类汇总的数据会显示在该类数据的下方,否则显示在该类数据的上方。

⑦ 单击确定按钮,完成分类汇总操作。

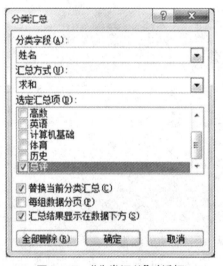

图 7-77 "分类汇总"对话框

例 7-7 第(3)题完成后,实际效果如图 7-78 所示。

	A	B	C	D	E	F	G	H
1	姓名	性别	高数	英语	计算机基础	体育	历史	总评
2	包大明	男	92	85	86	89	85	437
3	陈建	男	82	85	87	91	78	423
4	董志成	男	92	76	81	91	64	404
5	方志浩	男	95	92	83	94	85	449
6	郝帅	男	91	85	86	92	89	443
7		男 平均值						431.2
8	曹伟	女	93	88	85	90	82	438
9	陈思	女	85	86	82	92	87	432
10	丁杰	女	80	82	84	93	76	415
11		女 平均值						428.3333
12		总计平均值						430.125

图 7-78 例 7-7 第(3)题实际效果图

> **注意**
> 在进行分类汇总操作之前,一定要对数据区域按照分类字段进行排序,否则得不到正确结果。

7.7.5 创建数据透视表

数据透视表是一种可以从源数据列表中快速提取并汇总大量数据的交互式表格。使用数据透视表可以汇总、分析、浏览数据以及呈现出汇总数据,达到深入分析数值数据、从不同的角度查看数据,并对相似数据的数值进行比较的目的。

若要创建数据透视表,必须先创建其源数据。数据透视表是根据源数据列表生成的,源数据列表中每一列都成为汇总多行信息的数据透视表字段,列名称为数据透视表的字段名。

① 首先打开一个空白的工作簿,在工作表中创建数据透视表所依据的源数据列表。该源数据区域必须具有列标题,并且该区域中没有空行。

② 在用作数据源区域中的任意一个单元格中单击鼠标。

③ 在"插入"选项卡上的"表格"组中单击"数据透视表"按钮,打开"创建数据透视表"对话框,如图 7-79 所示。

图 7-79 打开"创建数据透视表"对话框

④ 指定数据来源。在"选择一个表或区域"项下的"表/区域"框中显示当前已选择的数据源区域,可以根据需要重新选择数据源。

⑤ 指定数据透视表存放的位置。选中"新工作表",数据透视表将放置在新插入的工作表中;选择"现有工作表",然后在"位置"框中指定放置数据透视表的区域的第一个单元格,数据透视表将放置到已有工作表的指定位置。

⑥ 单击"确定"按钮,Excel 会将空的数据透视表添加到指定位置并在右侧显示"数据透视表字段列表"窗格,如图 7-80 所示。该窗口上半部分为字段列表,显示可以使用的字段名,也就是源数据区域的列标题;下半部分为布局部分,包含"报表筛选"区域、"列标签"区域、"行标签"区域和"数值"区域。

⑦ 按照下列提示向数据透视表中添加字段:

a) 若要将字段放置到布局部分的默认区域中,可在字段列表中单击选中相应字段名复选框。默认情况下，非数值字段将会自动添加到"行标签"区域，数值字段会添加到"数值"区域，格式为日期和时间的字段则会添加到"列标签"区域。

b) 若要将字段放置到布局部分的特定区域中，可以直接将字段名从字段列表中拖动到布局部分的某个区域中；也可以在字段列表的字段名称上单击右键，然后从快捷菜单中选择相应命令。

c) 如果想要删除字段，只需要在字段列表中单击取消对该字段名复选框的选择即可。

⑧ 在数据透视表中筛选字段。加入数据透视表中的字段名右侧均会显示筛选箭头，通过该箭头可以对数据进行进一步遴选。

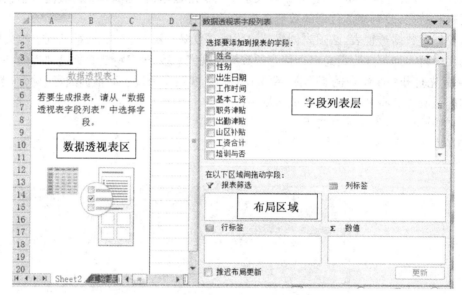

图7-80　在新工作表中插入空白的透视表并显示数据透视表字段列表窗格

7.7.6　创建数据透视图

数据透视图以图形形式呈现数据透视表中的汇总数据，其作用与普通图表一样，可以更为形象地对数据进行比较、反映趋势。

为数据透视图提供源数据的是相关联的数据透视表。在相关联的数据透视表中对字段布局和数据所做的更改，会立即反映在数据透视图中。数据透视图及其相关联的数据透视表必须始终位于同一个工作簿中。

除了数据源来自数据透视表以外，数据透视图与标准图表的组成元素基本相同，包括数据系列、类别、数据标记和坐标轴，以及图表标题、图例等。与普通图表的区别在于，当创建数据透视图时，数据透视图的图表区中将显示字段筛选器，以便对基本数据进行排序和筛选。

① 在已创建好的数据透视表中单击，该表将作为数据透视图的数据来源。

② 在"数据透视表工具|选项"选项卡上，单击"工具"组中的"数据透视图"按钮，打开"插入图表"对话框。

③ 与创建普通图表一样，选择相应的图表类型和图表子类型。

④ 单击"确定"按钮,数据透视图插入到当前数据透视表中,如图 7-81 所示。单击图表区中的字段筛选器,可更改图表中显示的数据。

⑤ 在数据透视图中单击,功能区出现"数据透视图工具"中的"设计""布局""格式"和"分析"选项卡。通过这四个选项卡,可以对透视图进行修饰和设置,方法与普通图表相同。

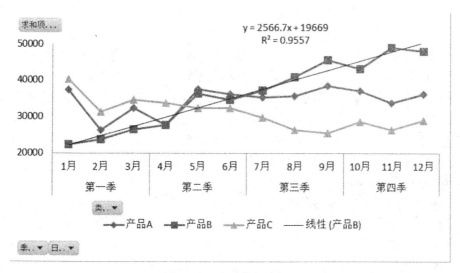

图 7-81 创建数据透视图

【微信扫码】
相关资源 & 拓展阅读

第 8 章　PowerPoint 2010

PowerPoint 是由 Microsoft 公司推出的演示文稿制作软件，是 Office 套件中的一个重要成员。使用 PowerPoint 能够方便、灵活地创建包含文字、图形、图像、动画、声音、视频等多种媒体组成的演示文稿，并通过计算机屏幕或投影仪等设备进行演示，使信息的传播过程变得丰富多彩、生动活泼。演示文稿中的每一页就叫幻灯片，每张幻灯片都是演示文稿中既相互独立又相互联系的内容。PowerPoint 的外观及通用操作都与前述 Word、Excel 保持一致。本章将通过一个完整实例讲解 PowerPoint 2010 的基本操作。

本章学习目标与要求：
1. PowerPoint 2010 的基础知识
2. 演示文稿的创建
3. 演示文稿的设计
4. 母版的使用
5. 演示文稿的放映
6. 演示文稿的打印

8.1　PowerPoint 2010 的基础知识

8.1.1　PowerPoint 2010 的工作环境

先启动 PowerPoint 2010。方法同启动 Word 2010 和 Excel 2010 类似。打开 PowerPoint 2010 后，屏幕上出现如图 8-1 所示的 PowerPoint 2010 窗口。因为是 Office 2010 的套件，所以界面与 Word 非常类似，这里，我们将不同之处标出来，其他的不再赘述。

8.1.2　PowerPoint 2010 的视图

PowerPoint 2010 根据用户建立、浏览、编辑和放映幻灯片的需要共提供了五种视图模式，分别是：普通视图、幻灯片浏览视图、备注页视图、阅读视图、幻灯片放映视图。

1. 普通视图

普通视图是主要的编辑视图，主要进行编辑和修改幻灯片，它是系统的默认视图，如图 8-1 所示是普通视图。该视图有三个工作区域：左边是幻灯片文本的大纲标签和以缩略图显示的幻灯片标签，可对幻灯片进行简单的操作；右边是幻灯片窗格，用来显示当前幻灯片的一个大视图，可以对幻灯片进行编辑；底部是备注窗格，可以对幻灯片添加备注。

(1)"大纲"标签

在该标签中，用户可以方便地输入演示文稿要介绍的一系列主题，系统将根据这些主题自动生成相应的幻灯片，且把主题自动设置为幻灯片的标题。在这里，可对幻灯片进行简单的操作和编辑。在该标签中，按照幻灯片编号从小到大的顺序和幻灯片内容的层次关系，显示演示文稿中的图标、标题和主要的文本信息，所以最适合编辑演示文稿的文本内容。

（2）"幻灯片"标签

单击"幻灯片"标签，则演示文稿中的每张幻灯片按照幻灯片的编号顺序以缩略图方式整齐地排列在该窗格中，呈现出演示文稿的总体效果。编辑时使用缩略图，可以方便地查看设计更改的效果，也可以重新排列、添加或删除幻灯片。

（3）幻灯片窗格

在该窗格中不但可以显示当前幻灯片，还可以添加文本，插入图片、表格、图表、绘图对象、文本框、电影、声音、超链接和动画等对象。

（4）备注窗格

可以在其中添加与每个幻灯片内容相关的备注，并且在放映演示文稿时，将它们用作打印形式的参考资料，或者创建希望让观众以打印形式或在 Web 页上看到的备注。通过拖动幻灯片窗格下面的水平分界线，可以显示或隐藏备注窗格。

在普通视图中可以看到整张幻灯片，如果要显示需要的某一张幻灯片，可以选择下面任意一种方法进行操作。

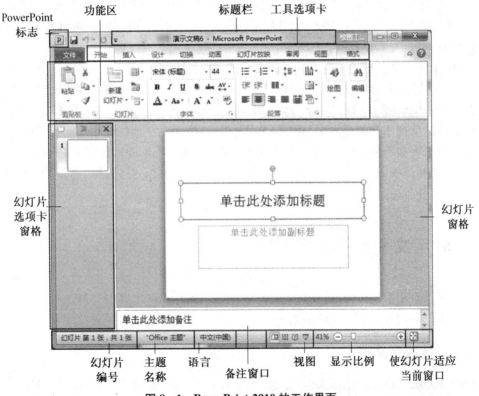

图 8-1　PowerPoint 2010 的工作界面

2. 幻灯片浏览视图

单击窗口右下角的"幻灯片浏览视图"按钮，或者单击"视图"→"幻灯片浏览视图"，演示文稿就切换到幻灯片浏览视图的显示方式。在幻灯片浏览视图中可把所有幻灯片缩小并排放在屏幕上，通过该视图可重新排列幻灯片的显示顺序，查看整个演示文稿的整体效果，各幻灯片按编号次序排列，用户可以看到整个演示文稿的内容，可以浏览各幻灯片及相对位置，也可以通过鼠标重新排列幻灯片次序，还可以进行插入、删除或移动幻灯片等操作。

3. 备注页视图

PowerPoint 2010 没有提供"备注页视图"按钮，但可以通过单击"视图"→"备注页"菜单命令来打开备注页视图，在这个视图中，用户可以添加与幻灯片相关的说明内容，其中，幻灯片缩图下方带有备注页方框，可以通过单击方框来输入备注文字，用户也可以在普通视图中输入备注文字。

4. 阅读视图

在该模式下只显示幻灯片的窗格、标题栏和状态栏，其他功能被屏蔽，实现幻灯片的简单放映浏览。一般从当前幻灯片开始放映，单击状态栏右侧的其他视图按钮可以切换到其他视图模式。

5. 幻灯片放映视图

在该视图模式下，幻灯片被全屏显示，以动态形式显示各个幻灯片，可以查看幻灯片的动画、超链接等播放效果。具体操作方法有三种：

① 单击状态栏右下角的"幻灯片放映"按钮，从当前幻灯片开始播放。

② 选择"幻灯片放映"选项卡的"开始放映幻灯片"组中的相应命令，可以实现全屏方式显示幻灯片，并且查看设置的各种效果。

③ 在键盘上按下 F5 键，直接进入放映模式，并且从头开始放映。

按 Enter 键或者单击鼠标左键可以显示下一张幻灯片，结束放映时，可以按 Esc 键。

在 PowerPoint 2010 窗口右下方，有切换视图的按钮。按钮从左向右依次为"普通视图""幻灯片浏览视图""阅读视图"和"幻灯片放映"。如果要在这些视图模式下工作，只需单击它们即可进入相应的视图模式。也可以通过选择"视图"菜单中的"普通""幻灯片浏览""备注页"和"阅读视图""幻灯片放映"菜单命令。此外，还可以通过选择"视图"菜单中的"备注页"命令打开备注页视图。

8.2 演示文稿的基本操作

演示文稿的基本操作包括：新建、保存、退出等。保存和退出操作与 Word 类似，这里不再赘述。我们重点介绍演示文稿的新建。

8.2.1 创建演示文稿

有四种方法可以建立演示文稿，分别是：根据空演示文稿、设计模板、内容提示向导和现有演示文稿。其中前两种方法比较常用。下面我们对这两种方法进行介绍。

（1）建立空白演示文稿

启动 PowerPoint 2010，单击"文件"菜单，选择"新建"命令，在"可用的模板和主题"中选择"空白演示文稿"，点击右侧的"创建"，界面就会出现空白演示文稿，此时用户就可以根据需要插入所需的文字、图片、表格、超链接等,如图 8-2 所示。

图 8-2 新建空白演示文稿

(2) 根据模板创建演示文稿

模板是预先设计好的幻灯片外观。启动 powerpoint 2010,单击"文件"菜单,选择"新建"命令,在右边的"可用的模板和主题"中选择"样本模板",根据需要选择某个模板,如图 8-3 所示,单击"创建"就可以新建一个基于该模板的幻灯片,如图 8-4 所示。

图 8-3 根据模板创建

图 8-4 "设计模板"对话框

(3) 根据主题创建演示文稿

单击"文件"菜单,选择"新建"命令,在右边的"可用的模板和主题"中选择"主题",根据需要选择合适的主题,单击"创建"按钮,如图 8-5 所示,即可新建一个基于该主题的幻灯片,如图 8-6 所示。

图 8-5 根据主题创建

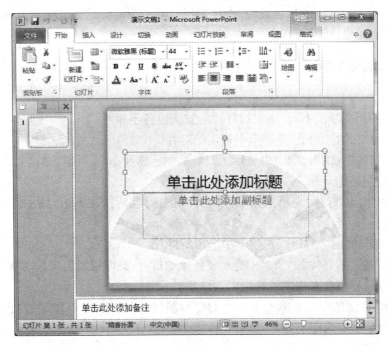

图 8-6 "暗香扑面"主题

(4) 根据现有演示文稿创建演示文稿

如果想要创建一个与现有演示文稿类似的文稿,可以在现有演示文稿的基础上创建或修改产生新的演示文稿,具体方法如下:

单击"文件"菜单,选择"新建"命令,在右边的"可用的模板和主题"中选择"根据现有内容新建",如图 8-7 所示,选择想要建立的模板即可。

图 8-7 根据现有内容新建

我们将上述演示文稿的模板设为"吉祥如意",第一张幻灯片的文字版式为"标题"幻灯片。下面我们开始输入内容。

8.2.2 编辑演示文稿

1. 选定幻灯片

根据当前使用的视图不同,选定幻灯片的方法也各不相同。

(1) 在普通视图的"大纲"选项卡中选定幻灯片

在普通视图的"大纲"选项卡中显示了幻灯片的标题及正文,此时,单击幻灯片标题前面的图标,即可选定该幻灯片。

选定连续一组幻灯片:先单击第一张幻灯片图标,然后按住 Shift 键的同时,单击最后一张幻灯片图标,即可全部选定。

(2) 在普通视图的"幻灯片"选项卡中选定幻灯片

在普通视图的"幻灯片"选项卡中显示了各个幻灯片,此时根据需要拖动滚动条,找到需要的幻灯片单击,即可在右边显示选中的幻灯片。

选定连续一组幻灯片:先单击第一张幻灯片图标,然后按住 Shift 键的同时,单击最后一张幻灯片图标,即可全部选定。

(3) 在浏览视图中选定幻灯片

在幻灯片浏览视图中,只需要单击相应幻灯片的缩略图,即可选定该幻灯片,被选定的幻灯片的边框处于高亮显示。

如果要选定连续一组幻灯片,可以单击第一张幻灯片的缩略图,然后在按住 Shift 键的同时,单击最后一张幻灯片的缩略图。如果要选定多张不连续的幻灯片,在按住 Ctrl 键的同时,分别单击需要选定的幻灯片的缩略图。

2. 插入新幻灯片

(1) 在普通视图中插入新幻灯片。选中要插入新幻灯片位置之前的幻灯片(例如,要在第 2 张和第 3 张幻灯片之间插入新幻灯片,则先选中第 2 张幻灯片),单击"开始"菜单,"新建幻灯片"命令,在出现的"Office 主题"任务窗格中,选择一种需要的版式,如图 8-8 所示,便可向新插入的幻灯片中输入内容。

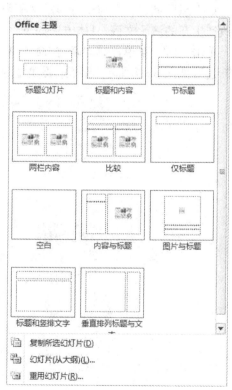

(2) 在幻灯片浏览视图中插入新幻灯片。将插入点插入到目标位置,然后按照上述方法继续操作。

3. 删除幻灯片

(1) 在幻灯片浏览视图中选择要删除的幻灯片。

(2) 单击要删除的幻灯片,右击选择"删除幻灯片"命令,或者直接按 Delete 键。

图 8-8 新建幻灯片版式

(3) 如果要删除多张幻灯片,全部选中后按 Delete 键。

4. 复制幻灯片

(1) 使用"复制"与"粘贴"按钮复制幻灯片

选中所要复制的幻灯片,单击"开始"菜单下的"剪贴板"选项,选中"复制"命令,再将插入点置于想要插入幻灯片的位置,然后单击"粘贴"按钮。

(2) 使用鼠标拖动复制幻灯片

单击窗口右下方的"幻灯片浏览视图"按钮,切换到幻灯片浏览视图。选中想要复制的幻灯片,然后按住 Ctrl 键不放,用鼠标将幻灯片拖拽到目标位置,再释放鼠标左键和 Ctrl 键,即可完成幻灯片的复制操作。

5. 移动幻灯片

(1) 在幻灯片浏览视图中,选定要移动的幻灯片。

(2) 按住鼠标左键并拖动幻灯片到目标位置,拖动时有一个长条的直线就是插入点。

(3) 释放鼠标左键,即可将幻灯片移动到新的位置。

还可以利用剪切和粘贴功能来移动幻灯片。

8.3 格式化演示文稿

1. 输入文本

在幻灯片中输入文本的方法有四种:版式设置区文本(占位符)、文本框、自选图形和艺术字。

当新建空白演示文稿时,系统会在空白演示文稿上自动添加两个虚线边框,这就是占位符,用户可以用实际需要的内容去替换占位符中的文本。如图 8-9 所示,其中包括两个文本占位符,一个是标题占位符;另一个是副标题占位符。

图 8-9 占位符

在标题占位符中输入标题文本的操作步骤如下:单击标题占位符,将插入点置于该占位符内,直接输入标题文本。输入完毕后,单击幻灯片的空白区域,即可结束文本输入,该占位符的虚线边框将消失。

注意：如果需要在幻灯片的占位符外的位置添加文本时，可以利用"插入"工具栏中的"文本框"按钮，选择插入横排文本框或者垂直文本框，在文本框中输入内容。标题占位符中输入"我的大学生活"，在副标题占位符中输入自己的姓名。文字的默认字体是"宋体"。

在第1张幻灯片中插入图片，可以使用"插入"→"图片"命令，也可以将图片直接复制到幻灯片的合适位置。

至此，第1张幻灯片操作完毕。执行"插入"→"新幻灯片"命令插入第2张幻灯片和第3张幻灯片，并输入内容。

2．格式化文本

文字输入完毕后，可以像 Word 那样美化文字。如设置字体、字号及颜色，设置段落的格式以及使用项目符号和编号等。操作方法同 Word。

对第2张幻灯片，选中文字占位符，执行"格式"→"项目符号和编号"命令，为课程增加项目符号。

对第3张幻灯片，将图片插入进去后，再插入相应的艺术字。

3．媒体的插入和格式设置

在 PowerPoint 中，可以插入图片、图表等对象，还可以插入声音、视频等媒体信息，使制作的幻灯片生动活泼，富有吸引力。这里介绍图片、声音等对象的插入和格式的设置。

在进行插入操作之前，应先把被操作的幻灯片显示在幻灯片窗口中。

（1）插入图片

在演示文稿中，可直接插入 Office 自带的剪贴图库中的剪贴画或其他图片文件。使用"插入"菜单中的"图像"选项，在下级菜单中选择"剪贴画"选项，在右侧出现的"剪贴画"窗口中输入搜索文字，选择结果类型，点击搜索即可。如果需要使用 Office.com 中的内容，将"包括 Office.com 内容"选中，如图 8-10 所示。

插入图片之后，可以直接在幻灯片窗格中，通过鼠标拖动图片的控点改变它的大小，还可以利用"图片"工具栏设置图片的格式，如对其位置、颜色、亮度等进行编辑等，具体操作过程与 Word 类似。

（2）插入视频和音频

在 PowerPoint 的演示文稿中，还可以插入视频或音频等动态对象，使幻灯片在放映时产生很好的效果，增加对观众的吸引力。

在这里以插入声音为例，介绍插入音频的方法。

① 选择需要插入声音的幻灯片。

② 单击"插入"选项卡"媒体"组中的"音频"下拉按钮，在出现的菜单中，选择一种插入声音的来源，可以是来自剪辑库中的声音，也可以是来自文件的声音，还可以是用户自己录制的声音。

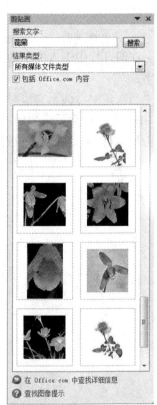

图 8-10 插入"剪贴画"

③ 选择好插入的音频文件之后,在幻灯片中会出现声音的图标,单击这个声音的图标,下方会出现一个播放控制条,可以用来控制播放的进度和音量等。"影片和声音"选项,在出现的菜单中,选择一种插入声音的来源,可以是来自剪辑库中的声音,也可以是来自文件的声音。

④ 设置音频的属性。在幻灯片中选中声音图标,在菜单栏中会出现音频工具菜单项,包含"格式"和"播放"连个选项卡,可以对声音图标进行美化以及设置声音的播放等操作。

(3) 插入其他对象

在 PowerPoint 中还可以插入数学公式、形状、图表、表格、艺术字等许多其他对象,下面以插入图表为例加以说明。

要插入图表,选择"插入"选项卡中的"图表",将创建一个基于 Excel 数据表的三维柱形图。修改数据表的内容,图表将自动更新。在图表上单击右键,在弹出菜单中选择"更改系列图表类型",可以将图表改为折线图、饼图等。图表以普通图片的形式显示在幻灯片中,选中图表菜单栏会出现"图标工具"选项卡,包含"设计""布局""格式"等选项卡,可以对图标进行相关的设置。

8.4 统一演示文稿的外观

1. 母版

上述三张幻灯片,文字的字体都是黑体,且第 2、3 张幻灯片的右上角都有相同的图片。演示文稿具有相对统一的外观。在这种情况下,假想演示文稿具有 100 张甚至更多的幻灯片,手动去逐一设置字体,去复制图片,这个工作量是非常大的。使用 PowerPoint 2010 的"母版"可以使用户快速地完成这项工作。

幻灯片母版决定着所有幻灯片的外观。单击"视图"→"母版"→"幻灯片母版"菜单命令,出现如图 8-11 所示的"幻灯片母版"编辑窗口。

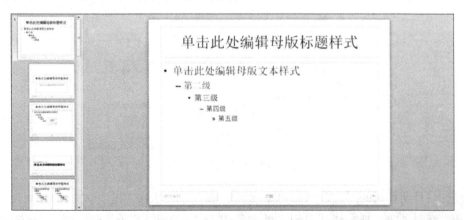

图 8-11 幻灯片母版

一套完整的幻灯片包括标题幻灯片和普通幻灯片。PowerPoint 的母版有三种类型:幻灯片母版、讲义母版和备注母版。

幻灯片母版是最常用的，它控制演示文稿除标题幻灯片之外的绝大多数幻灯片的格式。打开幻灯片母版之后，在12种版式中选择"标题和内容"版式，在默认情况下有五个占位符，分别是标题、文本、日期、页脚、幻灯片编号。可以在这些占位符中，对幻灯片母版进行各种设置：

(1) 统一幻灯片的字体和格式：切换到"视图"选项卡，点击"设置幻灯片母版"，在"标题和内容"版式中可以设置字体的格式。例如，选中文本中的字体，设置字体为"黑体"，在文本右下角位置插入剪贴画"花朵"，关闭母版视图，回到普通视图。我们会发现幻灯片的字体都变成了黑体，幻灯片右下角都有了相同的图片。

(2) 单击"母版文本样式"编辑区，可以对此区域内的文本进行格式设置。而且还可以单击某一级文本，然后使用"格式"菜单中的"项目符号和编号"命令，在弹出的"项目符号和编号"对话框中，改变项目符号的样式。

(3) 可以为幻灯片添加"页眉和页脚""日期时间"及"幻灯片编号"。例如，单击"页脚区"占位符，输入"中国矿业大学徐海学院"。单击"日期区"占位符，输入日期"2015-4-11"。在幻灯片母版中，添加制作幻灯片的时间和日期，那么，当前演示文稿的幻灯片都会添加上制作的时间和日期。

如果要在幻灯片中显示编号，执行"格式"，选择"页眉页脚"，会弹出页眉页脚对话框。如果不想让日期、时间、幻灯片编号或页脚文本出现在标题幻灯片上，选中"标题幻灯片中不显示"复选框。

勾选"幻灯片编号"和"标题幻灯片不显示"。这样，除标题幻灯片外，每张幻灯片右下角都有编号。如果要让日期和时间自动更新，勾选"日期和时间"，单击"自动更新"单选按钮，如图8-12所示。

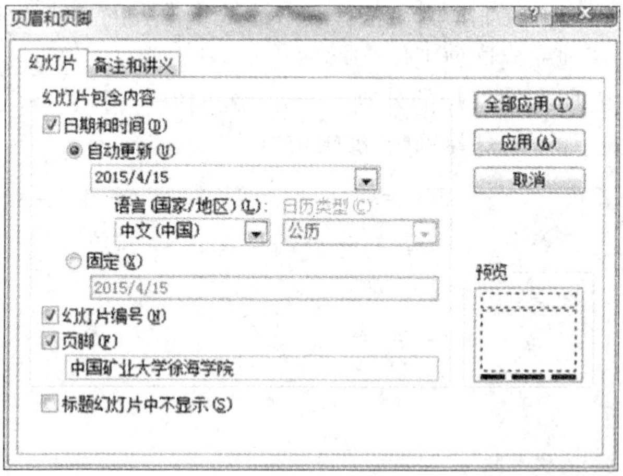

图8-12 插入日期和时间

若选中"日期和时间"复选框，则可添加日期和时间。单击"固定"单选按钮，插入的是用户直接输入的日期和时间，格式由用户自定义；单击"自动更新"单选钮，系统将自动插入当时的日期或时间，日期和时间的格式可从下拉列表框中选择。

设置完毕后，如果要将信息添加到当前幻灯片中，单击"应用"按钮；如果要将信息添加到演示文稿的所有幻灯片中，则单击"全部应用"按钮。

2. 幻灯片的背景和配色的方案

漂亮的外观是演示文稿基本要求,演示文稿的背景和配色方案,对选择的字体和文本大小有直接的影响,使用 PowerPoint 可以方便地设置幻灯片的背景和配色方案,改变演示文稿的整体外观。

(1) 选择简单的背景

简单的背景通常使文稿显得整洁优雅,可以按下列步骤为演示文稿选择一种基本的单色背景。

① 打开要应用背景的演示文稿。
② 单击"设计"菜单中的"背景"选项,打开"背景样式"对话框。
③ 从默认配色方案的下拉列表框中,选择作为背景的颜色,如图 8-13 所示。
④ 如果没有合适的颜色,可以单击"其他颜色"选项,然后单击调色板中所需的颜色。
⑤ 单击"全部应用"按钮,则整个演示文稿应用新背景,单击"应用"按钮,只在当前幻灯片上使用新背景。

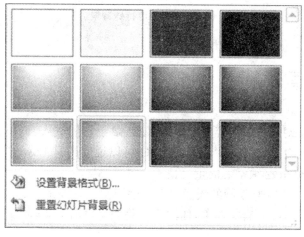

图 8-13 设置背景

(2) 创建特殊的背景效果

要创建特殊背景,可以在"背景"对话框的下拉列表框中选择"填充效果"选项,打开"填充效果"对话框,如图 8-14 所示。从中选择一种效果进行处理。

① 纯色填充:几种不同颜色之间的过渡效果。通过单击"单色"或"双色"选项,选择自己的配色方案,或选择某种预设方案。可以使用"底纹式样"和"变形"选项获得希望的效果。
② 纹理:包括大理石、木材、水面等材质的效果。
③ 图案:以两种颜色为基础的图案组合。
④ 图片:选择一幅图片作为演示文稿的背景。

(3) 设置配色方案

配色方案定义了文本、项目符号和对象的显示方式。要设置配色方案,可以单击"格式"菜单中的"幻灯片设计""配色方案",弹出"配色方案"对话框,如图 8-14 所示。

图 8-14 创建特殊背景

8.5 设置动画效果

动画技术可以使幻灯片的内容更加丰富多彩，赋予它们进入、退出、大小、颜色变化、移动等效果能够实现幻灯片以活动状态展现出来，可以说动画是 PowerPoint 的灵魂，所以动画的设置是 PowerPoint 必须掌握的重要技术。

在 PowerPoint 2010 中，动画的设置效果分两大类，一种是对幻灯片中对象的动画设置，包括文本、形状、图像、声音等对象，使演示文稿变得更加生动形象；另一种是设计幻灯片间切换的动画效果。

8.5.1 对象的动画设置

幻灯片中对对象的动画设计样式一共有四种，分别是进入、强调、退出和动作路径。

● 进入动画效果是指对象进入幻灯片时的效果，包括基本型、细微型、温和型和华丽型四种。

● 强调动画效果是让对象更突出显示，更引人注目，通常选择较华丽的效果。

● 退出动画设置是指对象在退出幻灯片时的效果，包括消失、淡出、飞出等效果。

● 动作路径动画设置是指对象的动画运动轨迹，可以是直线也可以是弧形或者其他形状等。

(1) 添加动画

① 在普通视图中，显示包含要更改动画效果的演示文稿。选取要设置动画效果的对象，单击菜单栏上的"动画"选项卡，选中"动画效果"按钮，在其下拉菜单中根据需要选取动画，如图 8-15 所示。

② 在幻灯片中,选中要设置动画的对象,单击"动画"选项卡,选择"添加动画",在出现的各种效果中,选择某一种动画效果即可。

用同样的方法,完成其他对象动画的设置。效果如图8-16所示。

图8-15 动画效果列表

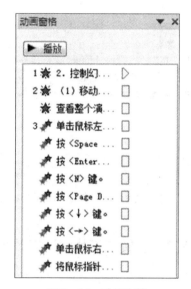

图8-16 动画窗格

(2) 编辑动画

动画设置好后还可以对动画的运动方向、声音、顺序等进行设置。有些动画可以改变方向,在幻灯片中选中要设置的对象,单击"动画"选项卡,单击"动画"组中的"效果选项"进行设置。动画的运行方式有三种,分别是"单击时""与上一动画同时""上一动画之后",这些效果可以在"计时"组中的"开始"下拉列表框进行设置。

(3) 改变动画的顺序

如果要改变多个动画的顺序,可以选中要改变的对象,单击"计时"组中的"向前移动"或者"向后移动"来调整动画的顺序。

(4) 给动画添加声音和设置运行速度

如果要给动画添加声音效果,先选定要设置的对象,单击"动画"选项卡右下角的对话框启动器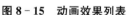,在弹出的对话框中包含三个选项卡,分别是"效果""计时""正文文本动画",如图8-17所示。在"效果"选项卡中可以对声音进行设置;在"计时"选项卡中可以对动画的运行速度进行设置,包括非常快、快速、中速、慢速、非常慢五种,还可以设置动画的运行方式和延时。

(5) 删除动画

如果要删除某一动画,有两种方式。

① 先选中要删除的动画,单击"动画"选项卡,单击"高级动画"组中的"动画窗格"选项,会在幻灯片显示区域右侧出现如图 8-18 所示的动画窗格对话框,选中某一动画并单击其右侧的下拉三角形,选择"删除"即可删除选定的动画效果。

在"动画"选项组中的"动画样式"列表框中选择"无"选项。

图 8-17　声音和动画文本的设置

图 8-18　删除动画

8.5.2　设置幻灯片的切换效果

切换效果是指幻灯片之间衔接的特殊效果。在幻灯片放映的过程中,由一张幻灯片转换到另一张幻灯片时,可以设置多种不同的切换方式,有"细微型""华丽型""动态内容"三种形式,如图 8-19 所示。其操作步骤如下。

图 8-19　幻灯片切换

① 幻灯片窗格中打开需要添加切换效果的幻灯片。
② 单击"切换"选项卡,在"切换到此幻灯片"的下拉菜单中选择需要的切换方式。
③ 对幻灯片切换效果设置单击"效果选项",对切换时间以及声音的设置单击"计时"选项卡进行设置,如图 8-20 所示。

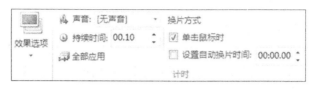

图 8-20　声音与时间设置

8.5.3　设置动作按钮

用户可以将某个动作按钮添加到演示文稿中,然后定义如何在幻灯片的放映过程中使用它,创建动作按钮的操作步骤如下。

1. 插入动作按钮

(1) 在幻灯片窗格中,打开要建立动作按钮的幻灯片。
(2) 单击"插入"选项卡,选择"插图"组中的"形状"选项卡,找到"动作按钮",如图 8-21 所示。单击一种动作按钮,在幻灯片中按住鼠标左键不放,拖出想要按钮的图标,然后释放鼠放左键,就在幻灯片上放置了一个按钮,并打开如图 8-22 所示的"动作设置"对话框,可以对动作进行相关的设置。

图 8-21　"动作按钮"菜单命令

(3) 在"动作设置"对话框中选择"超链接到"单选按钮,然后在下面的下拉列表框中选择要链接的目标选项。如果选择"幻灯片"选项,会弹出"超链接到幻灯片"对话框,在其中选定要链接的幻灯片后单击"确定"按钮;如果选择"URL"选项,将弹出"超链接到 URL"对话框,在"URL"文本框中输入要链接到的 URL 地址后,单击确定按钮即可。

2. 为空白动作按钮添加文本

插入到幻灯片的动作按钮中默认没有文字。如果想要插入文字,鼠标右击插入到幻灯片中的空白动作按钮,从快捷菜单中选择"编辑文本"命令,接着在插入点处输入文本,即可向空白动作按钮中添加文字。

图 8-22　动作设置

3. 格式化动作按钮的形状

选定要格式化的动作按钮,切换到"格式"选项卡,从"形状样式"选项组中选择一种形状,即可对动作按钮的形状进行格式化。用户还可以进一步利用"形状样式"选项组中的"形状填充""形状轮廓"和"形状效果"按钮,对按钮进行美化。

8.5.4 设置超链接

PowerPoint 的超级链接功能可以把对象链接到其他幻灯片、文件或程序上。通过对幻灯片中的文本、图表等对象创建超级链接,可以快速跳转到另一张幻灯片或有关内容。

1. 创建超链接

(1) 选择要设置超级链接的对象。

(2) 单击"插入"选项卡中的"超链接"按钮,或单击右键快捷菜单中的"超链接"命令,打开如图 8-23 所示的"插入超级链接"对话框。在"链接到"列表框中选择超链接的类型:

① 选择"现有文件或网页"选项,在右侧选择要链接到的文件或 Web 页面的地址,可以从文件列表中选择所需链接的文件名。

② 选择"本文档中的位置"选项,可以选择跳转到某张幻灯片上。

③ 选择"新建文档"选项,可以在"新建文档名称"文本框中输入新建文档的名称。

④ 选择"电子邮件地址"选项,可以在"电子邮件地址"文本框中输入要链接的邮件地址,如输入"xhc@cumt.edu.cn",在"主题"文本框中输入邮件的主题,即可创建一个电子邮件地址的超链接。

图 8-23 "插入超链接"对话框

2. 编辑超链接

如果要更改超链接的目标,先选定包含超链接的文本或图形,切换到"插入"选项卡,单击"链接"选项组中的"超链接"按钮,在出现的"编辑超链接"对话框中输入新的目标地址或者重新指定跳转位置即可。

3. 删除超链接

如果仅删除超链接关系,右击要删除超链接的对象,从快捷菜单中选择"删除超链接"命令。

如果要删除选定包含超链接的文本或图形,按 Delete 键,超链接以及代表该超链接的对象将全部被删除。

8.6 演示文稿的放映和打印

8.6.1 设置放映方式

1. 设置幻灯片的放映方式

(1) 单击"幻灯片放映"选项卡,单击"设置"组中的"设置放映方式"按钮,弹出"设置放映方式"对话框,如图 8-24 所示。

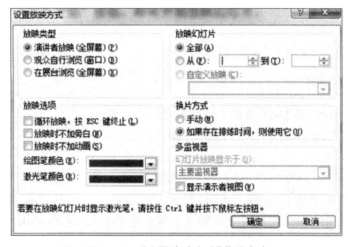

图 8-24 "设置放映方式"菜单命令

(2) 在"放映类型"栏中选择适当的放映类型。演讲者放映(全屏幕):选择此项可运行全屏显示的演示文稿。观众自行浏览(窗口):选择此项可运行小规模的演示。在展台浏览(全屏幕):选择此项可自动运行演示文稿。

(3) 在"放映幻灯片"栏中设置要放映的幻灯片。

2. 观看幻灯片放映

(1) 在 PowerPoint 2010 中打开要放映的幻灯片。

(2) 单击演示文稿窗口右下角的"幻灯片放映(从当前幻灯片开始)"按钮,即可开始放映。此外,单击"幻灯片放映"选项卡中的"从当前幻灯片开始"按钮或按 F5 键也可以开始放映。

(3) 如果想停止幻灯片放映,按 Esc 键即可。也可以在幻灯片放映时单击鼠标右键,然后在弹出的快捷菜单中选择"结束放映"菜单命令。

8.6.2 演示文稿的打印

PowerPoint 有强大的文稿打印功能,如图 8-25 所示,可以选择打印整个演示文稿、幻灯片、大纲、演讲者备注以及讲义,操作步骤如下:

(1) 单击"文件"选项卡,选择"打印"命令,在右侧窗格中可以预览幻灯片打印的效果。如果要预览其他幻灯片,单击下方的"下一页"按钮。

(2) 在中间窗格的"份数"微调中指定打印的份数。

(3) 在"打印机"下拉列表框中选择所需的打印机。

(4) 在"设置"选项组中指定演示文稿的打印范围，可以指定打印演示文稿中的全部幻灯片、当前幻灯片或选定幻灯片。如果要打印选定的幻灯片，可单击"幻灯片"单选按钮，并在其右侧的文本框中输入对应的幻灯片的编号。如果是打印非连续的幻灯片，则可输入幻灯片编号，并以逗号分隔。对于某个范围的连续编号，可以输入该范围的起始编号和终止编号，并以连字符相连。例如，如果要打印第 2、5、6、7、8 号幻灯片，则在文本框中输入"2,5-8"。

(5) 在"整页幻灯片"列表框中确定打印的内容，如幻灯片、讲义、备注页、大纲等。

(6) 单击"打印"按钮，即可开始打印演示文稿。

8.6.3 演示文稿的打包

利用 PowerPoint 的打包功能，即使在没有安装 PowerPoint 的计算机上，也可以运行自己制作的演示文稿。

(1) 切换到"文件"选项卡，选择"保存并发送"命令，

图 8-25 "打印"对话框

"将演示文稿打包成 CD"命令，再单击"打包成 CD"按钮，打开"打包成 CD"对话框，如图 8-26 所示。在"将 CD 命名为"文本框中输入打包后演示文稿的名称，如图 8-27 所示。

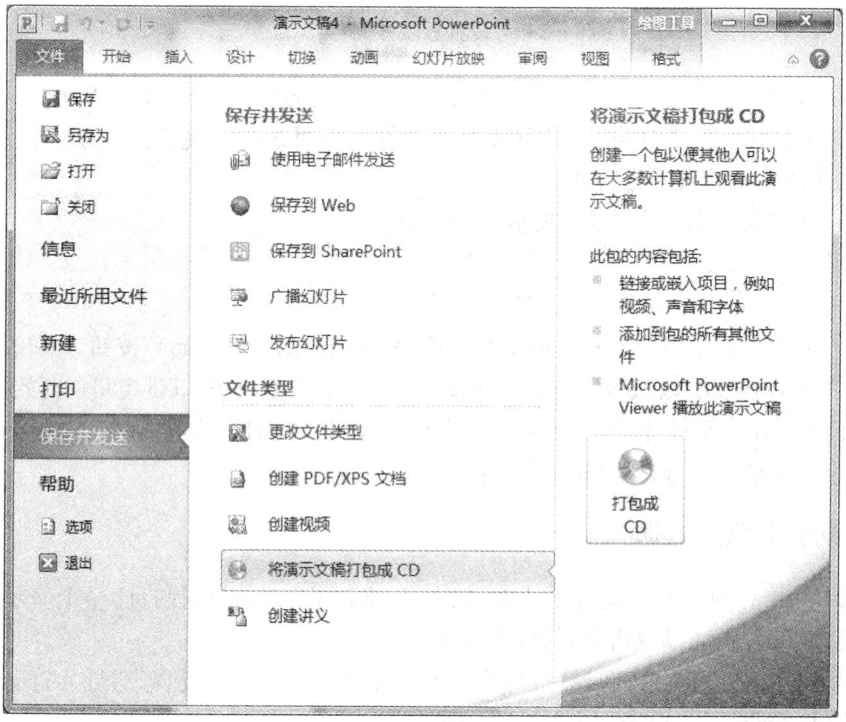

图 8-26 将演示文稿打包成 CD

（2）单击"选项"按钮，可以在打开的"选项"对话框中设置是否包含链接的文件，是否包含嵌入的 TrueType 字体，还可以设置打开文件的密码等。单击确定按钮，保存设置并返回"打包成 CD"对话框。

（3）单击"复制到文件夹"按钮，打开"复制到文件夹"对话框，如图 8-28 所示，可以将当前文件复制到指定的位置。

（4）单击"复制到 CD"按钮，弹出的对话框提示程序会将链接的媒体文件复制到计算机中，单击"是"按钮。弹出"正在将文件复制到文件夹"对话框并复制文件。

（5）复制完成后，用户可以关闭"打包成 CD"对话框，完成打包操作。

（6）在"计算机"窗口中打开光盘文件，可以看到打包的文件夹和文件。

图 8-27 "打包成 CD"对话框

图 8-28 复制到文件夹对话框

【微信扫码】
相关资源 & 拓展阅读

第 9 章 多媒体信息处理

计算机以高速的计算速度、海量的存储空间、丰富的色彩表现为多媒体在计算机上进行处理和应用提供了广阔的舞台。多媒体的开发和应用,使人与计算机之间的信息交流变得生动活泼、丰富多彩。

本章主要介绍与多媒体信息技术相关的概念、常用媒体类型和基本应用,帮助读者掌握多媒体技术的基本内涵。

本章学习目标与要求:
1. 了解多媒体信息处理的基本概念和多媒体计算机系统组成
2. 掌握音频、图像、视频信息的表示和处理方法,了解计算机动画的概念
3. 掌握数据压缩的概念,了解常用压缩标准的内容和用途
4. 了解多媒体文件的用途,掌握常用文件格式的用途
5. 了解各类多媒体处理工具的特点和作用

9.1 多媒体的概念

9.1.1 多媒体

"多媒体"一词译自英文"Multimedia",而该词也是由 Mutiple 和 Media 复合而成的。媒体(Medium)原有两重含义,一是指存储信息的实体,如磁盘、光盘、磁带、半导体存储器等,中文常译作媒质;二是指传递信息的载体,如数字、文字、声音、图形等,中文译作媒介。所以与多媒体对应的一词是单媒体(Monomedia),从字面上看,多媒体就是由单媒体复合而成的。

9.1.2 多媒体技术

多媒体技术是一种把文本(Text)、图形(Graphics)、图像(Images)、动画(Animation)和声音(Sound)等形式的信息结合在一起,并通过计算机进行综合处理和控制,能支持完成一系列交互式操作的信息技术。

多媒体技术的发展改变了计算机的使用领域,使计算机由办公室、实验室中的专用品变成了信息社会的普通工具,广泛应用于工业生产管理、学校教育、公共信息咨询、商业广告、军事指挥与训练,甚至家庭生活与娱乐等领域。

9.2 多媒体技术的特性

(1) 集成性:能够对信息进行多通道统一获取、存储、组织与合成。

(2) 控制性:多媒体技术是以计算机为中心,综合处理和控制多媒体信息,并按人的要求以多种媒体形式表现出来,同时作用于人的多种感官。

(3) 交互性:交互性是多媒体应用区别于传统信息交流媒体的主要特点之一。传统信息交流媒体只能单向地、被动地传播信息,而多媒体技术则可以实现人对信息的主动选择和控制。

(4) 非线性:多媒体技术的非线性特点将改变人们传统、循序性的读写模式。以往人们读写方式大都采用章、节、页的框架,循序渐进地获取知识,而多媒体技术将借助超文本链接(Hyper Text Link)的方法,把内容以一种更灵活、更具变化的方式呈现出来。

(5) 实时性:当用户给出操作命令时,相应的多媒体信息都能够得到实时控制。

(6) 信息使用的方便性:用户可以按照自己的需要、兴趣、任务要求、偏爱和认知特点来使用信息,修改图、文、声等信息表现形式。

(7) 信息结构的动态性:"多媒体是一部永远读不完的书",用户可以按照自己的目的和认知特征重新组织信息,增加、删除或修改节点。

9.3 多媒体信息的类型

1. 文本

文本(Text)是以文字和各种专用符号表达的信息形式,它是现实生活中使用得最多的一种信息存储和传递方式。用文本表达信息给人充分的想象空间,它主要用于对知识的描述性表示,如阐述概念、定义、原理和问题以及显示标题、菜单等内容。

2. 图形

图形(Graphics)一般是指通过绘图软件绘制的由直线、圆、圆弧、任意曲线等组成的画面,图形文件中存放的是描述生成图形的指令(图形的大小、形状及位置等),以矢量图形文件形式存储。计算机辅助设计(CAD)系统中常用矢量图来描述复杂的机械零件、房屋结构等,如图 9-1 所示。

3. 图像

图像(Image)是通过扫描仪、数字照相机、摄像机等输入设备捕捉真实场景的画面,数字化后以位图格式存储。图像可以用图像处理软件,如 Adobe Photoshop 等进行编辑和处理,如图 9-2 所示。

图 9-1 图形

图 9-2 图像

4. 动画

动画(Animation)是利用人的视觉暂留特性,快速播放一系列连续运动变化的图形图像,也包括画面的缩放、旋转、变换、淡入淡出等特殊效果。通过动画可以把抽象的内容形象化,使许多难以理解的教学内容变得生动有趣。合理使用动画可以达到事半功倍的效果,如图 9-3 所示。

图 9-3 动画

5. 视频

视频(Video)影像具有时序性与丰富的信息内涵,常用于表现事物的发展过程。视频非常类似于我们熟知的电影和电视,有声有色,在多媒体中充当起重要的角色。

6. 音频

音频(Audio)包括语音、音乐以及各种动物和自然界(如风、雨、雷等)发出的各种声音。音乐的解说词可使方案和画面更加生动;音频和视频的同步才使视频影像具有真实的效果。计算机的音频处理技术主要包括声音的采集、数字化、压缩和解压缩、播放等。

9.4 多媒体技术的应用领域

1. 多媒体教育

世界各国的教育学家们正努力研究用先进的多媒体技术改进教学与培训。以多媒体计算机为核心的现代教育技术使教学手段丰富多彩,使计算机辅助教学(CAI)如虎添翼。实践已证明多媒体教学系统有如下效果:(1)学习效果好;(2)说服力强;(3)教学信息的集成使教学内容丰富,信息量大;(4)感官整体交互,学习效率高;(5)各种媒体与计算机结合可以使人类的感官与想象力相互配合,产生前所未有的思维空间与创造资源,如图 9-4 所示。

图 9-4 多媒体教育

2. 多媒体电子出版物

国家新闻出版广电总局对电子出版物定义为"电子出版物,是指以数字代码方式将图、文、声、像等信息存储在磁、光、电介质上,通过计算机或类似设备阅读使用,并可复制发行的大众传播媒体。"该定义明确了电子出版物的重要特点。电子出版物的内容可分为电子图书、辞书手册、文档资料、报纸杂志、教育培训、娱乐游戏、宣传广告、信息咨询、简报等,许多作品是多种类型的混合。

3. 多媒体通信

在通信工程中的多媒体终端和多媒体通信也是多媒体技术的重要应用领域之一。当前计算机网络已在人类社会进步中发挥着巨大作用。随着"信息高速公路"开通,电子邮件已被普遍采用。多媒体通信有着极其广泛的内容,对人类生活、学习和工作将产生深刻影响的当属信息点播(Information Demand)和计算机协同工作 CSCW 系统(Computer Supported Cooperative Work)。

9.5 多媒体计算机的组成

1. 多媒体个人机的解释

在多媒体计算机之前,传统的微机或个人机处理的信息往往仅限于文字和数字,只能算是计算机应用的初级阶段,同时,由于人机之间的交互只能通过键盘和显示器,故交流信息的途径缺乏多样性。为了改换人机交互的接口,使计算机能够集声、文、图、像处理于一体,人类发明了有多媒体处理能力的计算机。多媒体个人机(Multimedia Personal Computer,MPC)就是具有了多媒体处理功能的个人计算机,它的硬件结构与一般所用的个人机并无太大的差别,只不过是多了一些软硬件配置。一般用户如果要拥有 MPC 大概有两种途径:一是直接购买具有多媒体功能的 PC;二是在基本的 PC 上增加多媒体套件而升级构成 MPC。

2. 多媒体计算机的基本配置(及可选配置)

一般来说,多媒体个人计算机(MPC)的基本硬件结构可以归纳为七部分:

- 至少有一个功能强大、速度快的中央处理器(CPU);
- 可管理、控制各种接口与设备的配置;
- 具有一定容量(尽可能大)的存储空间;
- 高分辨率显示接口与设备;
- 可处理音响的接口与设备;
- 可处理图像的接口设备;
- 可存放大量数据的配置等;

这样的配置是最基本 MPC 的硬件基础,它们构成 MPC 的主机。除此以外,MPC 能扩充的配置还可能包括如下几个方面:

- 光盘驱动器:包括可重写光盘驱动器(CD-R)、WORM 光盘驱动器和 CD-ROM 驱动器。其中 CD-ROM 驱动器为 MPC 带来了价格便宜的 650 M 存储设备,存储有图形、动画、图像、声音、文本、数字音频、程序等资源的 CD-ROM 早已广泛使用,因此现在光驱对广大用户来说已经是必需配置了。
　　● 音频卡：在音频卡上连接的音频输入输出设备包括话筒、音频播放设备、MIDI 合成器、耳机、扬声器等。数字音频处理的支持是多媒体计算机的重要方面，音频卡具有 A/D 和 D/A 音频信号的转换功能，可以合成音乐、混合多种声源，还可以外接 MIDI 电子音乐设备。
　　● 图形加速卡：图文并茂的多媒体表现需要分辨率高，而且同屏显示色彩丰富的显示卡的支持，同时还要求具有 Windows 的显示驱动程序，并在 Windows 下的像素运算速度要快。所以现在带有图形用户接口 GUI 加速器的局部总线显示适配器使得 Windows 的显示速度大大加快。
　　● 视频卡：可细分为视频捕捉卡、视频处理卡、视频播放卡以及 TV 编码器等专用卡，其功能是连接摄像机、VCR 影碟机、TV 等设备，以便获取、处理和表现各种动画和数字化视频媒体。
　　● 扫描卡：它是用来连接各种图形扫描仪的，是常用的静态照片、文字、工程图输入设备。
　　● 打印机接口：用来连接各种打印机，包括普通打印机、激光打印机、彩色打印机等，打印机现在已经是最常用的多媒体输出设备之一了。
　　● 交互控制接口：它是用来连接触摸屏、鼠标、光笔等人机交互设备的，这些设备将大大方便用户对 MPC 的使用。
　　● 网络接口：是实现多媒体通信的重要 MPC 扩充部件。计算机和通信技术相结合的时代已经来临，这就需要专门的多媒体外部设备将数据量庞大的多媒体信息传送出去或接收进来，通过网络接口相接的设备包括视频电话机、传真机、LAN 和 ISDN 等。

9.6　音频、图形、图像及视频信息的表达和处理

9.6.1　音频信息处理

　　声音是人们用于传递信息最方便、最熟悉的媒体，是一种具有振幅周期性的声波。周期的倒数为频率，以赫兹(Hz)为单位，人耳听到的声音频率范围大约在 20 Hz～20 kHz，其中人的说话声音是一种特殊的声音，其频率范围大约在 300 Hz～3.4 kHz，称为语音。音频(audio)通常指的是人能听到的声音，但实际上"音频"常常作为"音频信号"或"声音"的同义语，是属于听觉类媒体。
　　计算机多媒体音频处理技术包括音频信息的采集、音频信号的编码和解码技术、音乐的合成技术、语音的识别和理解技术、音频和视频的同步技术、音频的编辑以及音频数据的传输技术等。

9.6.1.1　音频的数字化

　　多媒体信息要送入计算机进行处理，它的核心问题是数字化，即各种媒体的信息转化为二进制数字进行处理。因此，对于音频信息，也需要转化为数字化的音频信息，即数字音频。数字音频的特点是保真度好、动态范围大。
　　声音本身是一种具有振幅和频率的波，通过麦克风可以将它转换为模拟电信号，称为模

拟音频信号。模拟音频信号送入计算机需要经过"模拟/数字"(A/D)转换,电路转变成数字音频信号,计算机才能进行识别、处理和存储。数字音频信号经过计算机处理后,播放时,又需要经过"数字/模拟"(D/A)转换,电路还原为模拟信号,放大输出到扬声器。因此,把模拟音频号转换成数字音频信号的过程就是把模拟音频信号转换成有限个数字表示的离散序列。在这一处理技术中,涉及音频的采样、量化和编码。一个音频信号转换成数字音频信号的过程如图9-5所示。

图 9-5 声音信息的数字化

1. 声音采样

采样也叫取样或抽样。计算机并不直接使用连续平滑的波形来表示,如图9-6所示,而是以固定的时间间隔对波形的振幅值进行采样,用得到的一系列数字量来表示声音。如图9-7所示是经过数字采样的波形示意图。

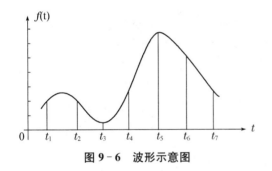

图 9-6 波形示意图

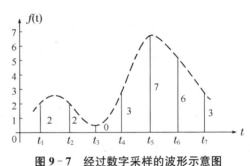

图 9-7 经过数字采样的波形示意图

为了确保采样获得的离散信号能够唯一地确定或恢复出原来的连续信号,要求采样必须满足采样定理。

单位时间内的采样次数叫作采样频率。一般认为,采样频率只要高于被采样信号最高频率的2倍,就能获得满意的声音还原效果。例如,10 kHz的声音,若想采样后不失真,则采样频率必须大于20 kHz。所用的采样频率越高,声音回放出来的质量也越高,但是要求的存储容量也就越大。考虑到计算机的工作速度和存储容量的限制,目前,在多媒体信号处理中,常用的采样频率是11.025 kHz(语言效果)、22.05 kHz(音乐效果)和44.1 kHz(高保真效果),其中常用的是22.05 kHz和44.1 kHz。

2. 量化

采样得到的数据只是一些离散的值,这些离散的值应该能用计算机中的若干二进制位来表示,人们把这一过程称作量化,如图9-8所示。把离散的数据量转化成二进制表示,要损失一些精度,因为计算机只能表示有限的数值和精度。例如,用8位二进制表示十进制整数,只能有2^8即256级量化,而CD质量的16位量化可以表示65 536个值。因此采样数据使用的二进制位数反映了量化精度。若采样位数为R,则有2^R个量化级。显然,量化级分得越细,对声音信号的反应越灵敏,即量化精度越高,同样,存储的数据量也就越大。

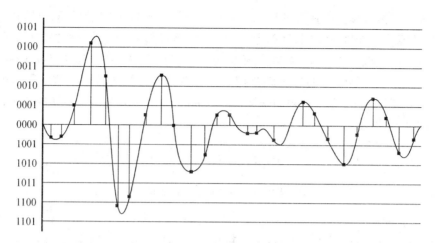

图 9-8　4 位量化示意图

3. 声道

声音是有方向的,当声音到达双耳的方向和相对时差不同时,人感觉到的声音的强度不同,就产生立体声的效果。声道数指声音通道的个数,单声道只记录和产生一个波形,双声道记录和产生两个波形,即立体声,而存储量则是单声道的两倍。

4. 计算

波形声音的主要参数包括:取样频率、量化位数、声道数目、使用的编码方法及数码率。数码率也称比特率,简称码率,单位为 b/s(位/秒)或 B/s(字节/秒),它指的是每秒钟的数据量。数字声音未压缩前,计算公式为:

$$码率(b/s)=采样频率 \times 量化位数 \times 声道数$$

例如,双声道立体声,采样频率位 11.025 kHz,8 位量化,其码率为:

$$11.025 \times 8 \times 2 = 176.4(Kb/s) = 22.05(KB/s)$$

存储 1 分钟这样的声音数据,容量需要为:

$$22.05 \times 60 = 1\,323(KB) \approx 1.292(MB)$$

再如,MP3 音乐 1 分钟双声道立体声,采样频率为 44.1 kHz 采样、16 位量化,其未压缩前码率为:

$$44.1 \times 16 \times 2 = 1\,411.2(Kb/s) = 176.4(KB/s)$$

其 1 分钟的存储容量为:

$$176.4 \times 60 = 10\,584(KB) \approx 10.336(MB)$$

MP3 音乐具有很高的声音保真度。一般情况下,22.05 kHz 采样、8 位量化的数字化声音可达调频广播质量,11.025 kHz 采样、8 位量化的数字化声音对语音类的低频声音信息可以满足要求。

9.6.1.2　声音合成技术

计算机声音的产生还可以利用声音合成技术实现,它是计算机音乐和计算机语音合成的基础。

1. 乐器数字接口 MIDI

MIDI(Musical Instrum Digital Interface)是乐器数字接口的缩写,它是 1983 年由

YAMAHA、ROLAND 等公司联合制定的一种数字音乐的国际标准。

MIDI 标准提供了多媒体计算机所支持的一种声音产生方法，它与前面介绍的波形音频产生和记录方法完全不同。MIDI 不支持记录声音的波形信息，而是说明音乐信息的一系列指令，如音符序列、节拍速度、音量大小，甚至可以指定音色，即它通过描述声音产生数字化的乐谱，是对声音的符号表示。

这种用符号描述来创建可识别声音的方法，可以精确地重现声音，也可以虚构声音，也可以重新创造原始声音。由于 MIDI 文件是一系列指令，而不是波形数据的集合，所以它的存储也是高效率的，与波形文件相比，它的文件要小得多，例如，一个典型的 8 位、22.05 kHz 的波形文件，记录 1.8 秒的声音需要 316.8 Kb 的空间；而一个 2 分钟的 MIDI 文件仅需 8 Kb 的空间。由于 MIDI 文件比波形文件的长度小、安装方便，所以为设计多媒体应用和播放指定音乐带来很大的灵活性。

一台多媒体计算机也可以通过配置内部合成器，把 MIDI 文件播放成动听的音乐。MIDI 的缺点是处理语音能力较差，并且受合成器中乐器组合限制，不能保证一个 MIDI 文件在不同声音卡上播放时效果一样。

2. 语音合成

语音合成是根据语言学和自然语言理解的知识，让计算机模仿人的发音自动生成语音的过程。语音合成的一项关键技术是信号的实时生成，如果满足了这一要求，语音输出系统就可以不经预处理直接将文本转换为语音。

合成的语音必须是可理解的，听上去还要尽量自然，可理解是一个基本的前提，而自然是使声音更容易被用户接受，此外还要求说话人可选择，语速可变化等。

计算机语音合成有多方面的应用，例如，在股票交易、航班动态查询等业务中，可以利用电话，以准确、清晰的语音为用户提供查询结果。通过电话网与 Internet 互连可以以电话或手机为连接终端，提供有声 E-mail 服务。还可以为 CAI 课件或游戏的解说词自动配音。此外，语音合成在文稿校对、语言学习、自动报警、残疾人服务等方面都能发挥很大作用。

9.6.1.3 音频编辑工具

现在的一些声音素材，往往并不符合用户的需要，通常要经过编辑处理后才可以使用，这样，音频编辑软件便应运而生了。目前，各种各样的音频编辑软件一般都有友好直观的操作界面，只是在处理的细节上各有特点，如 Windows 自带的录音机，尽管功能不是很强大，但它确实是小巧实用；Animator Studio 中的 SoundLab 和 Ulead Media Studio 中的 Audio Editor 都非常不错；超级解霸中的音频解霸能将波形文件存为 MP3 格式的文件；同时，一些声卡自带的声音处理软件也很方便，像 Sound Blaster 系列所带的 WaveStudio 等。因此，只要掌握了其中的一种，便可触类旁通。

GoldWave 是一款集声音编辑、播放、录制、转换的音频工具，它体积小巧、功能却不弱。可打开的音频文件相当多，包括 WAV、OGG、VOC、IFF、AIF、AFC、AU、SND、MP3、MAT、DWD、SMP、VOX、SDS、AVI、MOV 等音频文件格式。用户也可以从 CD 或 VCD 或 DVD 或其他视频文件中提取声音。内含丰富的音频处理特效，从一般特效，如多普勒、回声、混响、降噪到高级的公式计算。程序运行后的界面如图 9-9 所示。

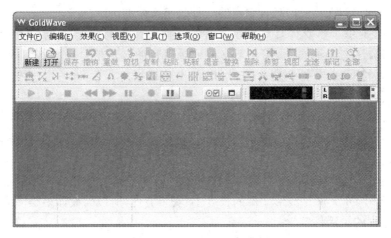

图 9-9 GoldWave 运行界面

1. 新建音频文件

选择新建按钮,出现新建音频对话框,设置音频文件的属性,如图 9-10 和图 9-11 所示。

图 9-10 设置属性

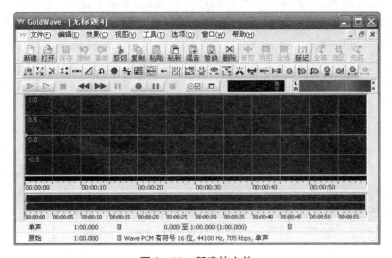

图 9-11 新建的文件

2. 录制波形文件

设置好波形文件格式后,单击工具栏上的录音按钮,开始录音,录音过程中可以看到录制配音的波形,如图 9-12 所示。

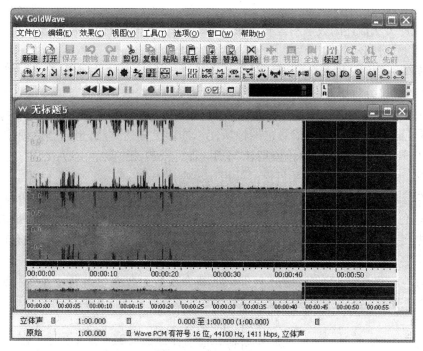

图 9-12 录音过程中

9.6.2 图形、图像处理

多媒体计算机能综合处理声、文、图等信息。语言和文字,是对客观事物的一种描述,但在日常生活中人们会发现,有时用语言和文字难以表达的事物,用一种简单的图就能准确地表达。因此,在多媒体计算机中,图形、图像的处理非常重要。

计算机屏幕上显示出来的画面,通常有两种描述方法:一种方法称为矢量图形或几何图形方法,简称图形(Graphics),它是用一组命令来描述的,这些命令用来描述构成该画面的直线、矩形、圆、圆弧、曲线等的形状、位置、颜色等各种属性和参数。另一种方法叫作点阵图像或位图图像(Bitmap)方法,简称图像(Image),它是由一个个像素点排成矩阵组成的,通过描述画面中每一个像素来表示该画面。

9.6.2.1 图像的数字化

1. 图像的获取

图像是由扫描仪、数码相机、摄像机等输入到计算机中的画面,计算机获得图像的过程称为图像的获取。计算机处理图像时,首先必须把连续的图像进行空间幅值和颜色的离散化处理,离散化的结果称为数字图像,以位图的形式存储。图像获取的过程大体分为以下几个步骤:

(1) 采样。对一个模拟图像,沿 X 方向以等间隔采样,采样点数为 N,沿 Y 方向以等间隔采样,采样点数为 M,于是得到一个 N×M 的离散样本阵列。整个样本阵列构成位图,每个采样点称为一个像素,像素是所有位图的基本构成元素。

(2) 量化。采样是对图像进行离散化处理,而量化对每个离散点——像素的灰度或颜色样本进行数字化处理,即用二进制代码进行编码,表示图像的颜色。

2. 图像的表示

采用位图方法描述的数字图像有图像分辨率、彩色空间、图像颜色深度等重要属性,下面对这些重要属性分别加以介绍。

(1) 图像分辨率。图像分辨率指图像的尺寸,即水平方向上与垂直方向上所包含的像素个数,它与屏幕分辨率未必相同。若图像尺寸为 320×240,则它在 640×480 的屏幕上显示时,只占用屏幕的 1/4;若图像尺寸超过屏幕尺寸,则一次只能显示图像的一个部分。

(2) 彩色空间。彩色空间指彩色图像所使用的彩色描述方法,也叫颜色模型。常用的颜色模型有 RGB(红、绿、蓝)颜色模型、CMYK(青、橙、黄、黑)颜色模型、YUV(亮度、色差)颜色模型等,从理论上讲,这些颜色模型可相互转换。

(3) 图像颜色深度和最大颜色(灰度)数。图像颜色深度即图像所有颜色分量的位数之和。最大颜色(灰度)数是指图像中可能出现的不同颜色(灰度)的最大数目。最大颜色(灰度)数取决于图像颜色深度。例如,一个最基本的位图,它的像素只有黑色和白色两种颜色,因此,只需要 1 位的颜色深度,如图 9-13 所示。若通过调整黑白两色的程度—颜色灰度来有效地显示单色图像,一般灰度级分为 256 级,即灰度数为 256,因此每个像素的颜色深度 8 位,占一个字节。

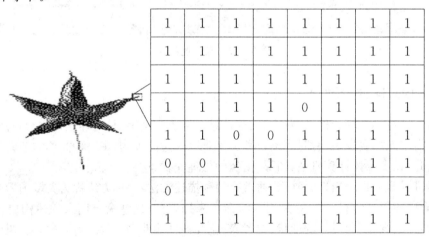

图 9-13 黑白图像的表示

彩色图像显示是由红、绿、蓝三基色通过不同强度混合而成,当每个基色的强度分成 256 级时,三基色共占 24 位,构成了 $2^{24}=16\,777\,216$ 种颜色,即通常所说的"真彩色"图像,这个时候说该图像的颜色深度是 24 位。如图 9-14 所示是一幅彩色图像的表示方法,它列出了图像中一块 8×8 像素的区域、RGB 彩色空间、最大颜色为 24 位的图像编码表。

3. 图像数据量

一幅图像的数据量可按下式进行计算(以字节为单位):图像数据量=图像宽度×图像高度×图像颜色深度/8。彩色图像的表示如图 9-14 所示。

图 9-14 彩色图像的表示

表 9-1 几种常用图像数据量

数据量 颜色深度 图像尺寸	8 位(256 色)	16 位(65536 色)	24 位(真彩色)(16M 颜色)
512×512	256 KB	512 KB	768 KB
640×480	300 KB	600 KB	900 KB
1 024×1 024	1 MB	2 MB	3 MB

由表 9-1 可以看出,位图图像由于每个像素单独染色,其数据量通常比较大,像素越多或颜色位数越多,数据量就越大。为了节省存储数字图像时所需要的存储器容量、降低存储和传输成本、提高图像的传输速度,大幅度压缩图像的数据量是非常必要的。

位图图像比较适于表现逼真照片或要求精细细节的图片。如果要扩大位图尺寸,就要人为增加像素个数,会使图像变得模糊。相反,因为位图是通过减少像素来使整个图像变小,所以缩小位图尺寸也会使原图损失细节。如图 9-15 所示说明了位图局部放大后,图像会变得模糊。

9.6.2.2 矢量图形表示

与位图不同,矢量图形不需要用大量的单位点来建立图像,而是用数学模型进行描述。这种通过数学方法生成的图像

点阵图

放大后的点阵图

图 9-15 点阵图形被放大

称为图形。在实际应用中,矢量图形通常以插图、剪贴画等名称出现。

1. 矢量图形的组织

在矢量图形中,把一些简单的形状称作图元,如点、直线、曲线、圆、多边形、球体、立方体、矢量字体等。矢量图形用一组命令和数学公式来描述这些图元,包括它们的形状、位置、颜色等信息。例如,可以这样来描述一个圆:以点 A 为圆心,R 为半径,画一个圆,圆上颜色为黑色,圆内颜色为红色。矢量图形可以用这些简单的图元来构成复杂的图形。这样的图形不论放大多少倍,它依然清晰,其优点是需要描述的点少,文件小,可以任意放大、缩小。

由于组成一个矢量图形的每个图元都是独立的,因此绘图程序易于编辑其中的每一个组成图元,可以任意移动、缩放、旋转、变形等,即便相互重叠或覆盖,仍然保持各自的特征。基于这些特点,矢量图形主要用于线条图、美术字、工程制图及三位图像的设计等,如图 9-16 所示。

图 9-16 矢量图形

2. 矢量图形的特点

① 矢量图形最基本的特点是尺寸可以任意变化而不损失图像的质量,如图 9-17 所示。

② 快速打印和屏幕显示。矢量图形关心的是所要描绘的物体的外形,而不是组成物体的每一个点,这样它传送给打印机和屏幕的信息量远比位图少,所以,矢量图形能做到快速打印和屏幕显示。

③ 文件较小。矢量图形描绘一个物体时所需要的信息量比位图少,在分辨率相同、图的大小相同时,位图按照图像的性质所需存储空间可能是矢量图形的 10~1 000 倍。

④ 高度的可编辑性。矢量图形由曲线、节点及决定事物外形的各种控制点组成,这些控制点处理起来比位图的编辑要容易得多,而且非常直观。

⑤ 缺乏真实感。与位图相比,矢量图形缺乏真实感,这是矢量图形固有的特性决定的。

一个用矢量绘图方式画出来的图形,看上去并不自然,它横平竖直,曲线光滑,组成图的

矢量图

放大后的矢量图

图 9-17 矢量图形的特点

特点按照一定的规则要求排列，形状精确，看后即知是计算机画的图，没有位图图像所体现出的形象生动的感觉。

矢量图形是由计算机用命令和数学公式来描述物体的，因此，与位图图像相比，矢量图形有明显的优缺点。另外，矢量图形能够准确地表示三维物体并生成不同的视图；而在位图图像中，三维信息已经丢失，难以生成不同的视图。

9.6.2.3 图形、图像处理软件

图形、图像在计算机内有位图图像和矢量图形两种表示方法，相应地，图形、图像处理软件分为两类：一类是对已有的位图图像进行处理的应用程序；另一类是主要进行图形绘制的应用程序。在实际应用中，图形、图像处理软件大都既可以处理位图图像，又可以手工绘制图形，只是它们的侧重点不同。例如，Windows 中的"画图"是简单的图像处理软件，既包含了基本的绘图功能，又可以对图形、图像进行裁剪、粘贴、翻转、拉伸等处理。

1. 图形图像处理软件的主要功能

图形图像处理软件的主要功能包括图像文件的处理、图像编辑、图像处理、图形图像的绘制。

① 图形图像文件的处理。图形图像处理软件应具备打开、存储、多种格式的图形图像文件的功能，能够完成多种格式图形、图像文件间的格式转换等文件处理功能。

② 图像编辑功能。能够完成图像或部分图像的旋转、缩放、扭曲、裁剪、复制、剪贴等操作和处理。

③ 图像处理功能。能够完成对图像的色彩效果、亮度效果、纹理效果、滤镜效果和其他特殊功能的处理。

④ 图像的颜色处理能力。具备改变图像的颜色深度、生成和调整调色板、转换颜色模式等颜色处理能力。

⑤ 图形图像的绘制能力。提供选择处理区域、形状绘制、颜色填充、模糊锐化、文字处理、多种画笔等绘制工具。

2. 图形绘制软件的主要功能

图形绘制软件的主要功能包括图形图像文件处理、矢量图形的绘制、矢量图形的处理。

① 图形图像文件处理。能够识别和存储多种结构的图形图像文件。在一幅矢量图形中，可以包含位图图像。

② 矢量图形的绘制能力。提供形状绘制、颜色填充、文字处理、节点编辑等工具，利用这些工具可以生成矢量图元并组合成复杂的矢量图形。

③ 矢量图形的处理能力。对矢量图形完成旋转、扭曲、相交、结合等处理，并能添加立体化、封装调和、透视等特殊效果。

虽然，图像处理软件也有形状绘制功能，但它的原理与图形绘制软件是截然不同的。图像处理软件把生成的图形作为原有图像的一部分，是点阵图像；而图形绘制软件生成的图元（在大多数图形绘制软件中也叫对象）包括生成的文字都是矢量图形，可以对其进行矢量图形所特有的变形、拆分等处理。图形绘制软件一般都有自己的存储格式，大部分图形绘制软件都支持将生成的图形或包含图像的图形转换为图像。

9.6.3 动画

动画,顾名思义,就是运动的画面。动画是通过连续画面来显示运动的技术,连续画面通过一定的速度播放,可达到预期的运动效果。

动画可以利用各种各样的方法来制作或产生,动画效果是依靠人的"视觉暂留"功能来实现的。把一系列变化微小的画面(其中每一个画面称作一帧)按照一定的时间间隔产生在屏幕上,就可以得到物体在运动的效果。时间间隔太长则画面连续性不好,效果较差;时间间隔太短,效果不会明显的提高,反而在技术上增添麻烦。

9.6.3.1 动画的种类

1. 过程动画

过程动画强调控制物体运动变化的过程。这种变化指动画中的主题按照动画制作者规定好的动作过程进行运动。这种动画主要用于体现物体相对于空间环境的位置变化或环境本身的变化。

2. 变形动画

变形动画是近年来非常流行的一种动画形式,它依靠计算机的快速运算能力,实现物体自身形态的变化。这种动画已经广泛应用于计算机制作的科幻影片或产品的广告中。变形动画要复杂一些,它使用一种渐变方式,包括颜色和形状的变化,使一个物体逐渐变形为另一个物体。

3. 生命动画

在日常生活中所见到的动画角色大致分为两类:一类是人或动物,是根据自我意志的目的而行动的生命体;另一类是像汽车、火箭、卫星之类的无生命的运动物体。无生命体的运动是有规律的,可以根据一定的数学公式来处理它们的动作,从而获得真实的表现效果。但是,要想真实地表现人或动物这种生命体的动作是非常困难的事情,甚至有人认为,要本质性记述生命体的运动动作是不可能的。

生命动画就是研究如何描述和记录生命体的运动。事实证明,生命动画对人和动物的运动的动画模拟,在生物学、运动学以及动画、舞蹈等艺术领域有着重要的意义。

9.6.3.2 动画的实现方法

动画制作的历史非常久远,我国早在古代就发明了类似于电影的皮影戏和各种用于制作动画的技术。在此只讨论利用计算机产生动画的技术。利用计算机产生动画有逐帧动画和实时动画两种主要方法。

1. 逐帧动画

逐帧动画也叫作关键帧动画,是大多数动画制作程序采用的方法。它首先产生整个变化过程中的几个帧,再利用计算机按照一定的算法,在关键帧之间插入中间帧,在播放动画时,把产生的帧依次存入帧缓冲区中,然后按照播放次序,将它们依次显示到显示器屏幕上,就形成了动画,如图9-18所示。

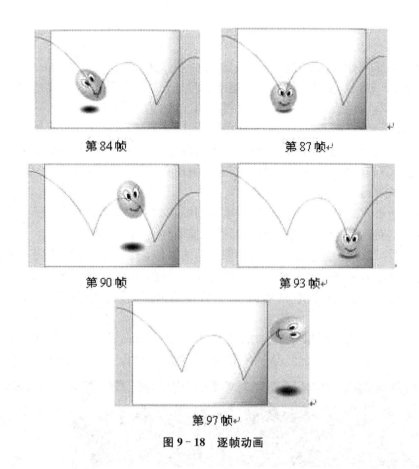

图 9-18 逐帧动画

关键帧法产生动画的技术主要涉及两个方面,一是产生关键帧;二是利用缓冲技术产生动画。

2. 实时动画

实时动画与逐帧动画的主要差别在于:逐帧动画是在放映前已经产生了要放映的每一帧,而实时动画是在动画的实现过程中绘制每一帧图像,即直接在屏幕上产生动画。

目前,实时动画大多采用一种称作双缓冲的技术,也称作"屏幕交换"或"页交换"。双缓冲技术要求有两个视屏缓冲区。当前显示的是一个缓冲区中的图像,另一个缓冲区则正在依据一定算法生成图像,这个生成过程是在后台进行的。当后台绘制程序完成一幅新图像后,交换两个缓冲区,原来的前台缓冲区转为后台用于绘制下一帧图像。这个技术使得无论计算机用多长的时间去生成每一帧图像,使用程序的用户只能看到最终结果,每一帧很平滑地过渡到下一帧。

9.6.3.3 二维动画和三维动画

1. 二维动画

二维计算机动画一般是指计算机辅助动画,主要是辅助动画制作者制作动画。早期的二维动画主要用于生成中间帧画面。当一系列画面变化微小时,需生成的中间帧数量很多,所以插补技术是生成中间帧画面的重要技术。随着科技的发展,二维动画的功能也不断提高,它的功能已经渗透到动画制作的各个方面,包括画面生成、中间画面生成、画面着色、预演和后期制作等。

2. 三维动画

三维动画是采用计算机模拟真实的三维空间,在计算机中构造三维的几何造型,并赋予它表面颜色、纹理、然后,设计三维物体的运动、变形,设计对物体的照明灯光、灯光强度、位置及移动;最后,生成一系列可供动态实时播放的连续的图像技术。

由于计算机三维动画是在计算机上实现的,通过计算机可以产生一系列特殊效果的画面,想到什么就可以做什么。因此,计算机三维动画可以产生一些现实世界中根本不存在的东西,这也是计算机动画的特色。三维动画是虚拟现实等技术的基础。一般来说,一个三维计算机动画创作系统应包含以下功能:

(1) 几何造型。几何造型是计算机三维动画的基础。一个计算机三维动画程序,必须能提供动画角色的造型创作工具,一般包括造型编辑器、造型变换工具等。

(2) 表面材质编辑。为了生成视觉效果逼真的图像,三维动画软件能交互式地建立和修改由于物体表面材料不同而呈现出的表面特征,如颜色、纹理、光照特性参数等。

(3) 动画设计。动画设计包括场景布局、物体的物理特性、观察视点、视线、视角的变化等。

制作动画可以使用动画制作工具,如二维动画软件 Animator Pro 和美国 Autodesk 公司推出的三维动画软件 3D Studio MAX 就是很好的软件创作工具,如图 9-19 所示。

图 9-19 动画制作软件 Flash CS3

9.6.4 视频信息处理

动态图像也称视频。视频信息复杂、存储容量大,要求计算机的处理速度和数据传输速度足够快。因此,在视频信息的处理技术上存在一定的困难,没有其他媒体技术成熟。近年来,随着视频处理技术的不断发展,计算机对视频信息的处理能力取得了长足的进步,视频技术和视频产品日益成为多媒体计算机不可缺少的重要组成部分,并广泛应用于商业展示、教育技术、家庭娱乐等各个领域。

下面介绍有关视频信息处理的基本概念和基本技术。

9.6.4.1 视频信号采集

由于历史和技术原因,以往使用任何一种数字技术都无法再现自然的图像和声音。所以,直到现在大多数的摄录设备都还在使用模拟技术。因此,摄像机和录像机输出的信号、电视机的信号以及存储在录像带和激光视盘(LD)上的影视节目等还都是模拟信号。而计算机只能处理数字信号,只有把这些模拟信息转换成数字信息,才能发挥计算机的优势,从而对视频信息进行处理。

在计算机中,使用视频卡把摄像机、录像机和电视机等模拟信息源输入的模拟信号转换成数字视频信号。目前常用的视频卡有 DV 卡和视频采集卡。

DV 卡通常就是 1394 卡,它可以将摄像机录像带中记录的数字视频信号用数字方式直接输入计算机中,是目前高质量且廉价的视频信号数字化设备。

视频采集卡按工作方式一般分为两种,即动态视频采集卡和静态视频采集卡。静态视频采集卡以单帧采集方式,把视频信息采集成一幅幅静止图像保存在计算机中;动态视频采集卡能进行连续的帧动画采集,并形成视频文件存储在计算机中。视频采集卡通常要和视频处理软件配合使用。

目前,还有可以直接获取数字视频的设备。其中之一是可以在线获取数字视频的摄像头,它通过光学镜头采集图像,然后直接就将图像转换成数字信号并输入到计算机。另一种是离线数字视频获取设备——数字摄像机,它的原理与数码相机类似,但具有更多的功能,所拍摄的视频图像及记录的伴音存在磁带或硬盘上,需要时再输入计算机处理。以上这两种设备不需要使用专门的视频采集卡,如图 9-20 所示。

图 9-20 数字摄像头和摄像机

9.6.4.2 数字视频信息处理软件

数字视频信息处理软件分两类,一类是视频信息播放软件;另一类是视频信息编辑制作软件。

1. 常见的数字视频信息播放软件

由于视频信息数据量比较庞大,因此,几乎所有的视频信息都以压缩格式存放在磁盘或

CD-ROM上。这就要求在播放视频信息时,计算机有足够的处理能力进行动态的实时解压缩播放。起先,计算机使用专门的硬件设备,如解压缩卡等,配合软件的播放,随着计算机综合处理能力的提高,计算机已经实现了用软件实时解压缩来播放视频信息。

目前,常用的数字视频播放软件有暴风影音,如图 9-21 所示;RealOne Player,如图 9-22 所示,Xing MPEG 等,Windows 操作系统内置的"媒体播放器"也是一个非常好的播放软件。这些视频播放软件界面操作简单,功能强大,支持大部分音频、视频文件格式。

图 9-21 暴风影音工作界面

图 9-22 RealOne Player 工作界面

2. 常见的数字视频信息编辑制作软件

随着计算机处理视频信息的能力的不断提高,各种数字视频信息编辑制作软件也层出不穷。现在,利用自身的处理能力和专门的编辑制作软件,计算机已经具备取代视频编辑机等设备的能力。常见的数字视频信息编辑制作软件有 Video For Windows、QuickTime、Adobe Premiere 等,如图 9-23 所示。

图 9-23 Adobe Premiere 的工作界面

9.6.4.3 视频信息技术参数

1. 帧速

帧速即每秒钟播放多少幅视频图像,以帧/秒为单位表示。根据电视制式的不同,有 30 帧/秒、25 帧/秒等,有时为了减少数据量而减慢帧速,当帧速率达到 12 帧/秒以上时,可以显示比较连续的视频图像。

2. 数据量

如果不加以压缩,数据量的大小是帧速乘以每帧图像的数据量再乘以播放时间。例如,要在计算机连续显示分辨率为 1 280×1 024 的"真彩色"高质量的电视图像,按 30 帧/秒计算,显示 1 分钟,则需要:

1 280(列)×1 024(行)×3(B)×30(帧/秒)×60(秒)=6.6 GB

一张 650 MB 的光盘只能存放 6 秒左右的电视图像,这就带来了图像数据的压缩问题,也成为多媒体技术中一个重要的研究课题。在实际应用中,可通过压缩、降低帧速、缩小画面尺寸等来降低数据量。

9.6.5 多媒体数据压缩标准

多媒体信息的特点之一就是数据量非常庞大。以我国使用的 PAL 制视频为例,每秒播放 25 帧画面,每帧影像素数为 720×576,如果以全彩方式存储,一帧影像需要 1.2 MB 数据量,换句话说,一张 600 MB 光盘只能存储大约 20 秒的影视数据。如果只存储声音,一张光盘也只能存储 60 到 70 分钟的音乐节目。就算是存储一幅 A4 大小印刷质量的照片(30dpi)

也要 24.9 MB 的数据量。

这样庞大的数据量与当前硬件所能提供的计算机存储资源和网络带宽之间有很大差距,成为阻碍人们有效获取和利用信息的一个"瓶颈"问题。因此,对多媒体数据的存储和传输都要求对数据进行压缩,才能适合于多媒体信息的处理。

另一方面,多媒体数据的压缩是完全可能的。这是因为在一帧图像内,存在着大量的冗余信息,特别是视频图像中相邻两幅画面之间一般有很大的相关性。另外,图像最终是供用户观看的,人的视觉特性起着很重要的作用,所以可以利用视觉特性来提高压缩编码的效率,即压缩的图像在复原时允许有一定的误差,只要这些误差所造成的图像失真不致降低图像的主观质量即可(也就是视觉难以觉察出来的图像失真)。

数据压缩通过编码技术来降低数据存储时占用的存储空间,等到需要使用时再进行解压缩。根据对压缩后的数据解压缩后是否能准确地恢复压缩前的数据来分类,常用的数据压缩方法有两类:无损压缩和有损压缩方法。

1. 无损压缩方法

无损压缩能确保压缩后的数据不失真,一般用于文本数据、程序以及重要图片和图像的压缩。无损压缩的压缩比一般为 2∶1～5∶1,因此不适合实时处理图像、音频和视频数据。无损压缩编码方法有行程编码、哈夫曼(Huffman)编码、二进制算术编码等。典型的无损压缩软件有 WinZip、WinRar 等。

2. 有损压缩方法

有损压缩方法是以牺牲某些信息为代价,换取较高的压缩比,一般用于图像、视频和音频数据的压缩,压缩比高达几十到几百倍。

9.6.6　常见多媒体文件格式

9.6.6.1　位图类文件格式

静态图像是计算机多媒体创作中的基本视觉元素之一,根据它在计算机中生成的原理不同,可以将其分为位图图像和矢量图形两大类。这两种图形各有特色,也各有其优缺点,幸而它们各自的优点恰巧可以弥补对方的缺点,因此在图像处理过程中,常常需要两者相互取长补短。下面就对常见的位图图像类文件格式 BMP、TIFF、JPGE、PSD、GIF、PCD、PCX 等进行介绍。

1. BMP 格式

BMP(Bitmap,位图)是一种与设备无关的图像文件格式,是 Windows 环境中经常使用的基本位图图像模式。在 Windows 环境中运行的图形图像处理软件以及其他应用软件都支持这种格式的文件,它是一种通用的图形图像存储格式。Windows 自带的"画笔"是应用 BMP 格式最经典的程序。BMP 文件的扩展名为.bmp。

BMP 格式支持的色彩深度有 1 位、4 位、8 位及 24 位。由于采用非压缩格式,图像质量高。该格式的缺点是文件较大,因此在网络传输中不太适用。

2. JPEG 格式

JPEG 格式(简称 JPG)是一种流行的图像文件压缩格式,在保证图像质量的前提下,可以获得较高的压缩比。摄影图像通常采用 JPEG 格式存储和显示,大多数数码相机拍摄的图像都经过了 JPEG 压缩处理。

JPEG 格式的主要缺点是压缩和还原的速度较慢,而且其标准仍在发展演化,而且由于标准中有可选项,存在着多个变种,所以可能会存在不兼容的地方。

大家在使用 JPEG 格式时应该特别注意:由于 JPEG 是有损压缩格式,压缩过程中有些数据丢失,可能造成图形质量的下降。对于已经是 JPEG 格式的文件,重复压缩的次数越多(连续几次打开、保存),丢失的数据也会越多。

3. GIF 格式

GIF(Graphics Interchange Format)是作为一个跨平台图形标准而开发的,是一种与硬件无关的 8 位彩色文件格式,也是在因特网上使用最早、应用最广泛的图像格式。GIF 格式有 87A 和 89A 两种版本,其支持的颜色数目最多只有 256 种,文件的大小取决于实际使用的颜色数,采用 LZW 压缩编码。由于有颜色数量上的压缩,所以使用这种格式时可能会丢失一些颜色。

GIF 格式还支持透明图像和动画。GIF 动画格式(89A 版本)可以同时存储若干幅静止图像并指定每幅图像轮流播放的时间,从而形成连续的动画效果,目前因特网上大量采用的彩色动画文件多为这种格式的 GIF 文件。很多图像浏览器都可以直接观看此类动画文件。

4. PNG 格式

PNG(Portable Network Graphics,便携式网络图片)是一种位图类型的图形文件格式,使用无损压缩,支持 256 色调色板技术以产生小体积文件,最高支持 48 位真彩色图像以及 16 位灰度图像,使用渐近显示和流式读写,适合在网络传输中快速显示预览结果后再展示全貌。最新的 PNG 标准允许在一个文件内存储多幅图像。PNG 格式正在互联网及其他地方流行开来。PNG 格式文件的扩展名为.png。

5. TIFF 格式

TIFF(Tag Image File Format,标记图像文件格式)适用于不同的应用程序及平台间的切换文件,是应用最广泛的点阵图格式。它在图形媒体之间的交换效率很高,并且与硬件无关,为 PC 和 Macintosh 两大系列的计算机所支持,是位图模式存储的最佳选择之一。

TIFF 格式图像的最大色深为 48 位,支持路径、支持带 Alpha 通道的 CMYK、RGB 和灰度文件,支持不带 Alpha 通道的 Lab、索引颜色和位图文件,还可采用 LZW 无损压缩方案存储,所以这种格式的数据损失量少(当然文件所占空间也相当大)。

6. PSD 格式

PSD 格式是 Adobe Photoshop 图像处理软件中默认的文件格式,它是一种支持所有颜色模型的图像文件格式。

由于 PSD 格式所具有的诸多特性,该文件格式适合在图像制作期内使用。

7. RAW 格式

随着数码相机的普及,RAW 格式正逐步普及起来。严格来说,RAW 并不是一种图像格式,它只是一种原始图像文件数据包,不同相机的 RAW 文件并不相同。

RAW 图像文件有许多品质优势,它以 12 位的数据采样编码来记录每一个像素,从而具备了更广阔的色域范围和更多的明暗细节。利用相机提供的驱动程序,用户可有各种处理过程选项和锐度、对比度、色彩空间、色彩饱和度、色相等各种参数,从而对最终的图像文件获得难以置信的控制权。然后,用户根据自己的需要选择 8 位色彩通道或 16 位色彩通道的 TIFF 高保真图像文件进行转换,这样,用户就可以在绝大多数的计算机上进行各种图像数据的应用了。

9.6.6.2 矢量图形文件

在静态类图形中,除了前面介绍的位图文件外,还有矢量图形文件。常见的矢量图形文件格式有:EPS、WMF、EMF、CMX、CDR、AI、SVG 等。

1. EPS 格式

EPS(Encapsulated PostScript,封装式 PostScript)是"与分辨率无关"(resolution-independent)的 PostScript 文件,因此,可以用任何 PostScript 打印机的最大分辨率进行输出。EPS 格式文件可以包含矢量和位图图形,常用在应用程序间传输 PostScript 语言编写的图稿,但在最后完成的多媒体作品中很少使用这种格式。

注意:如果要在 Photoshop 中打开由其他应用程序创建的包含矢量图形的 EPS 文件,Photoshop 会对此文件进行位图化,将矢量图形转换为位图像素。

2. WMF 格式

WMF(Windows MetaFile)格式是微软公司的一种矢量图形文件格式,广泛应用于 Windows 平台。几乎每个 Windows 下的应用软件都支持这种格式,是 Windows 下与设备无关的最好格式之一。在 Office 应用程序中,读者通过"插入|图片|剪贴画"命令获得的插图就是 WMF 格式图形。

3. EMF 格式

EMF 是 WMF 格式的增强版,为改进 WMF 格式的不足,微软推出了这种矢量文件交换格式。

4. CMX 格式

CMX(Corel Presentation Exchange)是 Corel 公司经常使用的一种矢量文件格式。Corel 公司软件附带的矢量图和许多专门的矢量图形库光盘就采用这种格式。与 WMF 和 EMF 格式相比,它在设计软件中表现出更好的稳定性,支持群组,能更多地保存设计时的信息。

5. CDR 格式

CDR 格式是 Corel 公司产生的 CorelDRAW 软件的默认文件格式,它是一种矢量图形文件格式。该格式支持各种图像色彩模式,可以保存矢量和位图图形,可最大限度地保存 CorelDRAW 创作过程中的信息。随着 CorelDRAW 的版本不同,这种格式也有不同的版本,且具有向下兼容的特性。

6. AI 格式

它是 Adobe Illustrator 创建的矢量图形文件的扩展名,主要用于在 Illustrator 创作过程中保存文件,同时也有很多矢量图库使用这种文件格式。

7. SVG 格式

SVG(Scalable Vector Grahics)是一种开放标准的矢量图形语言,开发的目的是为 Web 提供非位图的图像标准。以便设计出更精彩,且分辨率较高的 Web 图形页面。

9.6.6.3 动态图像文件格式

1. AVI 格式

AVI(Audio-Video Interleaved,音频—视频交错)格式对视频、音频文件采用了一种有损压缩方式,该方式的压缩率较高并可将音频和视频混合在一起。它采用 Intel 公司的

Indeo 视频有损压缩技术将视频信息的同步问题。该格式是目前较为流行的视频文件格式。AVI 文件目前主要应用在多媒体光盘上，用来保存电影、电视等各种影像信息，有时也出现在 Internet 上，供用户下载、欣赏新影片的精彩片段。

需要特别注意的是，虽然都是 AVI 格式的视频，但由于 AVI 格式可以使用多种类型的编码、解码器，有的不能正常播放也非常普通。通常的 AVI 视频编码器有 Inter Indeo 5.03、Microsoft RLE、Microsoft Video、Cinepak Codec by Radius 等。常用的 AVI 音频编码器有：Inter Audio Software、True Speech、Microsoft GSM、MS-ADPCM 等。

2. MOV 格式

MOV 文件格式是 Quick Time 的文件格式，该类编码器符合苹果机的 Quick Time 视频编码标准，多数情况下，其图像画面的质量要比 AVI 文件要好。该格式支持 256 位色彩，支持 RLE、JOEG 等依靠的集成压缩技术，提供了 150 多种视频效果和 200 多种 MIDI 兼容音响和设备声音效果，国际标准组织(ISO)最近选择 Quick Time 文件格式作为开发 MPEG-4 规范的统一数字媒体存储格式。

3. MPEG 格式

MPEG 文件以 MPEG 压缩和解压缩技术为基础对全运动视频图像进行压缩，并配以具有接近 CD 音质的伴音信息。根据内部使用的视频压缩编码不同，MPEG 格式还可以细分为 MPEG-1、MPEG-2 和 MPEG-4 格式，通常其文件名后缀都是.mpg。

4. SWF 格式

SWF 是 Micromedia 公司的 Flash 软件支持的矢量动画格式，它采用曲线方程描述其内容，不是由点阵组成内容，因此这种格式的动画在缩放时不会失真，非常适合描述由几何图形组成的动画，如教学演示等。

由于这种格式的动画可以与 HTML 文件充分结合，并能添加 MP3 音乐，因此被广泛地应用于网页上，成为一种"准"流式媒体文件。

5. RM 格式

RM 格式是由 RealSystem 设计的一种流式视频格式，它支持多种传输速率，可以边下载边播放，是网络中最为流行的视频格式之一。

9.6.6.4 音频文件格式

计算机存储声音数字化波形的文件格式主要有：WAV、APE、MP3 文件等。存储合成音乐信息的文件格式有：MID、MOD 及 RMI 文件等。

1. WAV 格式

WAV 格式是一种波形文件，它是 Microsoft 与 IBM 公司联合开发的音频文件格式，它来源于对声音模拟波形的采样。用不同的采样频率对声音的模拟波形进行采样，可以得到一系列离散的采样点，以不同的量化位数把这些采样点的值转换成二进制数，然后存入磁盘，这就产生了声音的 WAV 文件。WAV 文件直接记录了真实声音的采样数据，通常文件较大。

当声音质量要求不高时，通过降低采样频率、采用较低的量化位数或利用单声道来录制声音，则可得到较小的 WAV 文件。

2. MP3 格式

MP3 文件格式只包含 MPEG-1 和 MPEG-2 第 3 层编码的声音数，是利用 MPEG 压缩的音频数据文件格式。由于存在着数据压缩，其音质要稍差于 WAV 格式，但是 MP3 格式仍是目前在 Internet 上发现的压缩效果最好、文件最小、质量最高的文件格式。

3. APE 格式

APE 是近年出现的一种音频文件格式，其特点是采用了无损压缩技术，文件占用空间较大（大约为 WAV 文件的一半）、音质极好，可以和 CD 机的音质媲美。在播放时需要使用专用的播放工具，如 Monkeys Audio、Foobar2000 等。

4. MID 格式

保存 MID 信息的文件格式有很多种，绝大多数的 MIDI 文件的后缀名为 mid。这是最常用的 MIDI 文件格式之一。许多小软件默认的格式只不过更改了文件的后缀名，其他方面都与标准的 mid 文件相同，其本质仍然是 MIDI 格式。

5. RMI 格式

RMI 格式是 Microsoft 公司的 MIDI 文件格式。

6. MOD 格式

MOD 文件格式也是一种非常受欢迎的 MIDI 文件格式，为确保一个 MIDI 序列在所有的系统上听起来一致，这种文件在它的内部自带了一个波形表，因此，MOD 文件通常比 MID 文件大了许多。

【微信扫码】
相关资源 & 拓展阅读

第10章 二级公共基础知识

本章主要介绍计算机等级考试二级公共基础知识。
本章学习目标与要求：
1. 程序设计基础
2. 数据结构与算法
3. 数据库设计基础
4. 软件工程基础

10.1 程序设计基础

用计算机编程解决问题，主要是要求对计算机程序的执行过程以及编写程序的基本过程有所了解。利用高级语言编写程序并解决问题，这是一个从现实世界到计算机世界的转换过程，通过对计算机程序的剖析了解其执行过程，可以帮助用户了解用计算机解决问题的基本思路和方法，对培养用户有条理、按步骤解决问题的习惯有很大帮助。

10.1.1 计算机程序的概念

计算机每做的一次动作、一个步骤，都是按照已经用计算机语言编好的程序来执行的，程序是计算机要执行的指令的集合，而程序全部都是用用户所掌握的语言来编写的。所以用户要控制计算机一定要通过计算机语言向计算机发出命令。把解决问题的方法、步骤，用计算机能听懂的语言，编成一条条指挥计算机动作的指令集，就叫作计算机程序，简称程序。

例如，若要计算圆的面积，用 Visual Basic 可编写出以下程序代码：

```
Private Sub Command1_Click()            '计算圆面积的单击事件过程
    Rem  计算圆的面积                    '注释语句
    Dim r As Single, area As Single     '定义变量r为半径，变量area为面积
    r = Val(txtInput.Text)              '从文本框txtInput中输入半径值，赋给r
    area = 3.14159 * r * r              '计算面积，赋给变量area
    txtCircle.Text = Str(area)          '输出面积值到文本框txtCircle
End Sub
```

运行效果如图 10-1 所示。

图 10-1 VB 运行界面

我们也可以把上面这个任务用 C 语言改写成下面的代码：

```c
#include<stdio.h>                    //包含头文件stdio.h
void main()                          //定义main函数
{                                    //函数体的开始
    float r,area;                    //定义变量r为圆的半径，变量area为圆的面积
    printf("请输入圆的半径:\n");      //输出双引号里的字符串，\n表示换行
    scanf("%f",&r);                  //从键盘输入半径的值，赋给变量r
    area=3.14159*r*r;                //计算圆的面积，赋给变量area
    printf("圆的面积为:%f\n",area);   //输出圆的面积
}                                    //函数体的结束
```

运行效果如图 10-2、10-3、10-4 所示：

图 10-2 提示输入圆的半径

图 10-3 输入半径"3"

图 10-4 输出圆的面积

10.1.2 程序设计语言分类

程序设计语言是编写计算机程序所用的语言，它是人与计算机进行交流的工具。程序设计语言的发展过程是从低级语言到高级语言，即机器语言→汇编语言→高级语言。

10.1.2.1 机器语言

机器语言被称为第一代语言,它是计算机诞生和发展初期使用的语言。机器语言是由"0"和"1"组成的二进制代码,每一串二进制代码叫作一条指令。一条指令规定了计算机执行的一个操作。一台计算机所能执行的指令的集合,叫作指令系统,不同型号的计算机的指令系统不同。因此,机器语言是依赖于计算机硬件设备的,不同的计算机设备有不同的机器语言。在一种类型的计算机上编写的机器语言程序,不能在另一种不同类型的计算机上运行。

在计算机发展的初期,人们只能用机器语言编写程序。机器语言是唯一能被计算机硬件所能"理解"的语言,换句话说,只有机器语言编制的程序才可以直接被计算机执行。但机器语言难懂,不容易记忆,而且容易出错,所编写的程序也难以修改和维护。

例如,要计算15+10,用机器语言编写的程序如下:
10110000 00001111:把15放入累加器A中
00101100 00001010:10与累加器A中的值相加,结果仍放入A中
11110100:　　　　结束,停机

特点如下所示:

机器语言或称为二进制代码语言,计算机可以直接识别,不需要进行任何翻译。每台机器的指令,其格式和代码所代表的含义都是硬性规定的,故称之为面向机器的语言,也称为机器语言。它是第一代的计算机语言。机器语言对不同型号的计算机来说一般是不同的。

缺点如下所示:

(1)大量繁杂琐碎的细节牵制着程序员,使他们不可能有更多的时间和精力去从事创造性的劳动,执行对他们来说更为重要的任务。如确保程序的正确性、高效性。

(2)程序员既要驾驭程序设计的全局,又要深入每一个局部直到实现的细节,即使智力超群的程序员也常常会顾此失彼,屡出差错,因而所编写的程序可靠性差,且开发周期长。

(3)由于用机器语言进行程序设计的思维和表达方式与人们的习惯大相径庭,只有经过较长时间职业训练的程序员才能胜任,使得程序设计曲高和寡。

(4)因为它的书面形式全是"密"码,所以可读性差,不便于交流与合作。

(5)因为它严重地依赖于具体的计算机,所以可移植性差、重用性差。

这些弊端造成当时的计算机应用未能迅速得到推广。

10.1.2.2 汇编语言

汇编语言被称为第二代语言,也称为符号语言。它开始于20世纪50年代初,用助记符来表示每一条机器指令,如用ADD表示加法、用SUB来表示减法等。这样,每条指令都有明显的符号标识。

例如,要完成15+10的计算,用汇编语言编写的程序如下:
MOV A,15:把15放入累加器A中
ADD A,10:10与累加器A中的值相加,结果仍放入A中
HLT:　　　结束,停机、

汇编语言的特点:

(1)面向机器的低级语言,通常是为特定的计算机或系列计算机专门设计的。

(2)保持了机器语言的优点,具有直接和简捷的特点。

(3) 可有效地访问、控制计算机的各种硬件设备,如磁盘、存储器、CPU、I/O 端口等。
(4) 目标代码简短,占用内存少,执行速度快,是高效的程序设计语言。
(5) 经常与高级语言配合使用,应用十分广泛。

汇编语言的应用:
- 70%以上的系统软件是用汇编语言编写的。
- 某些快速处理、位处理、访问硬件设备等高效程序是用汇编语言编写的。
- 某些高级绘图程序、视频游戏程序是用汇编语言编写的。

10.1.2.3 高级语言

高级语言也被称为算法语言,20 世纪 50 年代中期以后,比较有影响的有 FORTRAN、ALOGOL60、COBOL、PASCAL、C 等。它们的特点是与人们日常所熟悉的自然语言和数学语言更接近,可读性强,编程方便。用一种语言编写成的程序一般来说可以在不同的计算机系统上运行,尤其是有些标准版本的高级算法语言,在国际上都是通用的。这些高级语言在编程中需要给出算法的每一步骤,编程时需要一步一步地安排好机器的执行顺序,要告诉机器怎么做,因此被称为面向过程的语言,也被称为第三代语言。

近些年,随着 Windows 的普及以及多媒体技术和网络技术的发展,涌现出了多种面向对象的程序设计语言,如 Java、Visual Basic、Visual C++、Delphi 等,它们被称为第四代语言。它们的特点是只要告诉计算机做什么就可以了,由计算机自己生成和安排执行的步骤,这就是第四代语言——非过程化语言的思想。

例如,要完成 15+10 的计算并输出结果,用 Visual Basic 高级语言可将它写成下面的程序段:

Dim A As Integer   '定义变量 A
A=15+10   '计算 15+10,结果赋给 A
Print A   '输出结果

由上述程序可以看出,高级语言的特点是易学、易用、易维护。人们可以用它来更高效、更方便地编制各种用途的程序。但用高级语言编写的程序是不能直接在计算机中执行的,必须经过编译或解释程序译成机器语言才能执行。

这里必须指出,高级语言虽然比较接近于自然语言,但它与自然语言还有一定的差距。它对于所采用的符号、各种语言成分及其构成、语句格式等都有专门的规定,即有严格的语法规则。这是因为高级语言程序是由计算机处理并执行的,而自然语言的处理是由人完成的。到目前为止,计算机的能力还是人预先赋予的,计算机本身不能自动适应变化的情况。因此,使用高级语言编程必须严格遵循其语法规则。

10.1.3 语言处理程序

用汇编语言和高级语言编制的程序,计算机是无法直接执行的,因此必须先把它们进行适当的变换。语言处理系统的作用就是将汇编语言程序和高级语言程序变换成可在计算机上执行的程序,或最终的计算结果,或其他中间形式。

语言处理系统因其所处理的语言及处理方法和处理过程的不同而不同。但对任何一种语言来说,通常都包含一个翻译程序。这种翻译程序也称为语言处理程序,其作用是将汇编语言或高级语言的程序翻译成等价的机器语言程序。被翻译的汇编语言或高级语言的程序称为源程序,翻译后生成的低级语言代码称为目标程序。

除翻译程序外,语言处理系统还包括正文编辑程序、连接编辑程序(将多个分别编译或汇编过的目标程序和库文件进行组合)、装入程序(将目标程序装入内存并启动执行)等。

语言处理程序根据所翻译的语言及其处理方法不同可分为汇编程序、编译程序、解释程序。汇编程序是将汇编语言源程序翻译成机器语言程序的翻译程序。将高级语言程序翻译成机器语言程序的翻译程序有两种,即编译程序和解释程序,它们的工作方式不同。下面分别介绍上述三种语言处理程序。

1. 汇编程序

由于汇编语言的指令与机器指令大体上一一对应,因此汇编程序较为简单。汇编的过程就是对汇编指令逐行进行处理,翻译成计算机可以理解的机器指令。处理的步骤如下:

① 指令助记符操作码翻译成相应的机器操作码;
② 将符号操作数翻译成相应的地址码;
③ 将操作码和操作数构造成机器指令。

2. 编译程序

编译方式的工作过程如下:将用高级语言编写的源程序输入计算机,然后调用编译程序把源程序整个翻译成机器指令代码组成的目标程序,再经过连接程序连接后形成可执行程序,最后执行得到结果。如图 10-5 所示是编译方式的工作过程示意图。采用编译方式执行效率高,高级语言大多采用编译方式。目前微型机高级语言 FORTRAN、PASCAL、C 等都属于编译方式。

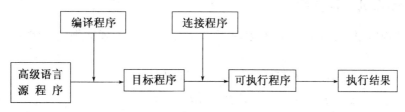

图 10-5 编译方式的工作过程

编译程序对源程序进行翻译的方法相当于"笔译"。在编译程序执行的过程中,要对源程序扫描一遍或几遍,最终生成一个可在具体计算机上执行的目标程序。由于源程序中的每个语句与目标程序中的指令通常具有一对多的对应关系,所以编译程序的实现算法较为复杂。但通过编译程序处理可以一次性地产生高效运行的目标程序,并把它们保存在磁盘上,以备多次执行。因此,编译程序更适合于翻译规模大、结构复杂、运行时间长的大型应用程序。

编译程序多遍扫描并分析源程序,然后将其转换成目标程序。通常编译程序在初始处理阶段建立符号表、常数表和中间语言程序等数据结构,以便在分析和综合时引用并加工。源程序的分析是经过词法分析、语法分析和语义分析三个步骤完成的,分析过程中发现有错误,给出错误提示。目标程序的综合包括存贮分配、代码优化、代码生成等步骤,目的是为程序中的常数、变量、数组等数据结构分配存储空间。

随着高级语言在形式化、结构化、智能化和可视化等方面的发展,编译程序也随之向自动程序设计和可视化程序设计的方向发展。这样,可为用户提供更加理想的程序设计工具。

3. 解释程序

所谓解释程序是高级语言翻译程序的一种,它将源语言(如 BASIC)编写的源程序作为输入,解释一句后就提交计算机执行一句,并不形成目标程序。就像外语翻译中的"口译"一样,说一句翻译一句,不产生全文的翻译文本。这种工作方式非常适合于用户通过终端设备与计算机会话,如在终端上打一条命令或语句,解释程序就立即将此语句解释成一条或几条指令并提交硬件立即执行且将执行结果反映到终端,从终端把命令输入后,就能立即得到计算结果,如图 10-6 所示。这的确是很方便的,很适合于一些小型机的计算问题。但解释程序执行速度很慢,例如,源程序中出现循环,则解释程序也重复地解释并提交执行这一组语句,这就造成很大的浪费。

由于它的方便性和交互性较好,早期一些高级语言采用这种方式,如 BASIC、DBASE。但它的弱点是运行效率低,程序的运行依赖于开发环境,不能直接在操作系统下运行。

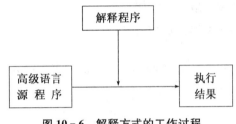

图 10-6 解释方式的工作过程

10.1.4 计算机语言介绍

☆ 此节内容要求计算机专业学生熟练掌握,非计算机专业的理科学生掌握,文科学生了解。

与机器语言和汇编语言不同,高级语言是面向用户的,它包括很多种编程语言。目前,高级语言种类已达数百种。下面介绍几种常用高级语言。

1. C 语言、C++语言与 Visual C++

C 语言是 1973 年由美国贝尔实验室研制成功的。它最初是作为 UNIX 操作系统的主要语言开发的。C 语言在发展过程中做了许多改进,1977 年出现了不依赖具体机器的 C 语言版本,使 C 语言移植到其他机器上的工作大大简化,也推动了 UNIX 操作系统在各种机器上的应用。随着 UNIX 操作系统的广泛应用,C 语言迅速得到推广。1978 年以后,C 语言成功地应用在大、中、小、微型计算机上,成为独立于 UNIX 操作系统的通用程序语言。它表达简洁,控制结构和数据结构完备,还具有丰富的运算符和数据类型,可移植性强,编译质量高。C 语言作为高级语言,还具有低级语言的许多功能,可以直接对硬件操作。例如,对内存地址的操作、位的操作等,因此,用 C 语言编写的程序可以在不同体系结构的计算机上运行。用 C 语言不仅能编写效率高的应用软件,也用于编写操作系统、编译程序等系统软件。C 语言已成为应用最广泛的通用程序设计语言之一。

C++语言是在 C 语言基础上发展起来的、面向对象的通用程序设计语言。C++语言于 20 世纪 80 年代由贝尔实验室设计并实现。C++语言是对 C 语言的扩充,扩充的内容绝大部分来自其他著名语言(如 Simula、ALGOL68、Ada 等)的最佳特性。它既支持传统的面向过程的程序设计,又支持面向对象的程序设计,而且运行性能高。C++语言与 C 语言完全兼容，用C语言编写的程序能方便地在C++环境中重用。因此，近些年来，C++语言迅速流行，成为当今面向对象的程序设计的主流语言。

Visual C++是Microsoft公司的Visual Studio开发工具箱中的一个C++程序开发包。Visual Studio提供了一整套开发Internet和Windows应用程序的工具：Visual C++、Visual Basic、Visual FoxPro等，以及其他辅助工具，如代码管理工具Visual Source Safe和联机帮助系统MSDN。Visual C++包中除包括C++编译器外，还包括所有的库、例子和为创建Windows应用程序所需要的文档。Visual C++工作界面如图10-7所示。

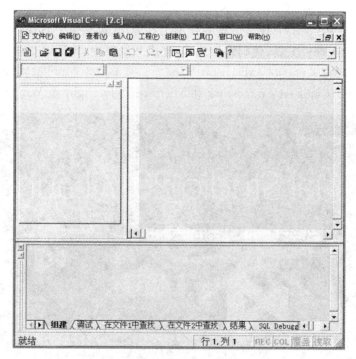

图10-7　Visual C++界面

从最早期的1.0版本发展到6.0版本，Visual C++有了很大的变化，在界面、功能、库支持方面都有许多增强。Visual C++6.0版本在编译器、MFC类库以及联机帮助系统等方面都比以前的版本有了较大改进。

2. C♯语言和.NET框架、Visual Studio

C♯是微软公司在2000年7月发布的一种全新且简单、安全、面向对象的程序设计语言，是专门为.NET应用而开发的语言。它吸收了C++、Visual Basic、Delphi、Java等语言的优点，体现了当今最新的程序设计技术的功能和精华。C♯继承了C语言的语法风格，同时又继承了C++的面向对象特性。不同的是，C♯的对象模型已经面向Internet进行了重新设计，使用的是.NET框架的类库；C♯不再提供对指针类型的支持，使程序不能随便访问内存地址空间，从而更加健壮；C♯不再支持多重继承，避免了以往类层次结构中由于多重继承带来的可怕后果。.NET框架为C♯提供了一个强大的、易用的、逻辑结构一致的程序设计环境。同时，公共语言运行时(Common Language Runtime)为C♯程序语言提供了一个托管的运行时环境，使程序比以往更加稳定、安全。其特点有：

- 语言简洁。
- 保留了C++的强大功能。
- 快速应用开发功能。
- 语言的自由性。
- 强大的Web服务器控件。
- 支持跨平台。
- 与XML相融合。

Microsoft Visual Studio(简称VS),工作界面如图10-8所示,是美国微软公司的开发工具包系列产品。VS是一个基本完整的开发工具集,它包括整个软件生命周期中所需要的大部分工具,如UML工具、代码管控工具、集成开发环境(IDE)等。所写的目标代码适用于微软支持的所有平台,包括Microsoft Windows、Windows Mobile、Windows CE、.NET Framework、.NET Compact Framework和Microsoft Silverlight及Windows Phone。

图10-8 Visual Studio 2017

Visual Studio是目前最流行的Windows平台应用程序的集成开发环境。最新版本为Visual Studio 2017版本,基于.NET Framework 4.6.2。

.NET框架是一个多语言组件开发和执行环境,它提供了一个跨语言的统一编程环境。.NET框架的目的是便于开发人员更容易地建立Web应用程序和Web服务,使得Internet上的各应用程序之间,可以使用Web服务进行沟通。从层次结构来看,.NET框架又包括三个主要组成部分:公共语言运行时(CLR:Common Language Runtime)、服务框架(Services Framework)和上层的两类应用模板——传统的Windows应用程序模板(Win Forms)和基于ASP NET的面向Web的网络应用程序模板(Web Forms和Web Services)。

公共语言运行时(CLR),是一个运行时环境,管理代码的执行并使开发过程变得更加简单。CLR是一种受控的执行环境,其功能通过编译器与其他工具共同展现。

在CLR之上的是服务框架,它提供了一套开发人员希望在标准语言库中存在的基类库,包括集合、输入/输出、字符串及数据类。

C♯是依赖于.Net平台的高级编程语言,Visual Studio是一个提供IDE(Integrating Development Environment 集成开发环境)用来开发C♯应用程序的工具。

3. Java 语言

Java 语言最早是诞生于 1991 年,起初被称为 OAK 语言,是 Sun 公司为一些消费性电子产品而设计的一个通用环境。他们最初的目的只是为了开发一种独立于平台的软件技术,而且在网络出现之前,OAK 可以说是默默无闻,甚至差点夭折。但是,网络的出现改变了 OAK 的命运。

在 Java 出现以前,Internet 上的信息内容都是一些乏味死板的 HTML 文档。这对于那些迷恋于 WEB 浏览的用户来说简直不可容忍。他们迫切希望能在 WEB 中看到一些交互式的内容,开发人员也极希望能够在 WEB 上创建一类无须考虑软硬件平台就可以执行的应用程序,当然这些程序还要有极大的安全保障。对于用户的这种要求,传统的编程语言显得无能为力,Sun 的工程师敏锐地察觉到了这一点,从 1994 年起,他们开始将 OAK 技术应用于 Web 上,并且开发出了 HotJava 的第一个版本,并在 1995 年正式以 Java 命名。

Java 的开发环境有不同的版本,如 Sun 公司的 Java Development Kit,简称 JDK。后来微软公司推出了支持 Java 规范的 Microsoft Visual J++ Java 开发环境,简称 VJ++。

4. BASIC 语言与 Visual Basic 语言

Visual Basic(简称 VB),开发环境如图 10-9 所示,是用于开发和创建 Windows 操作平台下具有图形用户界面的应用程序的强有力工具之一。它以人们所熟知的 BASIC 语言 (Beginners All-purpose Symbolic Instruction Code,初学者通用符号指令代码)为基础,不

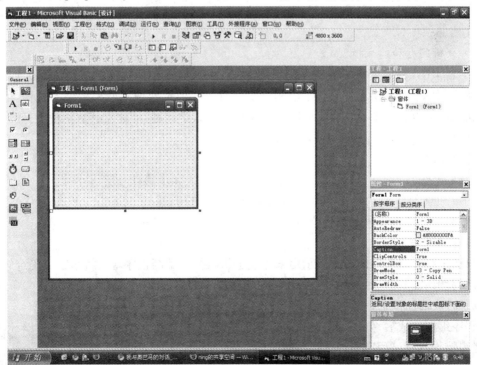

图 10-9 Visual Basic 程序界面

仅易于学习、掌握，它的可视化（Visual）特性，还为应用程序的界面设计提供了更迅速便捷的途径。它不需要编写大量代码去描述界面元素的外观和位置，而只要把预先建立的可视对象拖放到屏幕上即可。VB同时还是一个包括编辑、测试和程序调试等各种程序开发工具的集成开发环境（Integrated Development Environment，IDE），从应用程序的界面设计、程序编码、测试和调试、编译并建立可执行程序，直到应用程序的发行，种种功能VB无不包容。不论是Microsoft Windows应用程序的资深专业开发人员还是初学者，VB都为他们提供了完整的开发工具。

VB包含了数百条语句、函数及关键字，其中很多和Windows GUI（Graphic User Interface，图形用户界面）有直接关系。专业人员可以通过VB实现其他Windows编程语言的功能，而初学者只要掌握几个简单语句就可以建立实用的应用程序。

VB是Microsoft Office系列应用程序通用的程序设计语言。在Windows操作系统已经成为PC事实上的标准之时，Microsoft公司的Office系列也已成为用户在使用PC处理办公室事务时的首选软件。所以，学习和掌握VB对于充分发挥Office系列软件的各项功能，具有不可替代的作用。

10.1.5 程序设计的步骤和程序设计方法

☆ 此节内容要求计算机专业学生熟练掌握，非计算机专业的理科学生掌握，文科学生了解。

10.1.5.1 程序设计的步骤

计算机程序设计是根据特定问题，用计算机语言设计、编制、调试和运行程序的过程。程序设计的步骤一般包括分析问题和建立模型、算法设计、编制程序、调试运行程序和编写程序文档。

1. 分析问题和建立模型

当我们用计算机来解决科学研究、工程设计、生产实践中所提出的实际问题时，首先要对待解决问题进行分析。计算机求解的过程是对数据加工处理并输出结果的过程，因此用计算机求解问题首先要设法将实际问题抽象成一个数学问题，即建立其数学模型，然后分析哪些数据作为输入数据，要输出哪些数据等。

2. 算法分析

对问题进行详细分析后，便要确定解决问题的方法和步骤，即进行算法设计。计算机是按照用户的意图去工作的，必须详细地确定解决问题的步骤，并以适当的形式（程序）告诉计算机，计算机才能按照预定的步骤执行。

3. 编制程序

算法最终要以程序的形式表示出来才能上机执行。编制程序就是将第二步确定的算法和求解问题所需的数据按照程序设计语言的语法规则编写出能上机执行的源程序。

4. 调试运行程序

程序编制完成后，要进行调试和运行，以便找出和修改程序中的错误（语法错误、运行错误、逻辑错误），测试程序是否达到预期结果。

5. 编写程序文档

程序测试完成后，应对程序设计的过程进行总结，编写有关文档（程序说明文档、程序代码文档、用户使用手册等）。程序文档已成为软件开发的必要部分。为了便于程序的管理、推广与维护，应强调在每一步骤形成一个规范的程序文档。

10.1.5.2 程序设计方法

程序设计方法就是研究如何将复杂问题的求解转换为计算机能执行的简单操作的方法。随着计算机技术的飞速发展，程序设计方法和技术也取得了很大进展。从初期的手工作坊式编程方法，经过多年的研究与发展，出现了多种程序设计方法和技术。例如，自顶向下的程序设计、自底向上的程序设计、结构化程序设计、函数式程序设计、面向对象的程序设计、软件组件程序设计等。针对同一问题，采用的程序设计方法不同，所编制程序的可读性、可维护性、运行效率也不同。下面介绍几种目前常用的程序设计方法。

一、程序设计方法与风格

程序设计方法：主要经过了面向过程的结构化程序设计和面向对象的程序设计方法。

程序设计风格，是指编写程序时所表现出来的特点、习惯和逻辑思路。通常，要求程序设计的风格应强调简单和清晰，必须是可以读的、可以理解的。

要形成良好的程序设计的风格，应考虑如下因素：

1. 源程序文档化

（1）符号名的命名：符号名的命名要具有一定的实际含义，便于对程序的理解，即通常说的见名思义；

（2）程序注释：正确的程序注释能够帮助他人理解程序。注释一般包括序言性注释和功能性注释；

（3）视觉组织：为了使程序一目了然，可以对程序的格式进行设置，适当地通过空格、空行、缩进等使程序层次清晰。

2. 数据说明方法

（1）数据说明的次序规范化；

（2）说明语句中变量安排有序化；

（3）使用注释来说明复杂的数据结构。

3. 语句的结构

（1）在一行内只写一条语句；

（2）程序的编写应该优先考虑清晰性；

（3）除非对效率有特殊的要求，否则，应做到清晰第一、效率第二；

（4）首先保证程序的正确，然后再要求速度；

（5）避免使用临时变量使程序的可读性下降；

（7）尽量使用库函数，即尽量使用系统提供的资源；

（8）避免采用复杂的条件语句；

（9）尽量减少使用"否定"条件的条件语句；

（10）数据结构要有利于程序的简化；

（11）要模块化，使模块功能尽可能单一化；

（12）利用信息隐蔽，确保每一个模块的独立性；

（13）从数据出发去构造程序；

（14）不好的程序不要修补，要重新编写。

4. 输入和输出

（1）对所有的输入输出数据都要检验数据的合法性；

（2）检查输入项的各种重要组合的合理性；

（3）输入格式要简单，以使得输入的步骤和操作尽可能简单；

（4）输入数据时，应允许自由格式；

（5）应允许缺省值；

（6）输入一批数据时，最好使用输入结束标志；

（7）以交互式输入输出方式进行输入时，要在屏幕上使用提示符明确输入的请求，同时在数据输入过程中和输入结束时，应在屏幕上给出状态信息；

（8）当程序设计语言对输入格式有严格要求时，应保持输入格式与输入语句的一致性；给所有的输出加注释，并设计输出报表格式。

二、常见的程序设计方法

（一）结构化程序设计

1. 结构化程序设计的原则

结构化程序设计方法的主要原则：自顶而下、逐步求精，模块化，限制使用 goto 语句。

（1）自顶而下

程序设计时，应先考虑总体，后考虑细节；先考虑全局，后考虑局部目标。即先从最上层总目标开始设计，逐步使问题具体化。

（2）逐步求精

对复杂问题，应设计一些子目标作为过渡，逐步细化。

（3）模块化

一个复杂问题，都是由若干个稍简单的问题构成的。模块化即是将复杂问题进行分解，即将解决问题的总目标分解成若干个分目标，再进一步分解为具体的小目标，每一个小目标称作一个模块。

（4）限制使用 goto 语句

goto 语句可以提高效率，但对程序的可读性、维护性都可能造成影响，因此应尽量不用 goto 语句。

2. 结构化程序设计的基本结构与特点

结构化程序设计是程序设计的先进方法和工具，采用结构化程序设计可以使程序结构良好、易读、易理解、易维护。

（1）顺序结构

顺序结构即是顺序执行的结构，是按照程序语句行的自然顺序，一条一条语句地执行程序。如图 10-10 所示。

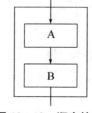

图 10-10 顺序结构

(2) 选择结构

选择结构又称分支结构,它包括简单选择和多分支选择结构。程序的执行是根据给定的条件,选择相应的分支来执行。如图 10-11 所示。

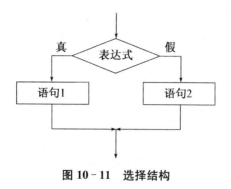

图 10-11 选择结构

(3) 循环结构

循环结构又称重复结构,根据给定的条件,决定是否重复执行某一相同的或类似的程序段。利用循环结构可以大量简化程序行。如图 10-12 所示。

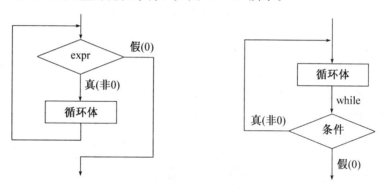

图 10-12 循环结构

3. 结构化程序设计原则和方法的应用

(1) 使用程序设计语言中的顺序、选择、循环等有限的控制结构表示程序的控制逻辑;
(2) 选用的控制结构只允许有一个入口和一个出口;
(3) 程序语句组成容易识别的块,每块只有一个入口和一个出口;
(4) 复杂结构应该用嵌套的基本控制结构进行组合嵌套来实现;
(5) 语言中所有没有的控制结构,应采用前后一致的方法来模拟;
(6) 严格控制 goto 语句的使用:
① 用一个非结构化的程序设计语言去实现一个结构化的构造;
② 若不使用 goto 语句会使功能模糊;
③ 在某种可以改善而不是损害程序可读性的情况下。

(二) 面向对象的程序设计

1. 关于面向对象方法

面向对象方法的本质,是主张从客观世界固有的事物出发来构造系统,提倡用人类在现实生活中常用的思维方法来认识、理解和描述客观事物,强调最终建立的系统能够反映问题域,即系统中的对象以及对象之间的关系能够如实地反映问题域中固有事物及其关系。

面向对象的优点:

(1) 与人类习惯的思维方法一致

传统的程序设计方法是以算法作为核心,将程序与过程相互独立。

面向对象方法和技术是以对象为核心,对象是由数据和容许的操作组成的封装体,与客观实体有直接的对应关系。对象之间通过传递消息互相联系,以实现模拟世界中不同事物之间的联系。

(2) 稳定性好

面向对象方法基于构造问题领域的对象模型,以对象为中心构造软件系统。它的基本方法是用对象模拟问题领域中的实体,以对象间的联系刻画实体间的联系。

(3) 可重用性好

软件的重用性是指在不同的软件开发过程中重复使用相同或相似的软件元素的过程。

(4) 易于开发大型软件产品

在使用面向对象进行软件开发时,可以把大型产品看作是一系列本质上相互独立的小产品来处理,降低了技术难度,也使软件开发的管理变得容易。

(5) 可维护性好

① 利用面向对象的方法开发的软件稳定性比较好。

② 用面向对象的方法开发的软件比较容易修改。

③ 用面向对象的方法开发的软件比较容易理解。

④ 易于测试和调试。

2. 面向对象方法的基本概念

(1) 对象

在面向对象程序设计方法中,对象是系统中用来描述客观事物的一个实体,是构成系统的一个基本单位,它由一组表示其静态特征的属性和它执行的一组操作组成。

对象的基本特点:

① 标识的唯一性

对象是可区分的,并且由对象的内在本质来区分,而不是通过描述来区分。

② 分类性

指可以将具有相同属性和操作的对象抽象成类。

③ 多态性

指同一个操作可以是不同对象的行为。

④ 封装性

从外面看,只能看到对象的外部特征,即只需知道数据的取值范围和可以对该数据施加的操作,根本无须知道数据的具体结构以及实现操作的算法。

⑤ 模块独立性好

对象是面向对象的软件的基本模块,它是由数据及可以对这些数据施加的操作所组成的统一体,且对象是以数据为中心的,操作围绕对其数据所需做的处理来设置,没有无关的操作。从模块的独立性考虑,对象内容各种元素彼此相结合得很紧密,内聚性强。

(2) 类和实例

将属性、操作相似的对象归为类。具有共同的属性、共同的方法的对象的集合,即为类。类是对象的抽象,它描述了属于该对象的所有对象性质,而一个对象则是其对应类的一个实例。

(3) 消息

消息是一个实例与另一个实例之间传递的信息,它请求对象执行某一处理或回答某一个要求的信息,它统一了数据流和控制流。

消息只包含传递者的要求,它告诉接收者需要做哪些处理,并不指示接收者怎样去完成这些处理。

(4) 继承

继承是使用已有的类定义作为基础建立新类的定义技术。已有的类可当作基类来引用,则新类相应地可作为派生类来引用。

继承即是指能够直接获得已有的性质和特征,而不必重复定义它们。

(5) 多态性

对象根据所接受的消息而做出动作,同样的消息被不同的对象接收时可导致完全不同的行动,该现象称为多态性。

在面向对象技术中,多态性是指子类对象可以像父类对象那样使用,同样的消息可以发送给父类对象也可以发送给子类对象。

多态性机制增加了面向对象软件系统的灵活性,减少了信息冗余,且显著提高了软件的可重用性和可扩充性。

(三) 软件组件程序设计

软件组件程序设计(Component Programming)也称为即插即用的程序设计(Plug and Play Programming),它是在 OOP 的基础上发展起来的,其基本思想也与硬件的生产方式相似。在硬件生产的过程中,芯片和电路板的制造往往与整机的制造是分开进行的,整机生产厂用芯片和电路板组装成完整的计算机。人们自然地想用同样的思路来处理大型软件的开发工作,即一部分人专门生产软件组件(相当于芯片);而另一部分人设计整个软件的结构(相当于计算机结构),并把软件组件插入设计的软件结构,以便迅速地完成大型软件的研制工作。这种思想也可以理解为"即插即用"。

"即插即用"的软件设计方法需要解决以下一些问题:

① 软件组件标准化问题。软件组件涉及一大批变量与结构的说明和定义,涉及对各种对象的说明和定义,需要相应的统一标准,才能实现软件组件的开放性。由于软件面对的是各种各样的要求和应用领域,要真正实现软件组件标准化是很不容易的。

② 软件组件的提供方式。软件组件作为插入件应当有一定的封装,外部以二进制的机器代码方式提供接口,就像硬件的芯片封装起来一样,但这样会出现软件组件与硬件和操作系统的连接兼容问题。

10.2 算法与数据结构

计算机程序或者软件程序(通常简称程序)是指一组指示计算机每一步动作的指令,通常用某种程序设计语言编写,运行于某种目标体系结构上。尼古拉斯·沃斯提出一个公式:程序设计＝数据结构＋算法,算法是灵魂,数据结构则是加工的对象。

10.2.1 算法的基本概念

算法就是解决问题的方法与步骤。计算机算法就是计算机能够执行的算法,是由若干条指令组成的有穷序列。

生活中有很多算法的例子,例如:狼、羊和卷心菜过河游戏。在一河岸有狼、羊和卷心菜,农夫要将它们渡过河去,但由于他的船太小,每次只能载一样东西。并且,当农夫不在时,狼会把羊吃掉,而羊又会把卷心菜吃掉。问农夫如何将它们安全渡过河去?

① 农夫先带羊过河到左岸,然后农夫将船划回右岸;
② 农夫带卷心菜过河到左岸,然后将羊带回到右岸;
③ 农夫带狼过河到左岸,然后农夫将船划回右岸;
④ 最后农夫带羊过河到左岸。

再比如求解:1＋2＋3＋……＋99＋100
步骤1： 1＋2＝3
步骤2： 3＋3＝6
步骤3： 6＋4＝10
……
步骤98： 4851＋99＝4950
步骤99： 4950＋100＝5050

以上描述算法方法称为自然语言描述方法,还可以采用流程图描述。流程图中包括以下几种基本图形。

开始框:用于表示算法的开始,如图 10-13 所示。
结束框:用于表示算法的结束,如图 10-14 所示。
输入/输出框:用于表示输入/输出的内容,如图 10-15 所示。
处理框:用于指出要处理的内容,如图 10-16 所示。
判断框:用于指出分支情况,如图 10-17 所示。
流程线:表示流程控制方向,如图 10-18 所示。

图 10-13　开始框 　　　　图 10-14　结束框 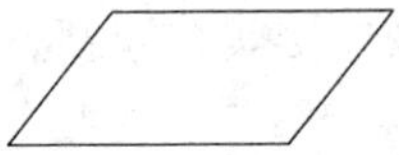　　　　图 10-15　输入/输出框

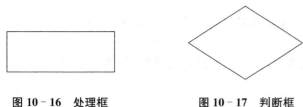

图 10-16 处理框　　图 10-17 判断框　　图 10-18 流程线

例如，计算 1+2+3+……+99+100 和的流程图表示法，如图 10-19 所示。

然而著名的数学家高斯给出了另一种算法。

步骤 1：　1+100=101

步骤 2：　101*50=5050

可见解决问题的方法不止一种，也就是说解决同一个问题可以有不同的算法，这些算法有好有坏，如何去衡量呢？通常采用两个方面去衡量，一个是算法的时间复杂度；一个是空间复杂度。直观地分析上例，第一个算法需要 99 步，而高斯的做法只需要两步；如果把计算扩展一下到 1+2+3+……+n，第一个算法需要 n-1 步，而高斯的做法还是只需要两步；这就说明高斯的算法更好。

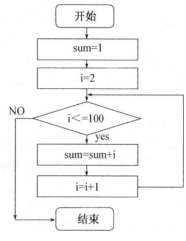

图 10-19 流程图表示

10.2.2 算法的时间复杂度和空间复杂度

在计算机科学中，算法的时间复杂度是一个函数，它定量描述了该算法的运行时间。这是一个关于代表算法输入值的函数。时间复杂度常用 O 符号表述。上例中第一个算法时间复杂度为 O(n)，O(n) 表示随着问题规模扩大，算法耗时线性增大。高斯的算法复杂度为 O(1)，O(1) 表示随着问题规模扩大，算法耗时是不变的，即耗时为一个常数。算法的时间复杂度还有很多，如平方阶 O(n^2)，立方阶 O(n^3) 等。

一个程序的空间复杂度是指运行完一个程序所需内存的大小。利用程序的空间复杂度，可以对程序的运行所需要的内存有个预先估计。一个程序执行时除了需要存储空间和存储本身所使用的指令、常数、变量和输入数据外，还需要一些对数据进行操作的工作单元和存储一些为现实计算所需信息的辅助空间。

10.2.3 算法的特征

算法要有一个清晰的起始步，表示处理问题的起点，且每一个步骤只能有一个确定的后继步骤，从而组成一个步骤的有限序列；要有一个终止步（序列的终止）表示问题得到解决或不能得到解决；每条规则必须是确定的、可行的、不能存在二义性。算法总是对数据进行加工处理，因此，算法的执行过程中通常要有数据输入（零个或多个）和数据输出（至少一个）的步骤。概括起来有以下五点：

(1) 有穷性：一个算法必须保证执行有限步之后结束；

(2) 确切性：算法的每一步骤必须有确切的定义；

(3) 输入：一个算法有零个或多个输入，以描述运算对象的初始情况，所谓零个输入是

指算法本身指定了初始条件;

(4) 输出:一个算法有一个或多个输出,以反映对输入数据加工后的结果。没有输出的算法是毫无意义的;

(5) 可行性:算法原则上能够精确地运行,而且人们用笔和纸做有限次运算后即可完成。

10.2.4 数据结构的基本概念

数据结构是计算机科学的关键内容,也是构建高效算法的必要基础。其中涉及的知识,在相关专业的课程系统中始终处于核心位置。

首先需要明确基本概念:数据是对客观事物的符号表示,在计算机科学中是指所有能输入到计算机中并被计算机程序处理的符号的总称。数据元素是数据的基本单位,在计算机程序中通常作为一个整体进行考虑和处理。数据对象是性质相同的数据元素的集合,是数据的一个子集。

简单地说:数据结构就是相互有关联的数据元素的集合。一般来说,数据元素可以是现实世界中客观存在的任一个体。如早上、中午、下午、晚上;如所有的自然数;如父亲、儿子、女儿。这些数据元素之间存在逻辑关系,这就是数据的逻辑结构。数据的物理结构是指数据的逻辑结构在计算机中的存储形式。常见的逻辑结构有以下几种:

(1) 集合关系。如所有的树木之间关系,如班级成员之间关系;如图 10-20 所示。

(2) 一对一的关系。如春、夏、秋、冬四季之间的关系;如图 10-21 所示。

(3) 一对多的关系。如父亲对子女的关系;如图 10-22 所示。

(4) 数据元素存在多对多的关系。如人与人之间的关系;如图 10-23 所示。

图 10-20 集合关系

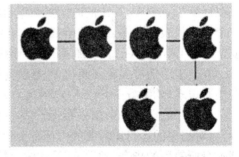

图 10-21 一对一的关系

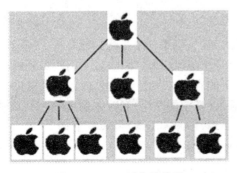

图 10-22 一对多的关系

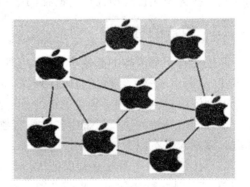

图 10-23 多对的多的关系

物理结构就是如何将数据元素存储到计算机的存储器中,主要可以分为两种存储结构:顺序存储结构和链式存储结构。顺序存储结构,逻辑上相邻的数据元素在计算机内存中必须按照顺序存放,存放位置的地址必须是连续的。而链式存储结构,逻辑上相邻的数据在计算机内存中不是必须按照顺序存放,存放位置的地址可以是不连续的。

以生活中的排队事件为例,如果在等电梯,排队的人按序站好等电梯。如果在银行排队,银行里有排队系统,在门口领取的号码即可以确定银行顾客在队伍中的序号。不管在电梯口排队还是在银行排队,如果把人比作数据元素,那么人在排队中的前后顺序就类似于数据元素之间的逻辑结构。在电梯排队的人必须按照逻辑关系站好队伍,如图 10-24 所示,而在银行排队时,领取号码后就可以随意地坐在任何空位上,不一定按照号码的先后关系进行安排座次,如图 10-25 所示。如果空间比喻成存储器,人比作数据元素,从这个意义上讲,电梯排队类似顺序存储结构,而银行领号排队则类似链式存储结构。

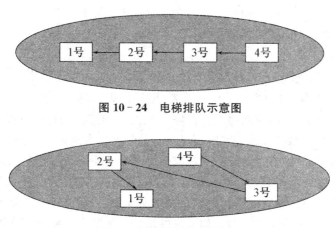

图 10-24 电梯排队示意图

图 10-25 银行排队示意图

10.2.5 线性表

线性表(List):由零个或多个数据元素组成的有限序列,如动物园动物排队滑滑梯。若将线性表记为$(a_1,\cdots,a_{i-1},a_i,a_{i+1},\cdots a_n)$,如图 10-26 所示,则表中 a_{i-1} 领先于 a_i,a_i 领先于 a_{i+1},称 a_{i-1} 是 a_i 的直接前驱元素,a_{i+1} 是 a_i 的直接后继元素。所以可将线性表元素的个数 n($n\geqslant0$)定义为线性表的长度,当 n=0 时,称为空表。非空线性表的结构特征:有且只有一个根结点,它无前件,有且只有一个终端结点,它无后件,除根结点与终端结点外,其他所有结点有且只有一个前件,也有且只有一个后件。线性表具体可以分为:顺序表、单链表、循环链表、双链表、栈、队列等。

图 10-26 线性表示意图

10.2.5.1 顺序表

线性表采用顺序存储的方式存储就称之为顺序表,即指用一组地址连续的存储单元依次存储数据元素的线性结构,如图 10-27 所示。线性表的顺序存储结构具有随机存储结构的特点,时间复杂度为 O(1),但是当删除和插入一个数据元素的时候却是 O(n),这个我们可以想象一个按照身高排好的一个由 n 个人组成队列,要查找身高 1.80 米的同学,只需要找到身高 1.80 米的位置的地方,就可以找到该同学。如果此时新来了一个 1.60 米的同学需要进入队伍,假设原队伍中同学都高于 1.60 米,此时则需要移动 n 位同学,才能腾出第一个位置供给该同学。该顺序表的优点是无须为表示表中元素之间的逻辑关系而增加额外的存储空间,因为物理存储的位置就代表了该数据元素的逻辑位置;缺点是插入和删除操作需要移动大量元素。为了解决该缺点,可以采用链式存储结构。

序号	元素
0	a_0
1	a_1
2	a_2
⋮	⋮
i−1	a_{i-1}
i	a_i
i+1	a_{i+1}
i+2	a_{i+2}
⋮	⋮
num	a_{num}

图 10-27 顺序表示意图

10.2.5.2 链表

线性表采用链式存储的方式存储就称之为链表,它是一种常见的重要的数据结构。它可以分为:单链表、循环链表、双向链表,如图 10-28 所示,它是动态地进行存储分配的一种结构。它可以根据需要开辟内存单元。链表有一个"头指针"变量,以 head 表示,它存放一个地址。该地址指向一个元素。链表中每一个元素称为"结点",每个结点都应包括两个部分:一为用户需要用的实际数据;二为下一个结点的地址。因此,head 指向第一个元素,第一个元素又指向第二个元素……直到最后一个元素,它称为"表尾",它的地址部分如果放一个"NULL"(表示"空地址"),则链表到此结束,这种链表称为单链表。如果它的最后一个节点的地址部分指向头结点,则称该链表为循环链表。如果每个结点都包括三个部分:一为用户需要用的实际数据;二为下一个结点的地址;三为上一个节点的地址,则该链表为双向链表。

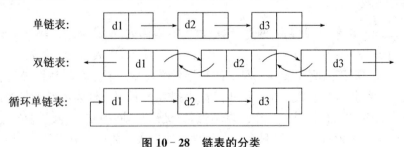

图 10-28 链表的分类

10.2.5.3 栈

栈(Stack)是将操作限定在表尾端进行的线性表。表尾由于要进行插入、删除等操作,所以,它具有特殊的含义,表尾称为栈顶(Top),另一端是固定的,称为栈底(Bottom)。当栈中没有数据元素时,叫空栈。

栈通常记为:S=(a_1,a_2,…,a_n)。a_1 为栈底元素,a_n 为栈顶元素。这 n 个数据元素按照 a_1,a_2,…,a_n 的顺序依次入栈,而出栈的次序相反,a_n 第一个出栈,a_1 最后一个出栈。所以,栈的操作是按照后进先出(Last In First Out,简称 LIFO)或先进后出(First In Last Out,简称 FILO)的原则进行的,因此,栈又称为 LIFO 表或 FILO 表。这就如同我们要取出放在箱子里面底下的东西(放入较早的物体),我们首先要移开压在它上面的物体(放入较晚的物体)。栈的操作如图 10-29 所示。

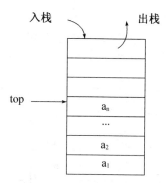

图 10-29 栈的基本操作

举个例子说明栈的基本操作,栈里已经有 2、7、1 三个数,现在依次压入 8、2;然后再依次弹出 2、8、1,其中 top 始终指向栈顶,如图 10-30 所示。

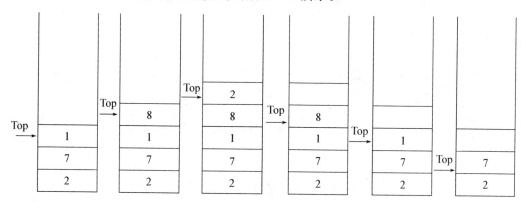

图 10-30 栈的基本操作例子

10.2.5.4 队列

队列是一种特殊的线性表,它只允许在表的前端(front)进行删除操作,而在表的后端(rear)进行插入操作。进行插入操作的端称为队尾,进行删除操作的端称为队头。队列中没有元素时,称为空队列。在队列这种数据结构中,最先插入的元素将是最先被删除的元素;反之最后插入的元素将最后被删除的元素,因此队列又称为"先进先出"(FIFO—first in first out)的线性表。如图 10-31 所示。

图 10-31 队列的示意图

举个队列基本操作的例子:如图 10-32 所示,首先队列 Q 为空,队头 front 的值和队尾 real 的值相等,然后队列中进入 J1,J2,J3,接着 J1 和 J2 依次出队,此时还剩 J3,最后 J5 和 J6 依次进入队列 Q。不管是入队列还是出队列,real 和 front 的值一直在增加,空间利用率比较低,因此一般采用循环队列,如图 10-33 所示。最开始 front 和 rear 值都为零;当有数据进入队列时,rear=(rear+1)％maxsize,其中 maxsize 代表数组的长度,本例中 maxsize=4,％代表取模;当(rear+1)％maxsize=front 时表示队列满。当有数据出队列时,front=(front+1)％maxsize。当队列为空时,front 与 rear 的值相等,但不一定为零。

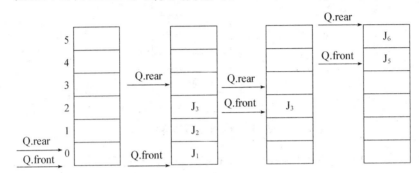

图 10-32 队列的基本操作示例

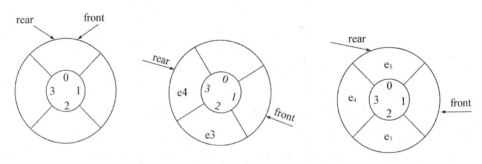

图 10-33 循环队列的基本操作示例

10.2.6 树

树(tree)是包括 n 个结点的有限集合 T(n≥1),使得:有且仅有一个特定的称为根(root)的结点;除根以外的其他结点被分成 m 个(m≥0)不相交的有限集合 T1,T2,…,Tm,而每一个集合又都是树。其中树 T1,T2,…,Tm 称作这个根的子树(subtree)。下面是一些常用名词的解释:

节点的度:一个节点含有的子树的个数称为该节点的度;
叶节点或终端节点:度为 0 的节点称为叶节点;
非终端节点或分支节点:度不为 0 的节点;
双亲节点或父节点:若一个节点含有子节点,则这个节点称为其子节点的父节点;
孩子节点或子节点:一个节点含有的子树的根节点称为该节点的子节点;
兄弟节点:具有相同父节点的节点互称为兄弟节点;
树的度:一棵树中,最大的节点的度称为树的度;

节点的层次:从根开始定义起,根为第 1 层,根的子节点为第 2 层,以此类推;

树的高度或深度:树中节点的最大层次;

堂兄弟节点:双亲在同一层的节点互为堂兄弟;

如图 10-34 所示:A 的度为 3,B 的度为 2,K 的度为 0;该树的度为 3;该树的深度或高度为 4;K、L、F、G、M、I、J 是叶子节点;A 为根节点。

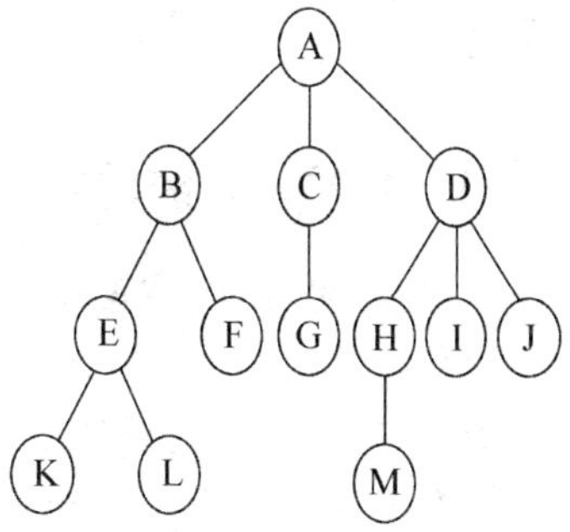

10.2.6.1 二叉树的基本概念

二叉树:指度为 2 的有序树。

满二叉树:深度为 K 且含有 2^K-1 个结点的二叉树,即树中的每一层都满。

完全二叉树:在一棵二叉树中,除最后一层外,若其余层都是满的,并且最后一层或者是满的,或者在最右边缺少连续若干个结点,则称此树为完全二叉树。

图 10-34 树的示意图

10.2.6.2 二叉树的性质

(1) 在二叉树的第 i 层上至多有 $2^i-1(i\geqslant 1)$。

(2) 深度为 k 的二叉树至多有 2^k-1 个结点$(k\geqslant 1)$。

(3) 对任何一棵二叉树,如果 n_0、n_1、n_2 分别表示度数为 0、1、2 的结点树,则有 $n_0=n_2+1$。

(4) 具有 n 个结点的完全二叉树的深度为 $[\log_2 n]+1$。

(5) 如果对一棵有 n 个结点的完全二叉树的结点按层序编号(从第 1 层到第 $[\log_2 n]$ 向下取整+1 层,每层从左到右),则对任一结点 $i(1\leqslant i\leqslant n)$,有:

① 如果 i=1,则结点 i 无双亲,是二叉树的根;如果 i>1,则其双亲是结点[i/2]向下取整。

② 如果 2i>n,则结点 i 为叶子结点,无左孩子;否则,其左孩子是结点 2i。

③ 如果 2i+1>n,则结点 i 无右孩子;否则,其右孩子是结点 2i+1。

10.2.6.3 二叉树的遍历

二叉树的遍历主要有:

1. 先序遍历(先根遍历)

(1) 访问根结点。

(2) 先序遍历左子树。

(3) 先序遍历右子树。

2. 中序遍历(中根遍历)

(1) 中序遍历左子树。

(2) 访问根结点。

(3) 中序遍历右子树。

3. 后序遍历(后根遍历)

(1) 后序遍历左子树。

(2) 后序遍历右子树。

(3) 访问根结点。

如图 10-35 所示,先序遍历、中序遍历和后序遍历的结果分别是:ABDEGCF,DBGEACF,DGEBFCA。

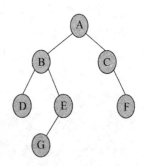

图 10-35 二叉树示意图

10.3 数据库技术

10.3.1 数据库系统的基本概念

一、数据、数据库、数据库管理系统、数据库系统

1. 数据(Data)

数据是描述事物的符号记录。

2. 数据库(DataBase,DB)

数据库指的是长期存储在计算机外存、以一定方式组织的、可共享的大量数据的集合。

3. 数据库管理系统(DBMS,Database Management System)

数据库管理系统是一种操纵和管理数据库的大型软件,用于建立、使用和维护数据库,简称 DBMS。数据库管理系统是数据库系统的核心,位于用户与操作系统之间,和操作系统一样,属于系统软件。大部分 DBMS 提供数据定义语言 DDL(Data Definition Language)和数据操作语言 DML(Data Manipulation Language),供用户定义数据库的模式结构与权限约束,实现对数据的追加、删除等操作。

4. 数据库系统(DBS)

在计算机系统中引入数据库后的系统,称之为数据库系统,由如下几部分组成:数据库(数据)、软件平台(包括操作系统,数据库管理系统及其开发工具,接口软件如 ODBC、JDBC、CORBA 等)、硬件平台(包括计算机、网络)以及数据库管理员(DBA)。

数据库系统具有以下特点:

(1) 整体数据结构化。

(2) 实现数据共享,减少数据的冗余度,易修改、易扩充。

(3) 数据的独立性高。

数据的独立性包括逻辑独立性和物理独立性。逻辑独立性是指数据库中数据库的逻辑结构和应用程序相互独立,数据库的逻辑结构改变,但应用程序可以不变;物理独立性是指数据物理结构(包括存储结构,存取方式等)的变化,如存储设备的更换,存取方式的改变等,都不影响数据的逻辑结构,从而也不需要修改相应的应用程序。

(4) 数据实现集中控制,由 DBMS 统一管理。

二、数据管理技术的发展

数据管理是指对数据进行分类、组织、存储、编码、检索和维护的过程。随着计算机硬件和软件的发展,计算机应用的范围逐步扩大,计算机数据管理技术也在不断发展,主要经历了人工管理阶段、文件系统阶段和数据库系统阶段。

数据管理技术三个发展阶段的比较见表 10-1 所示。

表 10 - 1 数据管理技术三个发展阶段总结

		人工管理阶段	文件系统阶段	数据库系统阶段
发展背景	硬件平台	纸带、磁带等存储器,无直接存储设备	磁盘、磁鼓	大容量磁盘、磁盘阵列
	软件平台	无操作系统	出现操作系统,由文件系统管理数据	由数据库管理系统管理数据
	应用背景	应用于科学计算	应用于科学计算、数据管理	大规模数据管理
	处理方式	批处理	联机实时处理批处理	联机实时处理、分布式处理、批处理
各自特点	数据的管理者	程序员	文件系统	DBMS
	数据面向对象	某一应用程序	某一应用程序	现实世界
	数据共享程度	无共享、冗余度大	共享差、冗余度大	共享度高、冗余度小
	数据独立性	无独立性,完全依赖于程序	独立性差	高度的物理独立性和一定的逻辑独立性
	数据结构化	无结构	记录内有结构,整体无结构	整体结构化,用数据模型描述
	数据控制能力	应用程序自己控制	应用程序自己控制	由 DBMS 统一管理,提供数据安全性、完整性、并发控制和故障恢复能力

三、数据库系统结构

数据库系统在体系结构上通常具有相同的特征,即采用三级模式结构并提供两级映像功能。

数据库系统的三级模式结构是指数据库系统是由模式、外模式和内模式三级构成的。

(1) 模式也称逻辑模式或概念模式,是数据库中全体数据的逻辑结构和特征的描述,是所有用户的公共数据视图。一个数据库只有一个模式。定义模式时不仅要定义数据的逻辑结构,而且要定义数据之间的联系,定义与数据有关的安全性、完整性要求。

(2) 外模式也称用户模式,它是数据库用户能够看见和使用的局部数据的逻辑结构和特征的描述,是数据库用户的数据视图,是与某一应用有关的数据的逻辑表示。外模式通常是模式的子集。一个数据库可以有多个外模式。

(3) 内模式也称存储模式,一个数据库只有一个内模式。它是数据物理结构和存储方式的描述,是数据在数据库内部的表示方式。

数据库管理系统在三级模式之间提供了两层映像。

● 外模式/模式映像:当模式改变时,只需要相应改变各个外模式/模式的映像,可以使外模式保持不变,从而应用程序不必修改,保证了数据的逻辑独立性。

● 模式/内模式映像:当数据库的存储结构改变时,只需要对模式/内模式映像作相应改变,可以使模式保持不变,从而应用程序也不必修改,保证了数据的物理独立性。

10.3.2 数据模型

数据模型(Data Model)是对现实世界数据特征的抽象。

数据模型按不同的应用层次分成三种类型:概念数据模型、逻辑数据模型和物理数据模型。

一、概念模型

概念模型(Conceptual Data Model),是面向数据库用户的现实世界的模型,主要用来描述世界的概念化结构。在设计的初始阶段,数据库的设计人员常用概念模型来分析数据以及数据之间的联系。概念数据模型与具体的 DBMS 无关,必须转换成逻辑数据模型,才能在 DBMS 中实现。在概念数据模型中最常用的是 E-R(Entity-Relationship)模型。E-R 模型提供了表示实体型、属性和联系的方法。

实体(Entity):客观存在并可相互区别的事物。如一个学生、一门课、学生的一次选课等都是实体。

属性(Attribute):实体所具有的某个特性。如学生实体具有学号、姓名、性别等属性。

实体型(Entity Type):用实体名及其属性名集合来抽象和描述同类实体,称为实体型。如学生(学号,姓名,性别,年龄,系别)就是一个实体型。

联系(Relationship):现实世界中事物内部或事物之间的关联称为联系。两个实体型之间的联系可以分为一对一联系(1∶1)、一对多联系(1∶n)和多对多联系(m∶n)。

E-R 图中,用矩形表示实体型,矩形框中写明实体名;用椭圆形表示实体的属性,并用无向边将属性与相应的实体型连接起来;用菱形表示联系,菱形框内写明联系名,并用无向边分别与有关的实体型连接起来,并应注明联系的类型(1∶1,1∶n,m∶n)。典型的 E-R 图如图 10-36 所示。图中反映出现实世界中学生实体和课程实体之间多对多的选课关系,即一个学生可以选修多门课程,一门课程也可以被多个学生选修,每个学生选修一门课程都有一个成绩。

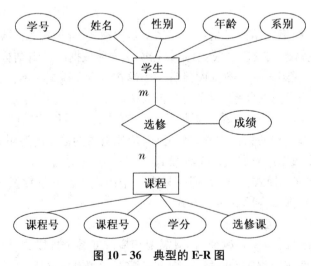

图 10-36 典型的 E-R 图

二、逻辑模型

逻辑模型(Logical Data Model)既要面向用户,又要面向系统,主要用于数据库管理系统的实现。最常用的逻辑模型包括层次模型、网状模型和关系模型。前两者统称为非关系型模型。

1. 层次模型(Hierarchical Model)

层次模型是最早出现的数据库逻辑模型,采用树形结构来表示各类实体以及实体之间的联系。现实世界中,行政组织结构、家族关系等本来就会呈现出一种自然的层次关系,它们自顶向下,层次分明。层次模型中,有且只有一个结点没有双亲结点,这个结点称为根结点;根以外的其他节点有且只有一个双亲结点。层次模型只能直接表示一对多的实体联系,若要表示多对多的联系,需要采用冗余结点法或虚拟结点法进行分解。

层次模型数据结构比较简单清晰,查询效率高,并且提供了良好的完整性支持,但也具有不能方便地表示多对多联系,应用程序编写比较复杂,层次命令趋于程序化等缺点。

2. 网状模型(Network Model)

网状模型比层次模型更具普遍性,可以克服层次模型只能直接表现层次关系的弊病。在网状模型中,允许一个以上的结点无双亲,一个结点可以有多于一个的双亲。层次模型可以看作网状模型的一个特例。

网状模型能够更为直接地描述现实世界,具有良好的性能,存取效率较高,其缺点主要有:结构比较复杂,应用环境规模越大,数据库的结构就越复杂,难以掌握;网状模型的DDL、DML 复杂,用户不容易掌握并使用,应用程序编写负担较重。

3. 关系模型(Relational Model)

关系模型是 1970 年由 E. F. Codd 提出的,是目前最重要的一种数据模型。现在常用的数据库系统大多是关系数据库系统,例如,Oracle、SQL Server、Mysql、Access 等。关系模型数据结构单一,关系规范化,并建立在严格的数学理论基础上,操作方便,具有更高的数据独立性、更好的安全保密性;缺点是数据库大时,查找满足特定关系的数据费时,增加了开发 DBMS 的难度。

关系模型通常由关系数据结构、关系数据操作和关系完整性约束条件三部分组成。

(1) 数据结构

关系模型建立在严格的数学理论基础上。关系模型由一组关系组成,每个关系的数据结构是一张规范化的二维表。见表 10-2 所示,是一张学生信息表,这就是一个关系。

表 10-2 Student(学生信息表)

学号	姓名	性别	年龄	系别
22150001	李辰	男	19	计算机系
22150002	刘磊	男	18	信电系
22150003	吴茜茜	女	18	英语系
22150004	范旭东	男	19	计算机系

- 关系:一个关系对应着一个二维表,二维表名就是关系名,见表 10-2 所示是一个学生关系。
- 属性和值域:在二维表中的列,称为属性,列名就是属性名;属性的个数称为关系的元或度;列的值称为属性值;属性值的取值范围为值域。表 10-2 中,学生关系的属性包括:学号,姓名,性别,年龄和系别;学生关系的度为 5。性别属性的值为"男"或"女",值域就是{"男","女"}。

- 元组：在二维表中的一行，称为一个元组，表10-2中的第二行"22150001 李辰男 19 计算机系"就是一个元组。
- 分量：元组中的一个属性值。
- 关系模式：对关系的描述称为关系模式，对应于二维表中对行的定义，即表头。一般表示为关系名(属性1,属性2,……,属性n)，见表10-2所示，学生关系可以描述为学生(学号,姓名,性别,年龄,系别)。关系模型中,实体以及实体之间的联系都是用关系来表示。如学生和课程之间多对多的选修联系,可以表示为三个关系：

学生(学号,姓名,性别,年龄,系别);
课程(课程编号,课程名,学分,先修课程);
选修(学号,课程编号,成绩)。

- 候选码和主码：能够用来唯一标识某个关系元组的属性组，称为该关系的候选码。见表10-2所示的学生关系中,学号可以唯一确定一个学生,则学号就成为学生关系的候选码。若一个关系中有多个候选码,则选定其中一个为主码(Primary Key),如学生关系中可以选学号为主键(主码)。
- 主属性和非主属性：包含在任何一个候选键中的属性称为主属性,不包含在任何一个候选键中的属性为非主属性。如学生关系中,学号为主属性,其他的属性为非主属性。
- 外键或者外码：关系中的某个或一组属性不是这个关系的码,但它却是另外一个关系的主键时,则称之为外键或者外码。
- 参照关系与被参照关系：是指以外键相互联系的两个关系,参照关系中的外码参考被参照关系中的主键。

如上面所列举的选修关系中,(学号,课程编号)为主键,所以学号为外码,参照学生关系,课程编号也是外码,参照课程关系,选修关系为参照关系,学生关系和课程关系为被参照关系。

关系具有如下性质：
- 关系中的每一个属性值都是原子数据,即都是不可分解的。
- 关系中不允许出现相同的元组。
- 每一个列对应一个域,列名不能相同。
- 关系是元组的集合,元组之间的顺序可以交换。
- 元组中的属性也是无序的。

(2) 数据操作

常用的关系操作包括查询(Query)操作和插入(Insert)、删除(Delete)、修改(Update)操作两大部分。其中查询操作的表达能力最重要,主要包括：选择(Select)、投影(Project)、连接(Join)、除(Divide)、并(Union)、交(Intersection)、差(Except)等。

其中:并、差、笛卡尔积、选择、投影是五种基本操作,其他操作可以通过基本操作来定义和导出。

(3) 完整性约束

关系模型的完整性规则是对关系的某种约束条件。任何关系任何时刻都要满足这些约束条件。

关系模型中有三类完整性约束：实体完整性、参照完整性和用户自定义完整性。

- 实体完整性规则

若属性 A 是基本关系 R 的主属性,则属性 A 不能取空值。例如:在学生(学号、姓名、性别、年龄、系别)关系中,"学号"属性为主键,则"学号"不能取相同的值,也不能取空值。

- 参照完整性规则

如果属性集 K 是关系模式 R1 的主键,K 也是关系模式 R2 的外键,那么在 R2 的关系中,K 的取值只允许有两种可能:或为空值,或等于 R1 关系中某个主键值。

例如,选修(学号,课程编号,成绩)关系中,学号参照学生关系,则选修关系中的学号的取值只能是学生关系中某个元组的学号值,表示只能是已经存在的学生才能选修课程。这里学号的取值不能为空,原因是参照的学生关系中学号是主属性,按实体完整性规则,主属性不能取空值。

另外还应注意几点:① 外键和相对应的主键可以不同名,但要求定义在相同的值域上;② R1 和 R2 也可以是同一个关系模式,表示了属性之间的联系;③ 外键值是否允许为空,应视具体问题而定。

- 用户自定义完整性规则

不同的关系数据库系统根据其应用环境的不同,往往还需要一些特殊的约束条件,用户自定义完整性就是对某些具体关系数据库的约束条件。例如,学生(学号,姓名,性别,年龄,系别)关系中,性别的取值要么为"男"要么为"女",而不能是别的值;年龄的取值也应该在合理的范围之内。

三、物理模型

物理模型(Physical Data Model),是面向计算机物理表示的模型,描述了数据在存储介质上的存储方式和存取方法,它不但与具体的 DBMS 有关,而且还与操作系统和硬件有关。每一种逻辑数据模型在实现时都有对应的物理数据模型。物理模型的具体实现是 DBMS 的任务,而数据库设计者只设计索引、聚集等特殊结构。

10.3.3 关系代数

关系代数是关系操作语言的一种传统表现形式,它以集合代数为基础,用对关系的运算来表达查询。

关系代数的运算对象是关系,运算结果亦为关系。关系代数主要分为传统的集合运算和专门的关系运算两类。

1. 传统的集合运算

传统的集合操作包括:并、差、交、笛卡尔积,它们都是二元操作,其中前三种操作必须满足相容性条件,即要求参与运算的两个关系具有相同的属性个数,并且相对应的属性具有相同的域。

(1) 并(Union)

设有两个满足相容性条件的 n 元(度)关系 R 和 S,则 R 与 S 的并由属于 R 或属于 S 的元组组成,其结果仍为 n 元关系。记作:$R \cup S = \{t | t \in R \vee t \in S\}$。

(2) 差(Except)

设有两个满足相容性条件的 n 元(度)关系 R 和 S,则 R 和 S 的差是由属于 R 但不属于 S 的元组构成的集合,其结果仍为 n 目关系。记作:$R - S = \{t | t \in R \wedge t \notin S\}$。

(3) 交(Intersection)

设有两个满足相容性条件的 n 元(度)关系 R 和 S,则 R 和 S 的交由既属于 R 又属于 S 的元组组成,其结果仍为 n 目关系。记作:R∩S={t|t∈R∧t∈S}。

交运算可以由差运算推导出来,即 R∩S=R−(R−S)。

(4) 广义笛卡尔积(Extended Cartesian Product)

设关系 R 为 n 目,有 r 个元组,关系 S 为 m 目,有 s 个元组,则 R 和 S 的广义笛卡尔积是一个(n+m)目的关系,具有 r×s 个元组,每个元组的前 n 个分量(属性值)来自 R 的一个元组,后 m 个分量来自 S 的一个元组,记作:R×S={t|t=<t_r,t_s>∧t_r∈R∧t_s∈S)}。

例如:两个关系 R、S,分别如图 10-37(a)和 10-37(b)所示,则 R∪S 如图 10-37(c)所示,R-S 如图 10-37(d)所示,R∩S 如图 10-37(e)所示,R×S 如图 10-37(f)所示。

R

A	B	C
a1	b1	c1
a2	b2	c2
a1	b1	c2

图10-37(a) 关系R

S

A	B	C
a1	b2	c1
a2	b2	c2
a1	b1	c2

图10-37(b) 关系S

R∪S

A	B	C
a1	b1	c1
a2	b2	c2
a1	b1	c2
a1	b2	c1

图10-37(c) R∪S

R-S

A	B	C
a1	b2	c1

图10-37(d) R-S

R∩S

A	B	C
a2	b2	c2
a1	b1	c2

图10-37(e) R∩S

R×S

R.A	R.B	R.C	S.A	S.B	S.C
a1	b1	c1	a1	b2	c1
a1	b1	c1	a2	b2	c2
a1	b1	c1	a1	b1	c2
a2	b2	c2	a1	b2	c1
a2	b2	c2	a2	b2	c2
a2	b2	c2	a1	b1	c2
a1	b1	c2	a1	b2	c1
a1	b1	c2	a2	b2	c2
a1	b1	c2	a1	b1	c2

图10-37(f) R×S

2. 专门的关系运算

专门的关系操作包括：选择、投影、连接、除。其中选择和投影属于一元关系操作，连接和除属于二元关系操作。

(1) 选择(Selection)

选择又称为限制(Restriction)，它是在关系 R 中选择满足给定条件的所有元组。其中的条件是以逻辑表达式给出的，该逻辑表达式的值为真的元组被选取。这是从行的角度进行的运算，即水平方向抽取元组。经过选择运算得到的新关系，其关系模式不变，但元组的数目小于或等于原来关系中的元组个数，它是原关系的一个子集。

记作：$\sigma_F(R) = \{t | t \in R \wedge F(t)=真\}$。

其中 F 表示选择条件，它是一个逻辑表达式，取逻辑值'真'或'假'。

逻辑表达式 F 的基本形式为：$X \theta Y$。

θ 表示比较运算符，它可以是 $>$、$\geq$、$<$、$\leq$、$=$ 或 $\neq$。X、Y 等是属性名或常量或简单函数。属性名也可以用它的序号来代替。若有多个条件，可根据需要进行逻辑运算，包括求非($\neg$)、与($\wedge$)、或($\vee$)运算。

(2) 投影(Projection)

关系 R 上的投影是从 R 中选择出若干属性列组成新的关系。这是从列的角度进行运算。经过投影运算能得到一个新关系，其所包含的属性个数往往比原关系少，或属性的排列顺序不同。如果新关系中包含重复元组，则要删除重复元组。

记作：$\Pi_A(R) = \{t[A] | t \in R\}$。

其中 A 为 R 中的属性列。例如：$\Pi_{3,1}(R)$ 表示选择关系 R 中的第 3 列和第 1 列。

(3) 连接(Join)

连接运算从 R 和 S 的笛卡尔积 R×S 中选取(R 关系)在 A 属性组上的值与(S 关系)在 B 属性组上的值满足比较关系 θ 的元组，记作：

$$R \underset{A\theta B}{\bowtie} S = \{<t_r, t_s> | t_r \in R \wedge t_s \in S \wedge t_r[A] \theta t_s[B]\}$$

θ 为"="的连接运算称为等值连接(Equi-join)。它是从关系 R 与 S 的笛卡尔积中选取 A、B 属性值相等的那些元组。

自然连接(Natural join)是一种特殊的等值连接，它要求两个关系中进行比较的分量必须是相同的属性组，并且要在结果中把重复的属性去掉。自然连接记作：

$$R \bowtie S = \{<t_r, t_s> | t_r \in R \wedge t_s \in S \wedge t_r[B] = t_s[B]\}$$

一般的连接操作是从行的角度进行运算，而自然连接是同时从行和列的角度进行运算。

(4) 除(Division)

给定一个关系 R(X,Z)，X 和 Z 为属性组。我们定义：当 $t[X]=x$ 时，x 在 R 中的象集(Images Set)为：

$$Z_x = \{t[Z] | t \in R, t[X] = x\}$$

它表示 R 中属性组 X 上值为 x 的诸元组在 Z 上分量的集合。

给定关系 R(X,Y)和 S(Y,Z)，其中 X,Y,Z 为属性组。R 中的 Y 与 S 中的 Y 可以有不同的属性名，但必须出自相同的域集。R 与 S 的除运算得到一个新的关系 P(X)。P 是 R 中满足下列条件的元组在 X 属性列上的投影：元组在 X 上分量值 x 的象集 Y_x 包含 S 在 Y 上投影的集合。

下面以表 10-2、表 10-3 和表 10-4 中的数据为例,来验证专门的关系运算。

表 10-3 Course(课程信息表)

课程编号	课程名	学分
C001	计算机基础	3
C002	高等数学	5.5
C003	英语	4
C004	数据库原理	4

表 10-4 SC(选修表)

学号	课程编号	成绩
22150001	C001	85
22150001	C002	82
22150002	C002	90
22150002	C003	83

(1) 从 Student 表中查询所有男生的信息

$\sigma_{性别='男'}(Student)$ 或 $\sigma_{3='男'}(Student)$

(2) 查询学生的姓名和所在系

$\Pi_{姓名,系别}(Student)$ 或 $\Pi_{2,5}(Student)$

(3) 查询选修了"高等数学"课程的学生姓名和成绩

$\Pi_{姓名,成绩}(Student \bowtie (SC \bowtie \sigma_{课程名='高等数学'}(Course)))$

(4) 查询选修了所有课程的学生学号

$\Pi_{学号,课程号}(SC) \div \Pi_{课程号}(Course)$

10.4 软件工程

10.4.1 软件和软件危机

计算机系统是通过运行程序来实现各种不同功能的,简单来说软件就是程序、数据以及文档的集合。它是计算机系统中与硬件相互依存,与硬件合为一体完成系统功能。

20 世纪 60 年代以前,计算机刚刚投入实际使用,软件设计往往只是为了一个特定的应用而在指定的计算机上设计和编制,采用机器语言或汇编语言,软件的规模较小,功能较为简单,对软件的质量要求不是太高,很少使用系统化的开发方法。60 年代中期以来,随着计算机硬件的发展,计算机的应用范围迅速扩大,软件从开发规模、功能等方面得到了很大的发展,高级语言开始出现。操作系统的发展引起了计算机应用方式的变化,软件系统的规模越来越大,复杂程度越来越高,软件的质量、可靠性问题越来越突出,软件危机开始爆发。

软件工程是一门指导计算机软件开发和维护的学科,它应用计算机科学、数学、工程科学及管理科学等原理,借鉴传统工程的原则和方法创建软件,以达到提高工程质量、降低成本的目的。软件工程定义为:运用系统的、规范的和可定量的方法来开发、运行和维护软件。

10.4.2 软件生命周期

软件生命周期一般划分为计划、开发、维护三个时期。每个时期又分为几个阶段。软件生命周期包括问题定义、可行性分析、需求分析、概要设计、详细设计、软件编码、软件测试、软件维护几个阶段。

(1) 问题定义

问题定义主要任务是理解用户要求、划清工作范围,系统分析员提出问题定义计划任务书。

(2) 可行性分析

可行性分析的主要任务是从系统逻辑模型出发,寻找可供选择的解法,研究每一种解法的可行性。一般来说可从经济可行性、技术可行性、运行可行性、法律可行性和开发方案等方面研究可行性,由系统分析员提出可行性分析计划任务书。

(3) 需求分析

需求分析主要任务是确定软件系统的目标及应完成的工作。此阶段需完成软件需求规格说明书。需求规格说明书应包括对软件的功能需求、性能需求、环境约束和外部接口等描述。

(4) 概要设计

概要设计又称为总体设计、逻辑设计,该阶段主要解决的是"怎样实现目标系统"。此阶段完成软件概要设计说明书。

(5) 详细设计

详细设计主要任务是给出系统模块的功能说明和实现细节,包括模块的数据结构和算法,此阶段完成软件详细设计说明书。

(6) 软件编码

程序员按照系统要求和开发环境,选定的所需语言,根据前期的设计文档完成软件功能模块的程序编写。

(7) 软件测试

软件测试分为单元测试和综合测试。测试是保证软件质量的重要手段。软件测试一般由独立的部门和人员进行,此阶段需要完成测试计划、测试用例与测试结果等文档。

(8) 软件维护

软件维护是软件生存周期的最后一个阶段,其目的是保证软件的正常运行,满足用户的需要以及延长软件的使用寿命。

10.4.3 瀑布模型与快速原型法

瀑布模型是传统的软件生命周期模型,该模型将软件开发过程划分为八个阶段,这八个阶段是按顺序进行的。前一阶段的工作完成后,下一阶段的工作才能开始,前一阶段产生的文档是下一阶段工作的依据。该模型适合在软件需求比较明确、开发技术比较成熟的场合下使用,它是软件工程中应用最广泛的模型之一,如图 10-38 所示。

需求阶段对应沟通,系统细节在该部分实现。设计阶段对应规划,该阶段设计软件过程的细节,建立系统的整体架构。软件设计主要是确定并描述基本软件系统的抽象及其之间的关系。实现阶段对应建模。在这个阶段,用一组程序来实现软件设计。测试阶段对应构造和部署。测试的主要工作是验证软件的各个部分是否满足规范。维护阶段对应部署,通常它是最消耗成本的阶段。在该阶段,用户开始使用系统,之前未被发现的问题慢慢浮现出来。软件开发者需要

图 10-38 瀑布模型

更改一些代码以保证系统正常工作。

软件过程是线性的,但同时也包含很多迭代。软件设计者需要依次完成各个阶段。由于要考虑到后面的阶段,软件设计者完成设计后还必须验证每个部分。由于文档的生产和核实的成本消耗,导致迭代费用高昂且涉及大量返工。因此,经过少数迭代之后,冻结开发的某些部分如规范,并进入开发的下一阶段是很正常的,有些问题可以留待下一阶段。在最后阶段,软件已为用户部署好。之前未发现的错误和漏洞,如程序和设计错误相继出现,新的功能需求也变得明确。软件需要改进,开发又回到之前的阶段。

瀑布模型为软件开发提供了一个准则,但它并非完美,主要有以下几个问题。

(1) 瀑布模型不够灵活。在下一阶段开始之前,当前阶段的结果需要固定下来,这个条件非常严格。

(2) 瀑布模型整体性太强。开发计划是面向单一交付日期制定的,在分析阶段出现的任何错误,都只能在软件交付给用户后才能发现。若没有正确理解用户需求,或者在设计、编码和测试阶段需求发生改变,则瀑布模型将导致软件产品的不合格。

(3) 瀑布模型是严格的文档驱动的,比较繁琐。

瀑布模型的优点是它的每个阶段都有文档,并且它能较好地与其他过程模型相结合。它的主要问题是它将项目分割成了不同的阶段,在软件开发的早期就需要投入大量的成本,使它难以应对客户需求的变更。因此,瀑布模型适用于需求很明确并且将来没有太大改变的情况。总体来说,瀑布模型代表了软件产品的一种解决方法。目前,在一些大项目中,某些部分的开发仍使用瀑布模型。

快速原型法是近年来提出的一种以计算机为基础的系统开发方法,它首先构造一个功能简单的原型系统,然后通过对原型系统逐步求精,不断扩充完善得到最终的软件系统。原型就是模型,而原型系统就是应用系统的模型。它是待构筑的实际系统的缩小比例模型,但保留了实际系统的大部分性能。这个模型可在运行中被检查、测试、修改,直到它的性能达到用户需求为止。因而这个工作模型很快就能转换成原样的目标系统。

原型法的主要优点在于它是一种支持用户的方法,使得用户在系统生存周期的设计阶段起到积极的作用,它能减少系统开发的风险,特别是在大型项目的开发中,由于对项目需求的分析难以一次完成,应用原型法效果更为明显。原型法的概念既适用于系统的重新开发,也适用于对系统的修改。快速原型法要取得成功,要求有象第四代语言(4GL)这样的良好开发环境/工具的支持。原型法可以与传统的生命周期方法相结合使用,这样会扩大用户参与需求分析、初步设计及详细设计等阶段的活动,加深对系统的理解。近年来,快速原型法的思想也被应用于产品的开发活动中。

10.4.4 需求分析

在可行性研究之后,系统可以立项开发了,此后将进入需求分析阶段。首先系统分析人员要研究计划阶段产生的可行性分析报告和软件项目实施计划。主要是从系统的角度理解软件并评审用于产生计划估算的软件范围是否恰当,确定对目标系统的综合要求,即软件的需求。并提出这些需求的实现条件,以及需求应达到的标准,也就是解决要求所开发软件做什么,做到什么程度。这些需求包括:

(1) 功能需求:列举出所开发软件在功能上应做什么,这是最主要的需求。

(2) 性能需求：给出所开发软件的技术性能指标，包括存储容量限制、运行时间限制、安全、保密性等。

(3) 环境需求：这是对软件系统运行时所处环境的要求。例如，在硬件方面，采用什么机型、有什么外部设备、数据通信接口等；在软件方面，采用什么支持系统运行的软件。

(4) 可靠性需求：在需求分析时，应对所开发软件在投入运行后不发生故障的概率，按实际的运行环境提出要求。对于那些重要的软件，或是运行失效会造成严重后果的软件，应当提出较高的可靠性要求，以期在开发的过程中采取必要的措施，使软件产品能够高度可靠地稳定运行，避免因软件运行事故而带来的损失。

(5) 安全保密工作需求：工作在不同环境的软件对其安全、保密的要求显然是不同的。应当把这方面的需求恰当地做出规定，以便对所开发的软件给予特殊的设计，使其在运行中其安全保密方面的性能能得到必要的保证。

(6) 用户界面需求：软件与用户界面的友好性是用户能够方便有效地使用软件的关键之一，从市场角度来看，具有友好用户界面的软件有较强的市场竞争力。因此，必须在需求分析时，为用户界面细致地规定达到的要求。

功能性需求是人们普遍关注的，但对非功能性需求的分析常常被忽视。其实非功能性需求并不是无关紧要的，它们的主要特点涉及的方面多而广，却容易被忽略，任何一个软件的非功能性需求都要根据其类型和工作环境来确定。

需求分析有多种方法和工具，这里重点介绍 E-R 图、数据流图、数据字典三种工具。

(1) E-R 图即实体-关系图，数据模型包含三种相互关联的信息：数据对象（实体）、描述数据对象的属性及数据对象彼此间相互连接的关系。数据对象也称数据实体，是必须被软件理解的复合信息的表示。属性是数据对象的特征。关系也可能是属性。

为了描述学生学习软件工程之间的关系，可以建立如图 10-39 所示的 E-R 图。

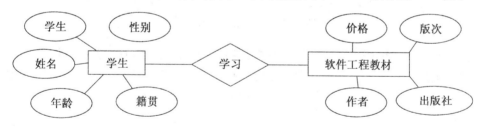

图 10-39 E-R 图例子

(2) 数据流图（Data Flow Diagram）：简称 DFD，它从数据传递和加工角度，以图形方式来表达系统的逻辑功能、数据在系统内部的逻辑流向和逻辑变换过程，是结构化系统分析方法的主要表达工具及用于表示软件模型的一种图示方法。

数据流程图包括：

① 指明数据存在的数据符号，这些数据符号也可指明该数据所使用的媒体；
② 指明对数据执行的处理符号，这些符号也可指明该处理所用到的机器功能；
③ 指明几个处理和（或）数据媒体之间的数据流的流线符号；
④ 便于读、写数据流程图的特殊符号。

数据流图画法：

第一步:确定系统的输入输出。

由于系统究竟包括哪些功能可能一时难于弄清楚,可使范围尽量大一些,把可能有的内容全部都包括进去。此时,应该向用户了解"系统从外界接受什么数据""系统向外界送出什么数据"等信息,然后,根据用户的答复画出数据流图的外围。

第二步:由外向里画系统的顶层数据流图。

首先,将系统的输入数据和输出数据用一连串的加工连接起来。在数据流的值发生变化的地方就是一个加工。接着,给各个加工命名。然后,给加工之间的数据命名。最后,给文件命名。

第三步:自顶向下逐层分解,绘出分层数据流图。

对于大型的系统,为了控制复杂性,便于理解,需要采用自顶向下逐层分解的方法进行,即用分层的方法将一个数据流图分解成几个数据流图来分别表示。

数据流图(DFD)是一种图形化技术,它描绘信息流和数据从输入移动到输出的过程中所经受的变换。在数据流图中没有任何具体的物理部件,它只是描绘数据在软件中流动和被处理的逻辑过程,具有直观、形象、易理解的优点。数据流图有以下四种基本元素组成,它们的图形符号说明如图10-40所示。

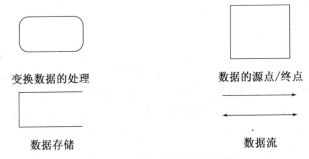

图10-40 数据流图的图形符号

一套分层的数据流图由顶层、底层和中间层的数据流图组成,顶层数据流图只含有一个加工,抽象地描述整个系统,底层数据流图由一些功能最简单、不能再分解的基本加工组成,中间层数据流图是对上一层某个加工的分解和细化,如图10-41所示是一个网络课程教学平台信息反馈系统的例子。

系统顶层数据流图如图10-41所示。

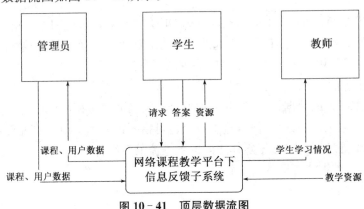

图10-41 顶层数据流图

(3)数据字典通常包括:数据项、数据结构、数据流、数据存储和处理过程五个部分,其目的是对数据流程图中的各个元素做出详细说明。数据字典(Data dictionary)是一种用户可以访问的记录数据库和应用程序源数据的目录。主动数据字典是指在对数据库或应用程序结构进行修改时,其内容可以由DBMS自动更新的数据字典。被动数据字典是指修改时必须手工更新其内容的数据字典。

数据项:数据流图中数据块的数据结构中的数据项说明数据项是不可再分的数据单位。对数据项的描述通常包括以下内容:

数据项描述={数据项名,数据项含义说明,别名,数据类型,长度,取值范围,取值含义,与其他数据项的逻辑关系}

其中"取值范围""与其他数据项的逻辑关系"定义了数据的完整性约束条件,是设计数据检验功能的依据。

数据结构:数据流图中数据块的数据结构说明。数据结构反映了数据之间的组合关系。一个数据结构可以由若干个数据项组成,也可以由若干个数据结构组成,或由若干个数据项和数据结构混合组成。对数据结构的描述通常包括以下内容:数据结构描述={数据结构名,含义说明,组成:{数据项或数据结构}}。

数据流:数据流图中流线的说明。数据流是数据结构在系统内传输的路径。对数据流的描述通常包括以下内容:

数据流描述={数据流名,说明,数据流来源,数据流去向,组成:{数据结构},平均流量,高峰期流量}。其中"数据流来源"是说明该数据流来自哪个过程。"数据流去向"是说明该数据流将到哪个过程去。"平均流量"是指在单位时间(每天、每周、每月等)里的传输次数。"高峰期流量"则是指在高峰时期的数据流量。

数据存储:数据流图中数据块的存储特性说明。数据存储是数据结构停留或保存的地方,也是数据流的来源和去向之一。对数据存储的描述通常包括以下内容:

数据存储描述={数据存储名,说明,编号,流入的数据流,流出的数据流,组成:{数据结构},数据量,存取方式}。其中"数据量"是指每次存取多少数据,每天(或每小时、每周等)存取几次等信息。"存取方法"包括是批处理,还是联机处理;是检索还是更新;是顺序检索还是随机检索等。另外"流入的数据流"要指出其来源,"流出的数据流"要指出其去向。

处理过程:数据流图中功能块的说明。数据字典中只需要描述处理过程的说明性信息,通常包括以下内容:

处理过程描述={处理过程名,说明,输入:{数据流},输出:{数据流},处理:{简要说明}}。其中"简要说明"中主要说明该处理过程的功能及处理要求。功能是指该处理过程用来做什么(而不是怎么做);处理要求包括处理频度要求,如单位时间里处理多少事务,多少数据量、响应时间要求等,这些处理要求是后面物理设计的输入及性能评价的标准。

10.4.5 结构化设计方法

需求分析阶段描述了系统要"做什么",即系统实现什么的问题。那么"怎么做"是软件设计阶段主要解决的问题。软件设计阶段通常分为两步:一是系统的概要设计,它的任务是确定软件的系统结构;二是系统的详细设计,即进行各模块内部的具体设计。软件设计的方法有多种:结构化设计方法、面向对象设计等。本节主要通过结构化设计方法来介绍概要设计和详细设计。

（1）概要设计

概要设计也称为总体设计，是一个设计师根据用户交互过程和用户需求来形成交互框架和视觉框架的过程，其结果往往以反映交互控件布置、界面元素分组以及界面整体板式的页面框架图的形式来呈现。这是一个在用户研究和设计之间架起桥梁，使用户研究和设计无缝结合，将对用户目标与需求转换成具体界面设计解决方案的重要阶段。

概要设计的主要任务是将需求分析得到的系统扩展用例图转换为软件结构和数据结构。设计软件结构的具体任务是：将一个复杂系统按功能进行模块划分、建立模块的层次结构及调用关系、确定模块间的接口及人机界面等。数据结构设计包括数据特征的描述、确定数据的结构特性以及数据库的设计。显然，概要设计建立的是目标系统的逻辑模型，与计算机无关。

结构化设计方法的基本思想是采用自顶向下的模块化设计方法，按照模块化原则和软件设计策略，将需求分析得到的数据流图，映射成相对独立、单一功能的模块组成的软件结构。

概要设计的图形工具主要有三种：层次图、HIPO图、软件结构图。

层次图是概要设计中常用于描绘软件的层次结构。层次图中每一个方框代表一个模块，方框间的连线表示模块间的调用关系。

HIPO图是IBM公司发明的"层次图加输入/处理/输出图"。层次图加上编号称为H图。在层次图的基础上，除最顶层的方框之外，其余每个方框都加了编号。层次图中每一个方框都有一个对应的IPO图（表示模块的处理过程）。每张IPO图应增加的编号与其表示的（对应的）层次图编号一致。IPO图是输入/加工/输出图的简称。

软件结构图是Yordon提出的进行软件结构设计的工具，结构图和层次图类似，一个方框代表一个模块，框内注明模块的名字或主要功能。方框之间的直线（箭头）表示模块的调用关系。用带注释的箭头表示模块调用过程中来回传递的信息，尾部是空心的，表示传递的是数据，实心的表示传递的是控制。

（2）详细设计

详细设计的任务，是为软件结构图中的每一个模块确定实现算法和局部数据结构，用某种选定的表达工具表示算法和数据结构的细节。表达工具可以由设计人员自由选择，但它应该具有描述过程细节的能力，而且能够使程序员在编程时便于直接翻译成程序设计语言的源程序。

在过程设计阶段，要对每一个模块规定的功能以及算法的设计，给出适当的算法描述，包括局部数据组织、控制流、每一步具体处理要求和各种实现细节等。常见的过程设计工具有：图形工具（程序流程图、N-S图、PAD图）。表格工具：判定表。语言工具：PDL（伪码）。下面讨论几种主要的工具。

程序流程图是程序分析中最基本、最重要的分析技术，它是进行程序流程分析过程中最基本的工具。它运用工序图示符号对生产现场的整个制造过程做详细的记录，以便对零部件、产品在整个制造过程中的生产、加工、检验、储存等环节待作详细的研究与分析，特别适用于分析生产过程中的成本浪费，提高经济效益。

流程图采用的符号：箭头表示的是控制流、矩形表示的是加工步骤、菱形表示逻辑条件。

如图 10-42 所示。程序处理流程图如图 10-43 所示。

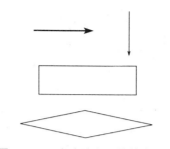

图 10-42 程序流程图的基本图符

图 10-43 一般程序处理流程图

如图 10-44 所示的程序流程图构成的五种控制结构的含义如下：
顺序型：几个连续的加工步骤依次排列构成。
选择型：由某个逻辑判断式的取值决定选择两个加工中的一个。
先判断重复型：先判断循环控制条件是否成立，成立则执行循环体语句。
后判断循环型：重复执行某个特定的加工，直到控制条件成立。
多分枝选择型：列举多种加工情况，根据控制变量的取值，选择执行其中之一。

在使用过程中，人们发现流程线不一定是必需的，随着结构化程序设计方法的出现，1973 年美国学者 I. Nassi 和 B. Shneiderman 提出了一种新的流程图形式，这种流程图完全去掉了流程线，算法的每一步都用一个矩形框来描述，把一个个矩形框按执行的次序连接起来就是一个完整的算法描述。这种流程图同两位学者名字的第一个字母来命名，称为 N-S 流程图，如图 10-45 所示。

在 N-S 图中，每个"处理步骤"是用一个盒子表示的，所谓"处理步骤"可以是语句或语句序列。需要时，盒子中还可以嵌套另一个盒子，嵌套深度一般没有限制，只要整张图在一页纸上能容纳得下，由于只能从上边进入盒子然后从下边走出，除此之外，没有其他的入口和出口，所以，N-S 图限制了随意地控制转移，保证了程序的良好结构。

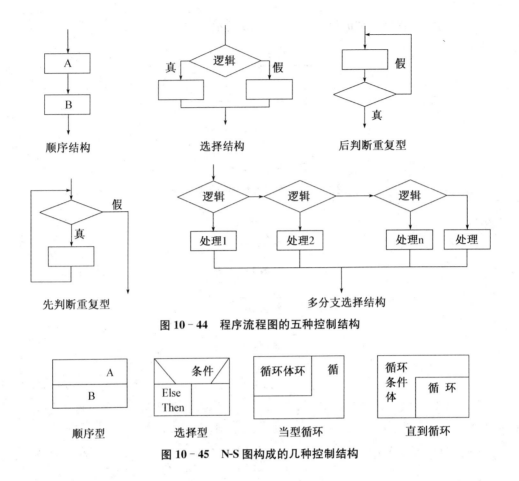

图 10-44 程序流程图的五种控制结构

图 10-45 N-S 图构成的几种控制结构

10.4.6 软件测试

在开发软件的过程中,我们使用了保证软件质量的方法分析、设计和实现软件,但难免还会在工作中犯错误。这样,在软件产品中就会隐藏着许多错误和缺陷。特别是对于规模大、复杂性高的软件更是如此。在这些错误中,有些是致命性的错误。如果不排除,就会导致生命与财产的重大损失。

软件测试是为了发现错误而执行程序的过程。或者说,软件测试是根据软件开发各阶段的规格说明和程序内部结构而精心设计的一批测试用例(即输入数据及预期的输出结),并利用这些测试用例去运行程序,以发现程序错误的过程。软件测试并不等于程序测试。软件测试应贯穿于软件定义与开发的整个期间。因此,需求分析、概要设计、详细设计以及程序编码等所得到的文档资料,包括需求规格说明、概要设计说明、详细设计规格说明以及源程序,都应成为软件测试的对象。

软件测试的方法和技术是多种多样的,常用的软件测试方法有白盒测试和黑盒测试。

白盒测试也叫玻璃盒测试(Glass Box Testing)。对软件的过程性细节做细致的检查。这一方法是把测试对象看作一个打开的盒子,它允许测试人员利用程序内部的逻辑结构及有关信息,来设计或选择测试用例,对程序所有逻辑路径进行测试。

白盒测试的内容:对程序模块的所有独立执行路径至少测试一次;对所有的逻辑判定取

"真"与取"假"的两种情况都能至少测试一次;在循环的边界和运行边界限内执行循环体;测试内部数据结构的有效性等几个方面。

白盒测试用例的设计有逻辑覆盖法、路径测试法两种。

● 逻辑覆盖测试方法通常采用流程图来设计测试用例,它考察的重点是图中的判定框,因为这些判定通常是与选择结构有关或是与循环结构有关,是决定程序结构的关键成分。

● 路径测试就是设计足够的测试用例,覆盖程序中每一条可能的程序执行路径至少测试一次,如果程序中含有循环(在程序图中表现为环),则每个循环至少执行一次。

黑盒测试是已知产品的功能设计规格,可以进行测试证明每个实现了的功能是否符合要求。

黑盒测试法是根据被测程序功能来进行测试,所以通常也称为功能测试。用黑盒测试法设计测试用例,有四种常用技术:等价分类法、边界值分析、错误揣测法、因果图法。

所谓等价分类,就是将输入数据的可能值划分为若干等价类(等价类是指某个输入域的子集合。在该集合中,各个输入数据对于揭露程序中的错误都是等价的)。因此,可以把全部输入数据合理地划分为若干等价类,在每一个等价类中取一个数据作为测试的输入条件,这样就可以用少量的代表性测试数据,来取得较好的测试结果。采用边界值分析法来选择测试用例,可使得被测程序能在边界值及其附近运行,从而更有效地暴露程序中潜藏的错误。错误揣测法就是猜测被测程序在哪些地方容易出错,然后针对可能的薄弱环节来设计测试用例。显然它比前两种方法更多地依靠测试人员的直觉与经验。所以一般都先用前两方法设计测试用例,然后再用猜测法去补充一些例子作为辅助的手段。因果图是借助图形来设计测试用例的一种系统方法。它适用于被测程序具有多种输入条件,程序的输出又依赖于输入条件的各种组合的情况。因果图是一种简化了的逻辑图,它能直观地表明程序输入条件(原因)和输出动作(结果)之间的相互关系。

软件测试的测试策略主要有四点:

① 在任何情况下都应该使用边界值分析的方法;

② 必要时,用等价类划分法补充测试方案;

③ 必要时,再用错误猜测法补充测试方案;

④ 对照程序逻辑,检查已经设计出出的测试方案。可以根据对程序可靠性的要求采用不同的逻辑覆盖标准,如果现有测试方案的逻辑程度没有达到要求的覆盖标准,则应再补充一些测试方案。

【微信扫码】
相关资源 & 拓展阅读

第 11 章 计算机前沿技术简介

21 世纪,计算机科学与信息技术的应用已经渗透到社会生活的各个方面,并且已经成为推动社会飞速发展的重要引擎。计算机科学与信息技术与各个行业的深度融合已经成为新的创新模式,"计算机文化"与"计算思维"深刻地影响了人类的思维方式。以云计算、物联网、大数据、新的人工智能技术、AR 和 VR 技术等为热点的计算机前沿技术,对计算机和信息技术在各个领域的应用产生了重要影响。

本章主要介绍计算机学科中那些令人激动的前沿技术领域,如物联网、大数据、人工智能、VR 等技术的基本概念。

本章学习目标与要求:
1. 了解云计算的基本概念
2. 了解物联网的基本概念
3. 了解大数据的基本概念
4. 了解人工智能的基本概念
5. 了解 AR、VR、MR 技术的基本概念

11.1 云计算

11.1.1 基本概念

云计算(Cloud Computing),是一种基于因特网的超级计算模式,通过互联网来提供动态易扩展且经常是虚拟化的资源,包括网络,服务器,存储,应用软件,服务等,网上终端设备和终端用户可以按需使用这些资源,并按使用量付费。云是网络、互联网的一种比喻说法,用来表示互联网和底层基础设施的抽象。云计算涉及的技术很广泛,是分布式计算(Distributed Computing)、并行计算(Parallel Computing)、效用计算(Utility Computing)、网络存储(Network Storage Technologies)、虚拟化(Virtualization)、负载均衡(Load Balance)、热备份冗余(High Available)等传统计算机和网络技术发展融合的产物。

按云计算服务提供的资源层次,可以分为 IaaS、PaaS 和 SaaS 三种服务类型。

(1) Iaas(Infrustructure as a Service):基础设施即服务,指消费者通过 Internet 从云计算中心获得如虚拟主机,存储服务等计算机基础设施服务。如 Amazon、阿里云等。

(2) Paas(Platform as a Service):平台即服务,指为云计算上各种应用软件提供服务的平台应用,如 Google App Engine、Microsoft Azure、阿里 Aliyun Cloud Enginee、百度 Baidu App Enginee 等。

(3) Saas(Software as a Service):软件即服务,是一种通过 Internet 提供软件的模式,

用户不需要自行购买软件,而是租用由厂商供应的基于 Web 的软件,如 Salesforce、淘宝等。

11.1.2 应用场景

1. 云存储

云存储是在云计算概念上延伸和发展出来的一个新的概念,是一种新兴的网络存储技术,是指通过集群应用、网络技术或分布式文件系统等功能,将网络中大量各种不同类型的存储设备通过应用软件集合起来协同工作,共同对外提供数据存储和业务访问功能的系统。简单来说,云存储就是将储存资源放到云上供人存取的一种新兴方案。使用者可以在任何时间、任何地方,通过任何可联网的装置连接到云上方便地存取数据。公共云存储平台,国内比较突出的代表有搜狐企业网盘、百度云盘、乐视云盘、移动彩云、金山快盘、坚果云、酷盘、115 网盘、华为网盘、360 云盘、新浪微盘、腾讯微云、cStor 云存储等。

2. 云游戏

云游戏又可称为游戏点播(gaming on demand),是一种以云计算技术为基础的在线游戏技术。云游戏技术使图形处理与数据运算能力相对有限的轻端设备(thin client)能运行高品质游戏。在云游戏场景下,游戏并不在玩家游戏终端,而是在云端服务器中运行,并由云端服务器将游戏场景渲染为视频音频流,通过网络传输给玩家游戏终端。玩家游戏终端无须拥有强大的图形运算与数据处理能力,仅需拥有基本的流媒体播放能力与获取玩家输入指令并发送给云端服务器的能力即可。较为成功的云游戏平台有开源项目 GamingAnywhere、PlayStation Now、NVIDIA Shield 等。

11.2 物联网

11.2.1 基本概念

物联网(IoT:The Internet of Things),即"物物相联之网",是一种通过射频识别(RFID)、红外感应器、全球定位系统、激光扫描器等信息传感设备,按约定的协议,把任何物品(物与物,人与物)进行智能化连接,信息交换和通信,以实现智能化识别、定位、跟踪、监控和管理的新兴网络。简而言之,物联网把所有物品通过信息传感设备与互联网连接起来,进行信息交换以实现智能化识别和管理。

物联网从架构上面可以分为感知层、网络层和应用层。

1. 感知层

通过各种传感器、条码和二维码识读器、RFID 读写器、摄像头等设备和信息采集技术,采集各种需要处理的信息,并通过远近距离数据传输技术、自组织组网技术、协同信息处理技术等信息传输技术实现物物之间的信息传输。

2. 网络层

通过有线网络或者无线网络(2G、3G、4G、5G 等)对采集的数据进行编码认证和传输。广泛覆盖的移动通信网络是实现物联网的基础设施。

3. 应用层

物联网技术和行业信息化需求相结合,实现丰富的基于物联网的应用,如绿色农业、工业监控、公共安全、智能家居、智能交通、环境监测等。

11.2.2 应用场景

1. 智慧交通

智慧交通是将物联网、互联网、云计算为代表的智能传感技术、信息网络技术、通信传输技术和数据处理技术等有效地集成,并应用到整个交通系统中,在更大的时空范围内发挥作用的综合交通体系。如瑞典在解决交通拥堵问题时,借助于物联网技术,采用 RFID 技术、激光扫描、自动拍照和自由车流路边系统,自动检测标识车辆,向工作进出市中心的车辆收取费用。我国迪蒙智慧交通,历时3年倾力打造了一款集网约专车、智慧停车、汽车租赁、汽车金融,以及其他智慧出行领域创新商业模式于一体的高端智慧交通整体解决方案。

2. 智慧物流

智慧物流将物联网、传感网与现有的互联网整合起来,通过以精细、动态、科学的管理,实现物流的自动化、可视化、可控化、智能化、网络化,从而提高物流效率,实现物流的全供应链流程管理支持。如沃尔玛的送货车队,车辆全部安装了集成 GPS 卫星定位、移动通信网络等功能的车载终端,调度中心可实时掌握车辆及货物的情况高效利用物流资源设施,使其配送成本仅占销售额的 2%,远低于同行高达 10%甚至 20%的物流成本。

11.3 大数据

11.3.1 基本概念

大数据(big data),指无法在一定时间范围内用常规软件工具进行捕捉、管理和处理的数据集合,是需要新处理模式才能具有更强的决策力、洞察发现力和流程优化能力的海量、高增长率和多样化的信息资产。大数据不用随机分析法(抽样调查)这样捷径,而采用所有数据进行分析处理。IBM 提出大数据的 5V 特点:Volume(大量)、Velocity(高速)、Variety(多样)、Value(低价值密度)、Veracity(真实性)。

数据处理最小的单位是 bit,按顺序给出所有单位:bit、Byte、KB、MB、GB、TB、PB、EB、ZB、YB、BB、NB、DB。"超大规模"表示的是 GB 级别的数据,"海量"表示的是 TB 级的数据,而"大数据"则是 PB 级别及其以上的数据。

适用于大数据的技术,包括大规模并行处理(MPP)数据库、数据挖掘、分布式文件系统、分布式数据库、云计算平台、互联网和可扩展的存储系统。大数据处理主要包括数据采集、数据存储、数据管理、数据分析与挖掘四个环节。

我国高度重视推动大数据技术的发展和应用。2015年9月,国务院印发《促进大数据发展行动纲要》,系统部署大数据发展工作。2016年3月17日,《中华人民共和国国民经济和社会发展第十三个五年规划纲要》发布,其中第二十七章"实施国家大数据战略"提出:把大数据作为基础性战略资源,全面实施促进大数据发展行动,加快推动数据资源共享开放和开发应用,助力产业转型升级和社会治理创新。

11.3.2 应用场景

(1) 梅西百货的实时定价机制。根据需求和库存的情况,该公司基于 SAS 的系统对多达 7300 万种货品进行实时调价。

(2) 快餐业的视频分析。某公司通过视频分析等候队列的长度,然后自动变化电子菜单显示的内容。如果队列较长,则显示可以快速供给的食物;如果队列较短,则显示那些利润较高但准备时间相对长的食品。

(3) 京东用大数据技术勾勒用户画像。用户画像提供统一数据服务接口供网站其他产品调用,提高与用户间的沟通效率、提升用户体验。比如提供给推荐搜索调用,针对不同用户的属性特征、性格特点或行为习惯,在该用户搜索或点击时展示符合其特点和偏好的商品,给用户以友好舒适的购买体验,极大地提高用户的购买转化率甚至重复购买。

11.4 人工智能前沿

11.4.1 基本概念

人工智能(Artificial Intelligence),英文缩写为 AI。它是研究、开发用于模拟、延伸和扩展人的智能的理论、方法、技术及应用系统的一门新的技术科学。人工智能领域的研究包括机器人、语言识别、自动推理和搜索方法、图像识别、自然语言处理和专家系统等。

人工智能属于自然科学和社会科学的交叉,涉及面广泛,极富挑战性。除了计算机科学以外,人工智能还涉及信息论、控制论、自动化、仿生学、生物学、心理学、数理逻辑、语言学、医学和哲学等多门学科。

人工智能学科是从 1956 年开始正式提出来的,经过了 60 多年高低起伏的发展历程。2010 年以后,深度学习的发展推动语音识别、图像识别和自然语言处理等技术取得了惊人突破,前所未有的人工智能商业化和全球化浪潮席卷而来。我国也高度重视发展人工智能。2017 年国务院下发了《新一代人工智能发展规划》,规划中提出:到 2030 年,我国要占据全球人工智能制高点;通过壮大智能产业、培育智能经济,为我国未来几十年经济繁荣创造新的增长周期,带动国家竞争力整体跃升和跨越式发展;开辟专门渠道,实行特殊政策,实现人工智能高端人才精准引进。在我国中小学阶段设置人工智能相关课程,尽快建立人工智能学院,增加相关博士、硕士招生培育。

2018 年被称为人工智能爆发的元年。目前来说,人工智能正在朝着我们可预料和不可预料的方向飞速发展。智能制造、智能农业、智能物流、智能金融、智能商务、智能教育、智能家居等,人工智能已逐步切入人类生活的各个方面,并产生非常重要的影响。人工智能的前沿技术,除了大数据和深度学习,还有基于规则和统计混合的新的技术,强化学习等。

11.4.2 应用场景

人工智能自诞生以来,理论和技术日益成熟,应用领域也不断扩大。下面列举近几年来人工智能的一些应用场景。

(1) 围棋人机大战。2016 年 3 月 9 日至 15 日在韩国首尔进行的五番棋比赛中,谷歌的人工智能系统阿尔法围棋(AlphaGo)以总比分 4 比 1 战胜李世石;2017 年 5 月 23 日至 27 日在中国嘉兴乌镇进行的三番棋比赛,阿尔法围棋(AlphaGo 升级版)以总比分 3 比 0 战胜世界排名第一的柯洁。AlphaGo 是基于深度学习技术研究开发的,深度学习是人工智能领域中的热门科目,它能完成笔迹识别、面部识别、驾驶自动汽车、自然语言处理、识别声音、分析生物信息数据等非常复杂的任务。

(2) 2016 年 10 月,杭州市政府联合阿里云公布了一项计划:为这座城市安装一个人工智能中枢——杭州城市数据大脑。城市大脑的内核采用阿里云 ET 人工智能技术,可以对整个城市进行全局实时分析,自动调配公共资源,修正城市运行中的问题,并最终进化成为能够治理城市的超级人工智能。"缓解交通堵塞"是城市大脑的首个尝试,并已在萧山区市心路投入使用,部分路段车辆通行速度提升了 11%。

(3) 百度无人驾驶汽车。百度无人驾驶汽车可自动识别交通指示牌和行车信息,具备雷达、相机、全球卫星导航等电子设施,并安装同步传感器。车主只要向导航系统输入目的地,汽车即可自动行驶,前往目的地。在行驶过程中,汽车会通过传感设备上传路况信息,在大量数据基础上进行实时定位分析,从而判断行驶方向和速度。2018 年 7 月,由百度和金龙客车联合研发的全球首款 L4 级自动驾驶巴士"阿波龙"正式量产下线。

11.5 AR、VR 与 MR

AR(Augmented Reality),增强现实技术,是一种实时地计算摄影机影像的位置及角度并加上相应图像、视频、3D 模型的技术。这种技术可以把原本在现实世界的一定时间空间范围内很难体验到的实体信息(视觉信息,声音,味道,触觉等),通过电脑等科学技术,模拟仿真后再叠加,将虚拟的信息应用到真实世界,被人类感官所感知,让真实的环境和虚拟的物体实时地叠加到了同一个画面或空间。AR 系统具有三个突出的特点:① 真实世界和虚拟的信息集成;② 具有实时交互性;③ 是在三维尺度空间中增添定位虚拟物体。其应用领域包括尖端武器、飞行器的研制与开发、数据模型的可视化、虚拟训练、娱乐与艺术、医疗研究与解剖训练、精密仪器制造和维修、工程设计和远程机器人控制等。

VR(Virtual Reality),虚拟现实技术,是一种可以创建和体验虚拟世界的计算机仿真系统,它利用计算机生成一种模拟环境,是一种多源信息融合的、交互式的三维动态视景和实体行为的系统仿真使用户沉浸到该环境中。虚拟现实是多种技术的综合,包括实时三维计算机图形技术,广角(宽视野)立体显示技术,对观察者头、眼和手的跟踪技术,以及触觉/力觉反馈、立体声、网络传输、语音输入输出技术等。VR 技术在医学、娱乐、军事航天、室内设计、房地产开发、工业仿真、应急推演、文物古迹、游戏、地理、教育等方面都有应用。

目前,消费市场中的 VR 设备要远远多于 AR 设备,技术上也更成熟一些,游戏是 VR

目前最容易令人接受、也是最有趣的体验。

MR(Mixed Reality)，混合现实，既包括增强现实和增强虚拟，指的是合并现实和虚拟世界而产生的新的可视化环境。在新的可视化环境里物理和数字对象共存，并实时互动。它是虚拟现实技术的进一步发展，该技术通过在虚拟环境中引入现实场景信息，在虚拟世界、现实世界和用户之间搭起一个交互反馈的信息回路，以增强用户体验的真实感。

VR是纯虚拟数字画面，而AR是虚拟数字画面加上裸眼现实，MR是数字化现实加上虚拟数字画面。MR技术结合了VR与AR的优势，能够更好地将AR技术体现出来。因此，MR＝VR＋AR＝真实世界＋虚拟世界＋数字化信息，简单来说就是AR技术与VR技术的完美融合以及升华，虚拟和现实互动，不再局限于现实，获得前所未有的体验。目前全球从事MR领域的企业和团队都比较少，很多都处于研究阶段。

【微信扫码】
相关资源 & 拓展阅读

参考文献

[1] 唐培和. 计算思维—计算学科导论[M]. 北京:电子工业出版社,2015.
[2] 张艳,姜薇等. 大学计算机基础(第3版)[M]. 北京:清华大学出版社,2016.
[3] 郝军启. office2010办公软件应用[M]. 北京:清华大学出版社,2006.
[4] 郝兴伟. 大学计算机—计算思维的视角(第3版)[M]. 北京:高等教育出版社,2014.
[5] 周美玲,熊李艳,等. 计算思维与计算机基础[M]. 北京:人民邮电出版社,2015.
[6] 龙马高等教育。新编电脑组装与硬件维修从入门到精通[M]. 北京:人民邮电出版社,2017.
[7] 易建勋,等. 计算机维修技术(第3版)[M]. 北京:清华大学出版社,2014.
[8] 中国高等教育学会组织编写,姚遥,丛波主编. 计算机基础与应用[M]. 北京:中国人民大学出版社,2015.
[9] 丁颖,等. 计算机信息技术基础[M]. 徐州:中国矿业大学出版社,2006.
[10] 鞠慧敏. 计算机基础实践导学教程(第2版)[M]. 北京:清华大学出版社,2014.
[11] 丁向民等. 多媒体应用设计师辅导教程(第2版)[M]. 北京:清华大学出版社,2016.
[12] Saadat Malik. 网络安全原理与实践[M]. 北京:人民邮电出版社,2013.
[13] 梁越. 多媒体技术应用教程(第2版)[M]. 北京:清华大学出版社,2012.
[14] 谢希仁. 计算机网络(第七版)[M]. 北京:电子工业出版社,2017.
[15] 张福炎. 大学计算机信息技术教程[M]. 南京:南京大学出版社,2011.
[16] 白中英,戴志涛. 计算机组成原理[M]. 科学出版社,2017
[17] (英)伊恩. 萨默维尔. 软件工程(第10版)[M]. 北京:机械工业出版社,2018.
[18] 王珊,萨师煊. 数据库系统概论(第五版)[M]. 北京:高等教育出版社,2014.
[19] 全国计算机等级考试二级教程—公共基础知识(2018版)[M]. 北京:高等教育出版社,2018.
[20] 王亚平主编,数据库系统工程师教程(第2版)[M]. 北京:清华大学出版社,2013.
[21] 张晓如,杨平乐等. 大学计算机基础学习指导[M]. 徐州:中国矿业大学出版社,2016.
[22] 严蔚敏等. 数据结构(C语言版)(第2版)[M],北京:人民邮电出版社,2016.
[23] 王伟. 计算机科学前沿技术[M]. 北京:清华大学出版社,2012.
[24] 谭志彬,柳纯录主编. 系统集成项目管理工程师教程(第2版)[M]. 北京:清华大学出版社,2016.
[25] 林子雨. 大数据技术原理与应用—概念、存储、处理、分析与应用[M]. 北京:人民邮电出版社,2015.
[26] 王寒,曾坤等. Unity AR/VR开发:从新手到专家[M]. 北京:机械工业出版社,2017.
[27] 刘向群,郭雪峰等. VR/AR/MR开发实战——基于Unity与UE4引擎[M]. 北京:机械工业出版社,2017.